国家林业和草原局普通高等教育“十三五”规划教材

实验安全与急救

蓝蔚青　武春燕　主编

中国林業出版社

内容简介

本书从安全标识的认知，个体防护的原则及使用方法，水电安全隐患的排除及应急措施，仪器设备使用的注意事项和要点，化学实验室安全知识及废弃物处理方法，生物安全意识的提升及有违生物安全行为的识别方法，辐射对人体的危害与应采取的防护措施，以及现场急救基础知识和注意事项等方面对实验安全的知识和技能进行了全面系统的介绍。全书共8章，分别是：安全标识、个体防护、水电安全、仪器设备安全、化学实验室安全、生物安全、辐射安全、急救措施。本书可作为各个领域实验人员的安全知识普及及安全操作规范和技能的指导用书，也可作为各领域研究人员安全实验的参考用书。

图书在版编目(CIP)数据

实验安全与急救 / 蓝蔚青，武春燕主编. —北京：中国林业出版社，2020.12(2023.12 重印)
国家林业和草原局普通高等教育“十三五”规划教材
ISBN 978-7-5219-0944-9

Ⅰ. ①实…　Ⅱ. ①蓝… ②武…　Ⅲ. ①实验室管理-安全管理-高等学校-教材　Ⅳ. ①N33

中国版本图书馆 CIP 数据核字(2020)第 255740 号

中国林业出版社·教育分社

策划编辑：高红岩　段植林　**责任编辑**：曹鑫茹　**责任校对**：苏　梅
电话：(010)83143560　**传真**：(010)83143516

出版发行　中国林业出版社(100009　北京市西城区德内大街刘海胡同7号)
E-mail：jiaocaipublic@163.com
电话：(010)83143500
http://www.forestry.gov.cn/lycb.html
经　　销　新华书店
印　　刷　北京中科印刷有限公司
版　　次　2020年12月第1版
印　　次　2023年12月第2次印刷
开　　本　787mm×1092mm　1/16
印　　张　12.75
字　　数　270千字
定　　价　39.00元

前 言

教育部一流大学、一流学科建设方案和“双万计划”的实施，在对高等学校科研水平和办学质量的提升起着极强推动作用的同时，也对承载着科研与教学实验任务的实验室工作提出了巨大挑战，实验室建设中的安全管理工作至关重要。

为落实高校实验室安全工作，教育部每年都会发布高校实验室安全自查及整改工作的相关通知，并不断修订、完善《高校实验室安全检查表》，供各高校对照检查表对实验室内存在安全隐患的各个部分与环节进行安全检查，并积极整改。在参照安全检查表进行安全自查的同时，参与实验的师生普遍反映，亟需一部既能提供丰富生动的安全知识，也能指导实验室安全技能的教材。

基于国家层面与高校层面对实验室安全的重视，以及参与实验的高校师生对实验室安全知识及技能的渴求，本书在整合各类安全知识及实验室一线管理与技术人员经验、技能的基础上，在编写团队成员的共同努力下顺利完成。

全书共 8 章，内蒙古农业大学娜黑芽编写了第 1 章，内蒙古农业大学代金玲编写了第 2 章，内蒙古农业大学谢胜仕编写了第 3 章，内蒙古农业大学王雅兰编写了第 4 章，上海海洋大学邱伟强编写了第 5 章，内蒙古农业大学张东、武春燕共同编写了第 6 章，上海海洋大学蓝蔚青编写了第 7 章，内蒙古医科大学纳仁高娃编写了第 8 章。蓝蔚青与武春燕共同对书稿进行编校；谢胜仕负责全书统稿；西北农林科技大学卢涛和纪克攻对本书的编写提出了宝贵的修改建议。蓝蔚青与武春燕担任本书主编；谢胜仕与卢涛担任本书副主编。全书主要内容如下：

第 1 章——安全标识。重点介绍了安全标识的类型及作用，危险化学品的定义、分类与安全标签，以及消防安全标志的含义，并对安全标志的含义进行具体示例。

第 2 章——个体防护。着重阐述了眼部防护中防护眼镜的种类及防护特性，呼吸防护装备的原理和不同风险条件下正确使用和管理呼吸装备的注意事项，手部防护中不同类型手套的防护作用与选择方法，以及不同安全防护等级实验室中个人防护用品的使用方法及注意事项。

第 3 章——水电安全。重点明确了实验室用水安全隐患的处理办法及规范流程，并介绍了触电防护规范化技术及措施、实验室电气防火防爆措施、静电与电磁辐射防范，以及人身、建筑和设备等的防雷措施。

第 4 章——仪器设备安全。强调了实验室常用基础仪器，并对高压灭菌锅、气瓶、真空泵、高温加热装置、低温装置、离心机与通风橱的正确使用方法予以说明。

第 5 章——化学实验室安全。针对化学实验室安全，介绍了实验室的安全设计、电气设备的配置和废弃物等的处理方法。

第 6 章——生物安全。普及了生物安全相关知识，明确了生物安全实验室分级与设备要求，并介绍了生物安全管理的相关知识。

第 7 章——辐射安全。重点介绍了辐射类型与电离辐射产生的生物危害、电离辐射对人体产生的危害与防护措施、减少实验室中辐射伤害的方法和手段。

第 8 章——急救措施。讲解了心搏骤停概念及心肺复苏的具体实施步骤及要求，止血的方法及要领，烧伤的急救措施及注意事项，以及中毒事件的急救步骤。

本书在编写过程中参阅了很多国内外已经出版的实验室安全方面的书籍和资料，并从中借鉴了很多有益的内容，尽管我们对参考文献尽量加注，但很难一一列出，在此一并表示感谢。也感谢中国林业出版社的同志为本书的顺利出版付出的辛勤劳动。

由于作者水平有限，书中难免存在错误之处，敬请同行专家与广大读者批评指正。

编　者

2020 年 10 月

目 录

第1章　安全标识

学习目标

1. 认识并学习安全标识的重要性。
2. 了解并掌握实验室常见的安全标识。

学习重点

1. 掌握安全标识的类型及其作用。
2. 掌握4种不同类型的安全标志：禁止标志、警告标志、指令标志和提示标志。
3. 掌握危险化学品的定义、分类与安全标签。
4. 了解消防安全标志的含义与示例。

学习建议

对于不同类型的安全标识应在理解图形含义的基础上加以记忆。

安全标识是最直观、最快捷、最有效的提示方法和手段之一。在实验室中，它不仅对实验人员起到了警示、提醒作用，而且可以强化操作者对实验风险的防范意识，为实验员的安全提供了最直接、最有效的保障。通过规范实验室安全标识，可完善安全管理系统，最大程度地避免实验室安全事故的发生。实验室应有明显的安全标识，标识应保持清晰、完整，包括禁止、警告、指令、提示等安全标志；化学品安全标签；消防安全标志。

1.1　颜色表征

1.1.1　安全色

根据国家标准《安全色》(GB 2893—2008)中的定义，安全色是一类具有传递安全信息含义的颜色，包括红色、蓝色、黄色、绿色4种颜色。

(1)红色

红色表示禁止、停止、危险或提示消防设备、设施的信息。凡是禁止、停止、消防和有危险的器件或环境均应涂以红色的标记作为警示的信号，如禁止标志，交通禁止标志，消防设备标志，机械的停止按钮、刹车及停车装置的操纵手柄等。

(2)蓝色

蓝色表示必须遵守规定的指令性信息。要求人们必须遵守的规定应涂以蓝色的标记作为信号，如指令标志、交通指令标志等。

(3)黄色

黄色表示提醒人们注意。需警告人们注意的器件、设备或环境都应涂以黄色的标记作为信号，如警告标志、交通警告标志、道路交通路面标志、楼梯的第一级和最后一级的踏步前沿及警告信号旗等。

(4)绿色

绿色表示给人们提供允许、安全的信息。允许通行或安全情况涂以绿色的标记作为信号，如提示标志、机器启动按钮、安全信号旗、急救站、应急避难场所等。

1.1.2 对比色

对比色是使安全色更加醒目的反衬色，包括黑色、白色两种颜色。

(1)黑色

黑色用于安全标志的文字、图形符号和警告标志的几何边框。

(2)白色

白色用于安全标志中红色、蓝色、绿色的背景色，也可用于安全标志的文字和图形符号。

当安全色与对比色搭配使用时，应符合表 1-1 所列的规律。

表 1-1 安全色的对比色

安全色	对比色	安全色	对比色
红色	白色	黄色	黑色
蓝色	白色	绿色	白色

1.2 安全色与对比色的相间条纹

安全色与对比色的相间条纹包括红色与白色、蓝色与白色、黄色与黑色、绿色与白色 4 种类型。

(1)红色与白色相间条纹

红色与白色相间条纹表示禁止或提示消防设备、设施位置的安全标记。该类相间条纹主要应用于交通运输等方面所使用的隔离墩与防护栏、液化石油气汽车槽车的条纹、固定禁止标志的标志杆上的色带等场所。

(2)蓝色与白色相间条纹

蓝色与白色相间条纹表示指令的安全标记，传递必须遵守规定的信息。该类相间条纹主要应用于道路交通的指示性导向标志，固定指令标志的标志杆上的色带等场所。

(3)黄色与黑色相间条纹

黄色与黑色相间条纹表示危险位置的安全标记。该类相间条纹主要应用于各种机械在工作或移动时容易碰撞的部位及固定警告标志的标志杆上的色带等场所。

(4)绿色与白色相间条纹

绿色与白色相间条纹表示安全环境的安全标记。该类相间条纹主要应用于固定提示标志的标志杆上的色带。

1.3 安全标志

1.3.1 安全标志的定义与分类

我国在2008年制定并发布的国家标准《安全标志及其使用导则》(GB 2894—2008)中对安全标志做了如下的定义：安全标志是用以表达特定安全信息的标志，由图形符号、安全色、几何形状(边框)或文字构成。常用安全标志包括禁止标志、警告标志、指令标志、提示标志4种类型。

(1)禁止标志

禁止标志是禁止人们不安全行为的图形标志，安全色为红色，对比色为白色。禁止标志的基本型式是带斜杠的圆边框，斜杠与圆环相连用红色，图形符号用黑色，背景用白色。

(2)警告标志

警告标志是提醒人们对周围环境引起注意，以避免可能发生危险的图形标志，安全色为黄色，对比色为黑色。警告标志的基本型式是正三角形边框。

(3)指令标志

指令标志是强制人们必须做出某种动作或采用防范措施的图形标志，安全色为黄色，对比色为黑色。指令标志的基本型式是圆形边框。

(4)提示标志

提示标志是向人们提供某种信息(如标明安全设施或场所等)的图形标志，安全色为绿色，对比色为白色。提示标志的基本型式是正方形边框。

除上述4种类型的安全标志外，还有一类用于说明安全标志的含义或提供安全指引信息的标志，被称为文字辅助标志。文字辅助标志的基本型式为矩形边框，有横向和竖向两种书写形式。当横向书写时，文字辅助标志应写在对应标志的下方，可以与标志相连，也可以分开，底色根据标志含义确定，文字用标志的对比色；当竖向书写时，文字辅助标志应写在标志杆的上方，底色用白色，文字用黑色字体，如图 1-1 所示。

图 1-1　文字辅助标志示例

1.3.2　常用安全标志示例(表 1-2~表 1-5)

表 1-2　禁止标志示例

图形标志	名　称	设置范围或说明
	禁止带火种	有甲类火灾危险物质及其他禁止带火种的各种危险场所
	禁止烟火	有甲、乙、丙类火灾危险物质的场所

（续）

图形标志	名 称	设置范围或说明
	禁止吸烟	有甲、乙、丙类火灾危险物质的场所和禁止吸烟的公共场所
	禁止用水灭火	生产、储运、使用中有禁止用水灭火的物质的场所
	禁止放置易燃物	具有明火设备或高温的作业场所
	禁止堆放	消防器材存放处、消防通道及车间主通道等
	禁止化学品叠放	表示禁止堆放危险化学品在内的各种化学品
	禁止穿化纤服装	有静电火花会导致灾害或有炽热物质的作业场所
	禁止混放	表示禁止不同物质混放
	禁止饮食	表示禁止饮食

（续）

图形标志	名　称	设置范围或说明
	禁止转动	检修或专人定时操作的设备附近
	禁止攀登	不允许攀爬的危险地点
	禁止入内	易造成事故或对人员有伤害的场所
	禁止启动	暂停使用的设备附近
	禁止合闸	设备或线路维修时，相应开关附近
	禁止触摸	禁止触摸的设备或物体附近
	禁止倚靠	不允许倚靠的地点或部位
	禁止乱接电线	表示禁止私自乱接电线

（续）

图形标志	名　称	设置范围或说明
	禁止超载用电	表示禁止超负荷用电
	禁止改装插头插座	表示禁止私自改装插头插座

表1-3　警告标志示例

图形标志	名　称	设置范围或说明
	当心火灾	易发生火灾的危险场所
	当心中毒	剧毒品及有毒物质的生产、储运及使用场所
	当心气瓶	气瓶存放的场所
	当心腐蚀	有腐蚀性物质的作业地点
	注意安全	易造成人员伤害的场所及设备等

（续）

图形标志	名　称	设置范围或说明
	当心爆炸	易发生爆炸危险的场所
	当心感染	易发生感染的场所
	当心触电	有可能发生触电危险的电器设备和线路
	当心电离辐射	能产生电离辐射危害的作业场所
	当心静电	易产生静电的场所
	当心激光	有激光产品和生产、使用、维修激光产品的场所
	当心防尘	易产生粉尘的作业地点或场所
	当心伤手	易造成手部伤害的作业地点

（续）

图形标志	名　称	设置范围或说明
	当心烫伤	具有热源易造成伤害的作业地点

表 1-4　指令标志示例

图形标志	名　称	设置范围或说明
	必须戴防护眼镜	对眼睛有伤害的各种作业场所和施工场所
	必须戴防尘口罩	具有粉尘的作业场所
	必须戴防毒面罩	具有对人体有害的气体、气溶胶、烟尘等作业场所
	必须戴防护面罩	具有导致人体感染的飞沫或易喷溅化学品的地点或作业场所
	必须戴鞋套	对洁净度有要求的作业地点或场所
	必须穿防护服	具有放射、微波、高温及其他须穿防护服的作业场所

（续）

图形标志	名　称	设置范围或说明
	必须戴防护帽	易造成人体碾绕伤害或有粉尘污染头部的作业场所
	必须穿防护鞋	易伤害脚部的作业场所
	必须戴防护手套	易伤害手部的作业场所
	必须戴安全帽	头部易受外力伤害的场所
	必须拔出插头	在设备维修、故障、长期停用、无人值守状态下
	必须接地	防雷、防静电场所
	必须加锁	剧毒品、危险品库房等地点
	必须洗手	接触有毒有害物质作业后

表 1-5　提示标志示例

图形标志	名　称	设置范围或说明
	紧急(安全)出口	提示通往安全场所的疏散出口 根据到达出口的方向，可选用向左或向右的标志
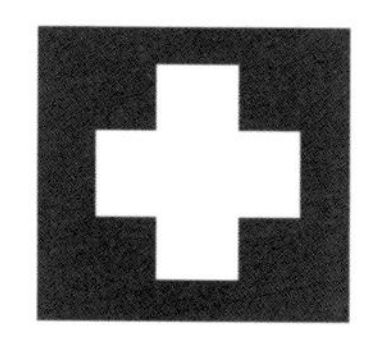	急救点	设置现场急救仪器设备及药品的地点
	击碎板面	提示需击碎板面才能取到钥匙、工具，操作应急设备或开启紧急逃生出口

1.4　化学品安全标签

化学品安全标签是一类常见的，用于说明化学品，尤其是危险化学品性质的安全标识。在使用化学品的过程中，化学品安全标签可警示并告知实验人员潜在的危险，防止危险事故的发生。

1.4.1　化学品的定义与分类

化学品是指由各种化学元素组成的，天然的或人工合成的纯净物和混合物。

不同标准对应的化学品的分类有所不同。依据 2009 年 6 月 21 日由国家质量监督检验检疫总局及国家标准化管理委员会联合发布的《化学品分类和危险性公示通则》(GB 13690—2009)，可将化学品按其理化危险、健康危险和环境危险等危险特性分为 3 个大类、30 个小类。

(1)理化危险

根据化学品的理化危险，将其分为16类。

第1类：爆炸物

爆炸物是指一种本身能通过化学反应产生气体，且其瞬时产生的气体温度、压力及速度能够对周围环境造成破坏的固体或液体物质或物质的混合物。发火物质也包括在内，即使它们不放出气体。

第2类：易燃气体

易燃气体是指在20℃及101.3kPa标准压力，即1大气压下与空气混合时有易燃范围的气体。

第3类：易燃气溶胶

气溶胶是指由金属、玻璃或塑料制成的不可重新灌装的喷雾罐中强制压缩、液化或溶解的气体，包含或不包含液体、膏剂或粉末，配备的释放装置能够使罐装物喷射出来，在气体中形成悬浮的固态或液态微粒，或形成泡沫、膏剂或粉末，或处于气态或液态。

易燃气溶胶是指含有易燃液体、易燃气体或易燃固体等易燃物质组分的气溶胶。

第4类：氧化性气体

氧化性气体是指一般通过提供氧气，比空气更能够导致或促使其他物质燃烧的任何气体。

第5类：压力下气体

压力下气体是指在20℃时以大于或等于200kPa(表压)的压力贮藏在容器内的气体、液化气体或冷冻液化气体。压力下气体分为压缩气体、液化气体、冷冻液化气体和溶解气体4种类型。

第6类：易燃液体

易燃液体是指闪点小于等于93℃的液体。

第7类：易燃固体

易燃固体是指容易燃烧或可通过摩擦引起或促进着火的固体。易于燃烧的固体是指与着火的火柴等点火源短暂接触后即可被点燃，且火焰迅速蔓延的有危险性的粉状、颗粒状或糊状物质。

第8类：自反应物质或混合物

自反应物质或混合物是指即使没有氧气或空气参与，也容易发生强烈的放热分解反应的热不稳定的液体或固体物质或混合物。这一概念不包括依据化学品分类及标记全球协调制度(GHS)分类为爆炸物、有机过氧化物或氧化物质的物质和混合物。当自反应物质或混合物在实验室试验中有组分易于起爆、迅速爆燃或在封闭条件下加热时显示剧烈效应时，应视为其具有爆炸性质。

第9类：自燃液体

自燃液体是指即使数量小也可在与空气接触后5min内引燃的液体。

第10类：自燃固体

自燃固体是指即使数量小也可在与空气接触后5min内引燃的固体。

第11类：自热物质和混合物

自热物质和混合物是指发火液体或固体除外的与空气反应不需能量供应即可自己发热的固体或液体物质或混合物。自热物质和混合物与发火液体或固体不同之处在于前一物质只有数量足够大(千克级)且经过长时间(几小时或几天)才可燃烧。

第12类：遇水放出易燃气体的物质或混合物

遇水放出易燃气体的物质或混合物是指通过与水相互作用，显示出自燃性或放出危险数量的易燃气体的固态或液态物质或混合物。

第13类：氧化性液体

氧化性液体是指本身不一定具有可燃性，但通过产生氧气引起或促使其他物质燃烧的液体。

第14类：氧化性固体

氧化性固体是指本身不一定具有可燃性，但通过产生氧气引起或促使其他物质燃烧的固体。

第15类：有机过氧化物

有机过氧化物是指含有二价-O-O-结构和可看作一个或两个氢原子被有机基团取代的过氧化氢衍生物的液体或固体有机物。这一概念也包括有机过氧化物配制物(混合物)。有机过氧化物是容易发生放热自加速分解的热不稳定的物质或混合物。除此之外，它们还可具有以下一种或多种性质：①易爆炸分解；②迅速爆燃；③对撞击或摩擦敏感；④与其他物质发生危险反应。

第16类：金属腐蚀剂

金属腐蚀剂是指通过化学作用显著损坏乃至毁坏金属的物质或混合物。

(2)健康危险

根据化学品的健康危险，将其分为10类：

第1类：急性毒性

急性毒性是指一种物质的口服或皮肤接触的单次剂量或在24h内给予的多次剂量，或吸入接触4h后产生的急性有害效应。

第2类：皮肤腐蚀/刺激

皮肤腐蚀是指使用试验物质达到4h后出现表皮和真皮坏死的引起皮肤不可逆损伤的效应。腐蚀反应具有溃疡、出血、血痂的特征，且在14d观察期结束时，皮肤、完全脱发区域和结痂处由于漂白而褪色。应考虑通过组织病理学检查来评估可疑病变。

皮肤刺激是指使用试验物质达到4h后对皮肤造成可逆损伤的效应。

第3类：严重眼损伤/眼刺激

严重眼损伤是指在眼内表面使用试验物质后对眼部造成在使用21d内不能完全恢复的组织损伤或严重的视力衰退。

眼睛刺激是指在眼内表面使用试验物质后对眼睛产生的在使用21d内可完全恢复的变化。

第4类：呼吸或皮肤过敏

呼吸过敏物是指吸入后会引起气管超敏反应的物质。皮肤过敏物是指皮肤接触后会引起过敏反应的物质。

第5类：生殖细胞致突变性

生殖细胞致突变性主要涉及可导致人体生殖细胞突变并能够遗传给后代的化学品。但是，在本危险类别内对化学品进行分类时，还要考虑体外致突变性/生殖毒性试验和哺乳动物活体内体细胞中的致突变性/生殖毒性试验。

第6类：致癌性

致癌物是指能够诱发癌症或增加癌症发病率的化学物质或其混合物。在操作良好的动物试验研究中，诱发良性或恶性肿瘤的物质通常可认为或可疑为人类致癌物，除非有确切的证据表明该肿瘤的形成机制与人类无关。

第7类：生殖毒性

生殖毒性是指对成年男性或女性性功能及生育力的有害影响及对后代的发育毒性。在本分类系统中，生殖毒性细分为如下两个主要部分：对性功能和生育能力的有害影响和对后代发育的有害影响。

第8类：特异性靶器官系统毒性——一次接触

特异性靶器官系统毒性——一次接触是指由一次接触而产生的特异性、非致死性器官系统毒性的物质。本类别包括产生即时的和/或迟发的、可逆性和不可逆性功能损害的所有显著的健康影响。

第9类：特异性靶器官系统毒性——反复接触

特异性靶器官系统毒性——反复接触涉及由反复接触而产生的特异性、非致死性器官系统毒性的物质。本类别包括产生即时的和/或迟发的、可逆性和不可逆性功能损害的所有显著的健康影响。

第10类：吸入危险

吸入危险是指液态或固态化学品通过口腔或鼻腔直接进入或因呕吐间接进入气管和下呼吸系统引起的化学性肺炎、不同程度的肺损伤或吸入后死亡等严重急性效应。

(3)环境危险

根据化学品的环境危险，将其分为4类。

第1类：急性水生毒性

急性水生毒性是指物质对短期接触它的生物体造成伤害的固有性质。

第2类：潜在或实际的生物积累

潜在或实际的生物积累是指物质通过空气、水、沉淀物或土壤和食物等所有接触途径在生物体内吸收、转化及排出的净结果。

第3类：有机化学品的降解(生物或非生物)

有机化学品的降解(生物或非生物)是指有机化学品通过生物或非生物降解最终分解为二氧化碳、水和盐的过程。

第4类：慢性水生毒性

慢性水生毒性是指物质与生命周期相关的接触期间对水生生物产生有害影响的潜在或实际的性质。

国家标准化管理委员会于2013年10月发布，2014年11月1日起正式实施的新版《化学品分类和标签规范》系列国家标准[GB 30000—2013(2~29部分)]，采纳了联合国2011年版(第四修订版)《全球化学品统一分类和标签制度》(The Globally Harmonized System of Classification and Labeling of Chemicals，简称GHS)中的大部分内容，将化学品分为28类。该国家标准与《化学品分类和危险性公示通则》(GB 13690—2009)对化学品分类的区别在于前者根据化学品的环境危害将其分为2类，而GB 13690—2009则分为4类。

1.4.2 化学品安全标签要素

《化学品安全标签编写规定》(GB 15258—2009)是我国为规范化学品安全标签内容的表述和编写所制定的国家标准。该标准中规定的化学品安全标签要素包括化学品标识、象形图、信号词、危险性说明、防范说明、应急咨询电话、供应商标识及资料参阅提示语等。

(1)化学品标识

化学品标识，即化学品的中、英文化学名称或通用名称。GB 15258—2009中规定，应在化学品安全标签上用中、英文注明化学品的化学名称或通用名称，并要求名称醒目、清晰，位于标签的上方。如果为混合物，则应注明对其危险性分类有贡献的主要组分的中、英文化学名称或通用名、浓度或浓度范围。

(2)象形图

象形图是指由图形符号和如边线、背景图案或颜色等其他图形要素组成的用于传达特定信息的图形组合。化学品安全标签中的象形图主要有 9 种类型，每一种类型对应一种或几种危险类别。当化学品对应多种象形图时，其象形图先后顺序参照 GB 15258—2009 中的相关规定。化学品的危险类别、象形图及对应的危险类别见表 1-6 和表 1-7 所列。

表 1-6　化学品的危险类别

化学品危险特性分类		危险类别						
物理危险	爆炸物	不稳定爆炸物	1. 1	1. 2	1. 3	1. 4	1. 5	1. 6
	易燃气体	1	2	化学不稳定性气体 A	化学不稳定性气体 B			
	气溶胶	1	2	3				
	氧化性气体	1						
	加压气体	压缩气体	液化气体	冷冻液化气体	溶解气体			
	易燃液体	1	2	3	4			
	易燃固体	1	2					
	自反应物质和混合物	A	B	C	D	E	F	G
	自燃液体	1						
	自燃固体	1						
	自热物质和混合物	1	2					
	遇水放出易燃气体的物质和混合物	1	2	3				
	氧化性液体	1	2	3				
	氧化性固体	1	2	3				
	有机过氧化物	A	B	C	D	E	F	G
	金属腐蚀物	1						

（续）

化学品危险特性分类		危险类别						
健康危害	急性毒性	1	2	3	4	5		
	皮肤腐蚀/刺激	1A	1B	1C	2	3		
	严重眼损伤/眼刺激	1	2A	2B				
	呼吸道或皮肤致敏	呼吸道致敏物 1A	呼吸道致敏物 1B	皮肤致敏物 1A	皮肤致敏物 1B			
	生殖细胞致突变性	1A	1B	2				
	致癌性	1A	1B	2				
	生殖毒性	1A	1B	2	附加类别			
	特异性靶器官毒性一次接触	1	2	3				
	特异性靶器官毒性反复接触	1	2					
	吸入危害	1	2					
环境危害	对水生环境的危害	急性 1	急性 2	急性 3	长期 1	长期 2	长期 3	长期 4
	对臭氧层的危害	1						

注：表中所示危险类别来源于《化学品分类和标签规范》系列国家标准[GB 30000—2013(2~29 部分)]。

表 1-7　象形图及对应的危险类别

象形图	对应的危险类别
	不稳定爆炸物、爆炸物 1.1~1.4；自反应物质和混合物 A、B；有机过氧化物 A、B
	加压气体
	氧化性气体；氧化性液体；氧化性固体

（续）

象形图	对应的危险类别
	易燃气体 1；气溶胶 1、2；易燃液体 1、2、3；易燃固体 1；自反应物质和混合物 B-F；自热物质和混合物；自燃液体；自燃固体；有机过氧化物 B-F；遇水放出易燃气体的物质和混合物
	金属腐蚀物；皮肤腐蚀/刺激 1A、1B、1C；严重眼损伤/眼刺激 1
	急性毒性 1、2、3
	急性毒性 4；严重眼损伤/眼刺激 2A；皮肤腐蚀/刺激 2；特异性靶器官系统毒性一次接触 3；对臭氧层的危害；呼吸道或皮肤致敏：皮肤致敏物 1A、1B
	呼吸道或皮肤致敏：呼吸道致敏物 1A、1B；生殖细胞致突变性；致癌性；生殖毒性 1A、1B、2；特异性靶器官系统毒性一次接触 1、2；特异性靶器官系统毒性反复接触；吸入危害
	对水生环境的危害急性 1；对水生环境的危害长期 1、2

注：表中所示危险类别来源于《化学品分类和标签规范》系列国家标准[GB 30000—2013(2~29 部分)]。

（3）信号词

信号词是化学品安全标签上位于化学品标识下方的用于表明化学品的危险程度和提醒读者注意潜在危险的词语，包括“危险”和“警告”两种。不同的化学品危险类别用不同的信号词表示，“危险”用于较为严重的危险类别，“警告”用于较轻的危险类别，信号词与化学品危险类别的对应关系如图 1-2 所示。当化学品存在多种信号词时，其信

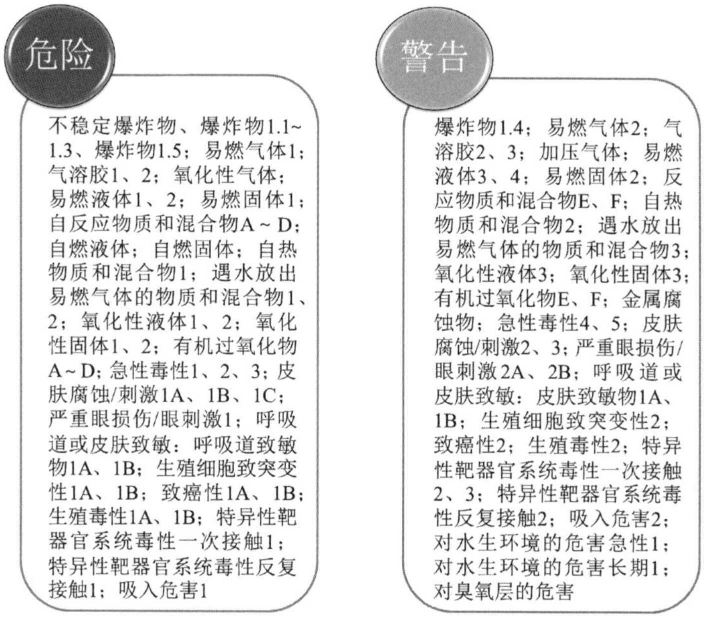

危险

不稳定爆炸物、爆炸物1.1~1.3、爆炸物1.5；易燃气体1；气溶胶1、2；氧化性气体；易燃液体1、2；易燃固体1；自反应物质和混合物A~D；自燃液体；自燃固体；自热物质和混合物1；遇水放出易燃气体的物质和混合物1、2；氧化性液体1、2；氧化性固体1、2；有机过氧化物A~D；急性毒性1、2、3；皮肤腐蚀/刺激1A、1B、1C；严重眼损伤/眼刺激1；呼吸道或皮肤致敏：呼吸道致敏物1A、1B；生殖细胞致突变性1A、1B；致癌性1A、1B；生殖毒性1A、1B；特异性靶器官系统毒性一次接触1；特异性靶器官系统毒性反复接触1；吸入危害1

警告

爆炸物1.4；易燃气体2；气溶胶2、3；加压气体；易燃液体3、4；易燃固体2；反应物质和混合物E、F；自热物质和混合物2；遇水放出易燃气体的物质和混合物3；氧化性液体3；氧化性固体3；有机过氧化物E、F；金属腐蚀物；急性毒性4、5；皮肤腐蚀/刺激2、3；严重眼损伤/眼刺激2A、2B；呼吸道或皮肤致敏：皮肤致敏物1A、1B；生殖细胞致突变性2；致癌性2；生殖毒性2；特异性靶器官系统毒性一次接触2、3；特异性靶器官系统毒性反复接触2；吸入危害2；对水生环境的危害急性1；对水生环境的危害长期1；对臭氧层的危害

图 1-2　信号词与化学品危险类别的对应关系

号词选用办法参照 GB 15258—2009 中的相关规定。

(4)危险性说明

危险性说明是化学品安全标签上位于信号词下方的用于描述化学品危险特性的短语。不同的化学品危险类别，其危险性说明也不同，具体规定详见《化学品分类和标签规范》系列国家标准[GB 30000—2013(2~29 部分)]。另外，GB 15258—2009 中规定，化学品所有危险说明都应出现在安全标签上，且出现顺序按物理危险、健康危害、环境危害排序。

(5)防范说明

防范说明是用于说明化学品在贮存、搬运、使用中所必须注意的事项及发生意外时建议采取的救护措施的文字。防范说明应包括安全预防措施、意外情况(如泄漏、人员接触或火灾等)的处理、安全贮存措施及废弃处置等内容，详见 GB 15258—2009。

(6)供应商标识

供应商标识包括供应商名称、地址、邮编、电话等有关化学品供应商的信息。

(7)应急咨询电话

应急咨询电话主要包括化学品生产商或生产商委托的 24h 化学事故应急咨询电话或对于进口化学品规定的至少一家中国境内的 24h 化学事故应急咨询电话。

(8)资料参阅提示语

资料参阅提示语用于提示实验员应参阅化学品安全技术说明书。

1.4.3 化学品安全标签的应用示例

Toluene

甲苯

危　险

高度易燃液体和蒸气，吞咽有害，造成皮肤刺激，造成严重眼刺激，怀疑对生育能力或胎儿造成伤害，长时间或重复接触（主要影响途径：吸入）可能对器官造成损害

【预防措施】

在使用前获取特别指示。在读懂所有安全防范措施之前切勿搬动。远离热源/火花/明火/热表面--禁止吸烟。保持容器密闭。保持低温。容器和接收设备接地/等势连接。使用防爆的电气/通风/照明/设备。只能使用不产生火花的工具。采取防止静电放电的措施。戴防护手套/穿防护服/戴防护眼罩/戴防护面具。不要吸入粉尘/烟/气体/烟雾/蒸气/喷雾。使用本产品时不要进食、饮水或吸烟。作业后彻底清洗。

【事故响应】

如皮肤（或头发）沾染：立即去除/脱掉所有沾染的衣服，清洗后方可重新使用。用水充分清洗/淋浴。如发生皮肤刺激：求医/就诊。如误吞咽：如感觉不适，立即呼叫解毒中心/医生。漱口。如进入眼睛：用水小心冲洗几分钟。如戴隐形眼镜并可方便地取出，继续冲洗。如仍觉眼刺激：求医/就诊。如感觉不适：求医/就诊。如接触到或有疑虑：求医/就诊。火灾时：使用泡沫，干粉，二氧化碳或砂土等灭火。

【安全储存】

存放在通风良好的地方。保持低温。存放处须加锁。

【废弃处置】

按照相关规章处置内装物和容器。

请参阅化学品安全说明书

供应商：××××××××　　电话：××××××××

地　址：××××××××　　邮编：××××××××

化学事故应急咨询电话：××××××××

1.5 消防安全标志

1.5.1 消防安全标志的定义与分类

消防安全标志是向公众指示安全出口的位置与方向、安全疏散逃生的途径、消防设施设备的位置、火灾或爆炸危险区域的警示与禁止等特定的消防安全信息的标志，由安全色、几何形状、表示特定消防安全信息的图形符号构成。由国家质检总局、国家标准委批准发布的《消防安全标志第1部分：标志》(GB 13495.1—2015)，将消防安全标志分为火灾报警装置标志、紧急疏散逃生标志、灭火设备标志、禁止和警告标志、方向辅助标志和文字辅助标志6种类型。

(1)火灾报警装置标志

火灾报警装置标志的基本形式是正方形，安全色为红色，对比色为白色，图形符号色为白色。

(2)紧急疏散逃生标志

紧急疏散逃生标志的基本形式是正方形，安全色为绿色，对比色为白色，图形符号色为白色。

(3)灭火设备标志

灭火设备标志的基本形式是正方形，安全色为红色，对比色为白色，图形符号色为白色。

(4)禁止和警告标志

禁止标志的基本形式是带斜杠的圆形，安全色为红色，对比色为白色，图形符号色为黑色。

警告标志的基本形式是等边三角形，安全色为黄色，对比色为黑色，图形符号色为黑色。

(5)方向辅助标志

方向辅助标志是一类应与火灾报警装置标志、紧急疏散逃生标志、灭火设备标志、禁止和警告标志4种消防安全标志联用的用以指示所表示意义方向的标志。方向辅助标志与上述消防安全标志联用时，如指示左向(包括左上与左下)及下向，应放在图形标志的左方；如指示右向(包括右下与右上)，应放在图形标志的右方，且其颜色应与联用的图形标志颜色相同。

(6)文字辅助标志

文字辅助标志是一类应与图形标志或(和)方向辅助标志联用的标志。文字辅助标志的基本形式为矩形边框，书写形式与1.3.1中介绍的类似，有横向和竖向两种。当横向书写时，文字辅助标志应写在对应标志的下方或左上或右方，底色根据标志含义确定，文字用标志的对比色；当竖向书写时，文字辅助标志应写在标志杆的上方，底色用白色，文字用黑色字体。

当消防安全标志同时有方向辅助标志与文字辅助标志两种联用标志时，一般将二者一同放在图形标志的一侧，文字辅助标志放在方向辅助标志下方。当方向辅助标志指示的方向为左下、右下与下向时，文字辅助标志放在方向辅助标志上方。

1.5.2 常用消防安全标志示例(表 1-8~表 1-12)

表 1-8 火灾报警装置标志示例

图形标志	名 称	说 明
	消防按钮	标示火灾报警按钮和消防设备启动按钮的位置
	发声报警器	标示发声警报器的位置
	火警电话	标示火警电话的位置和号码

表 1-9 紧急疏散逃生标志示例

图形标志	名 称	说 明
	紧急(安全)出口	提示通往安全场所的疏散出口 根据到达出口的方向，可选用向左或向右的标志
	推开	提示门的推开方向
	拉开	提示门的拉开方向
	滑动开门	提示滑动门的位置及方向

表 1-10 灭火设备标志示例

图形标志	名称	说明
	灭火设备	标示灭火设备集中摆放的位置
	手提式灭火器	标示手提式灭火器的位置
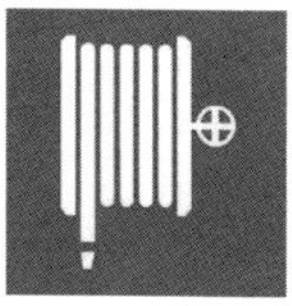	消防软管卷盘	标示消防软管卷盘、消化栓箱、消防水带的位置
	地下消火栓	标示地下消火栓的位置
	地上消火栓	标示地上消火栓的位置
	消防水泵接合器	标示消防水泵接合器的位置

表 1-11 禁止和警告标志示例

图形标志	名称	说明
	禁止吸烟	表示禁止吸烟

（续）

图形标志	名 称	说 明
	禁止烟火	表示禁止吸烟或各种形式的明火
	禁止放置易燃物	表示禁止存放易燃物
	禁止用水灭火	表示禁止用水作灭火剂或用水灭火
	禁止锁闭	表示禁止锁闭的指定部位（如疏散通道和安全门口的门）
	当心易燃物	警示来自易燃物质的危险
	当心氧化物	警示来自氧化物的危险

表 1-12　方向辅助标志示例

图形标志	名 称	说 明
	疏散方向	指示安全出口的方向 箭头的方向还可为上、下、左上、右上、右、右下等
	火灾报警装置或灭火设备的方位	指示火灾报警装置或灭火设备的方位 箭头的方向还可为上、下、左上、右上、右、右下等

实验室安全标识的可操作性强、效果显著，落实实验室安全标识的应用在一定程度上不仅可以增强实验人员的安全意识，还可以为以“安全第一、预防为主”为管理原则的实验室安全管理保驾护航，从而保障学校教学、科研等各项事业又好又快地发展。

本章小结

本章主要介绍了安全标识类型，给出了禁止、警告、指令、提示等安全标志、化学品安全标签及消防安全标志的具体定义，并列举了图形实例。

思考题与习题

1. 安全标志是用以表达特定安全信息的标志，由图形符号、安全色、几何形状(边框)或文字构成，分为(　　)。

A. 禁止标志　　B. 警告标志　　C. 指令标志　　D. 提示标志

2. 下列4种安全标志中属于指示标志的是(　　)。

A. 
B. 
C. 
D. 

3. 下列4种象形图中用于表示加压气体的是(　　)。

A. 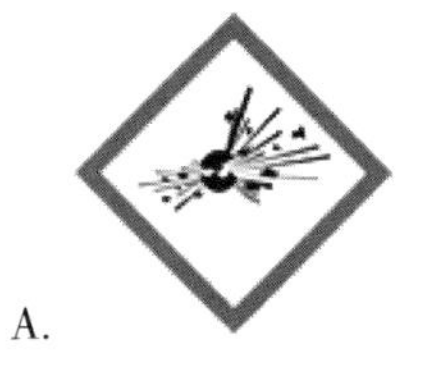
B. 
C. 
D. 

4. 化学品的定义是什么？可分为哪几类？

5. 实验室安全标识有哪些类型，各有什么作用？

第2章　个体防护

学习目标

1. 了解个体防护的重要性及个体防护装备选用的基本原则。
2. 掌握个体防护用品的分类、防护原理和使用方法。
3. 掌握各级实验室的防护标准和方法。

学习重点

1. 眼部防护中防护眼镜的种类及防护特性。
2. 呼吸防护装备的原理，以及不同风险条件下正确使用和管理呼吸装备注意事项。
3. 手部防护中，不同类型手套的防护作用与选择方法。
4. 不同安全防护等级实验室中，个人防护用品的使用方法及注意事项。

学习建议

1. 结合实验室安全事故案例，增强对个人防护装备重要性的认识，掌握个人防护装备的选择方法。

2. 在熟悉个人防护装备分类和特性的基础上，利用实验室现有防护装备模拟日常使用情况，加强对个人防护装备使用及管理方法的掌握。

高校实验室在教学实验、科研实验活动中会使用各种易燃易爆、有毒有害危险化学品以及机械加工和电气测量设备，还会用到压力容器及起重机械等特种设备。因此，实验过程中存在着多种安全隐患。虽然通过制定规章制度、落实安全责任、开展教育培训、完善基础设施、建立标准操作规范、加强监督检查等可预防安全事故的发生，将实验室安全事故发生的概率降到最低，但无法保证不发生安全事故。当安全事故发生时，如何尽量减少损失，特别是减少师生伤亡，成为实验人员必须认真对待的一个问题。在实验过程中选择恰当的个体防护装备，是保护师生安全和健康的最后一道屏障，可使人体免遭或减轻危险因素和事故的伤害。2011年9月2日，华东理工大学两名研究生在做化学实验时，不慎遭遇爆炸受伤。原因是在做氧化反应实验时，添加过氧化氢、乙醇等速度过快，未按要求拉下通风橱门，且未穿戴个人防护装备。

2.1 个体防护装备

个体防护装备(personal protective equipment，PPE)是指用来防止人员受到物理、化学和生物等有害因子伤害的器材和用品。实验室内化学品种类繁多、仪器操作复杂、危害因素众多(包括金工实习切割、打磨作用生产的固体颗粒物，化学实验产生的有毒有害气体或蒸汽、紫外辐照，生物实验涉及的生物源性危害等)，某些有毒有害物可能引起皮肤或呼吸系统不适，诱发疾病或过敏反应，加大心脑血管疾病风险，甚至造成死亡。因此，个体防护显得尤为重要。个体防护装备佩戴的历史可追溯到古代。如闻名遐迩的秦始皇兵马俑身上的甲胄，就是个体防护装备在我国古代军事上应用的最好例证；铁匠通常所穿的厚底鞋，腰间所系的厚布围裙，也是个体防护装备在生产劳动中的应用实例。在现代，个体防护装备已经出现在生产生活的各个领域，成为保证安全生产、应对突发公共卫生事件、维护人民群众健康安全、实现经济社会可持续发展的重要物质保障。

2.2 选用个体防护装备的基本原则

实验人员应建立明确的安全意识，清晰地认识自己的工作环境和所从事实验工作的性质，明确实验过程中可能会发生的事故以及防范和避免事故发生的应急预案。在实验之前，进行危险评估，并根据国家有关标准和个体防护要求以及危险评估的结果，制定全面、细致的标准操作规程和程序文件，并且有必要对实验过程中关键的危险步骤设计出安全可行的防护措施。操作规程和防护措施制定完成后，在选用个体防护装备的过程中应遵循以下3点原则：

(1)针对性

在选用个体防护装备时应先识别危险因素并对危害程度进行评估，再针对拟防护的个体及拟防护的具体部位配备适用的个体防护装备。实验室内以及某些项目具体的实验活动中可产生危害的因素很多，要发现这些危险因素，需要在实验室现场认真、仔细地分析和识别，如危险化学品、有害生物因子、放射源与放射装置、机械设备、高(低)温物质、危害健康的环境因素等。确认存在危险因素后需对其危害程度进行分析评估，评估的内容主要有实验室内存在的危险因素是否对个体产生危害及对不同个体产生的危害程度如何。做好危险因素识别和危害程度评估，才能有针对性地选择适合的个体防护装备。

(2)适用性

个体防护装备具有很强的个体适用性，要根据个体的高矮、胖瘦等体型差别，根据个体的健康状况和对危害因素的敏感度等不同情况，配备适合的个体防护装备。所配备的个体防护装备必须适合工作环境，才能有效地消除或减轻工作现场危害因素对个体健康的影响，同时穿戴在实验人员身上具有一定的舒适性、不干扰其他防护用品的使用、不影响实验操作。要避免个人防护过度，造成操作不便甚至有害健康。

(3)高标准

为了切实发挥个体防护装备在防御外来伤害、保证人员安全和健康的重要作用，国际标准化组织(ISO)、欧洲标准化委员会(CEN)以及美国、日本等发达国家各自制定了关于个体防护装备的标准和规则。我国在个体防护装备领域曾制定和修订了100多项国家标准和行业标准，经不断完善，现有国家标准63项、行业标准20多项，包括基本标准、产品质量标准、试验方法标准和管理标准等。实验人员选择的任何个人防护装备应符合国家有关标准。同时，实验人员还应接受关于个人防护装备的选择、使用和维护等方面的指导和培训。对个人防护装备的选择、使用和维护应有明确的书面规定、程序和使用指导，形成标准化体系，最大限度地保护实验室人员的安全和健康。

2.3 个体防护装备的配备步骤

根据上述3个原则，个体防护装备的配备应遵循以下4个步骤：

步骤1：识别危险因素。通过此步骤确认实验室内以及某项具体的实验活动中是否存在危险因素及有哪种危险因素，如危险化学品、有害生物因子、放射源与射线装置、机械设备、高(低)温物质、有害健康的环境因素等。

步骤2：评估危害程度。对实验室现场的危害信息进行分析评估，有针对性地选择适合的个体防护装备。评估的内容主要包含：实验室内存在的危险因素是否会对人体产生危害；对不同个体产生的危害程度如何；危险因素是否可以通过工程和管理手段控制或消除。危险因素识别和危险程度评估是危害控制和防护的关键。在实验室的布局发生变化、开展新的实验项目、新设备或改造设备投入运行等情况下，应再次进行识别和评估。即使实验室没有任何变化，也应该定期进行识别和评估，以确保识别和评估结果的准确性和全面性。危险因素识别和危害程度评估应做好书面记载，并留存备查。

步骤3：选择适用的个体防护装备。每一种防护用品都有其适用环境和适用条件，因此需要根据危险因素识别和危害程度评估结果，为每个参与实验室活动的人员(包括外来的访客)配备具有相应功能且适用的个体防护装备。所配备的个体防护装备必须符合国家标准或者行业标准，对于特种防护用品则应注意有无安全标志。

步骤4：使用方法的培训。只有掌握正确的佩戴使用和管理维护方法，才能使所配备的个体防护装备发挥其应有的功能。因此，涉及使用个体防护装备的所有人员必需参加使用方法的培训和定期的再培训。通过培训，应使所有使用人员了解什么时候需要使用个体防护装备，需要什么样的个体防护装备，如何正确穿戴、使用个体防护装备，如何正确维护保养个体防护装备，如何正确保存个体防护装备，个体防护装备的有效使用期限以及个体防护装备有何局限性等。

2.4 个体防护装备种类及使用方法

实验室个体防护装备主要涉及劳动防护装备和卫生防护装备。根据不同的防护部位又可分为头部防护装备、呼吸防护装备、眼面部防护装备、听力防护装备、手部防护装备、躯体防护装、足部防护装备七大类，每一大类内又可分成若干种类，分别具有不同的防护性能(表2-1)。

表2-1 实验室个体防护装备的选择和使用

个体防护部位	危险源	个体防护装备
头部	有害物质飘洒	防护帽
	坠落物、尖锐物体划伤	安全帽
眼面部	飞扬物	侧面防护器
	化学试剂的飞溅	护目镜、面部防护器、洗眼设备
	光辐射	带滤光镜的装备
呼吸系统	缺氧、污染物	口罩、防毒面具、正压头盔
听力系统	噪声	耳塞、耳罩
手部	化学试剂、切割、划伤、擦伤、刺伤、烧伤、生物学伤害及极端温度伤害	各种防护手套
躯体	物理、化学、生物危害因素	实验服、隔离衣、连体衣、围裙、正压防护服等
足部	有毒有害试剂的滴落、液氮溢洒、金属尖锐物等	防护鞋/靴

2.4.1 头部防护装备

头部防护装备是用来保护人体头部，使其免受冲击、刺穿、挤压、绞碾、擦伤和脏污等伤害的防护装备，包括工作帽、安全帽、安全头盔等(图2-1)。佩戴头部防护装备时长发应束起。2011年4月13日凌晨，美国某大学天文物理学专业大四学生米歇尔在进行实验时死亡。事故原因为米歇尔违反实验安全规定，晚上独自一人在位于实验

（a）工作帽

（b）安全帽

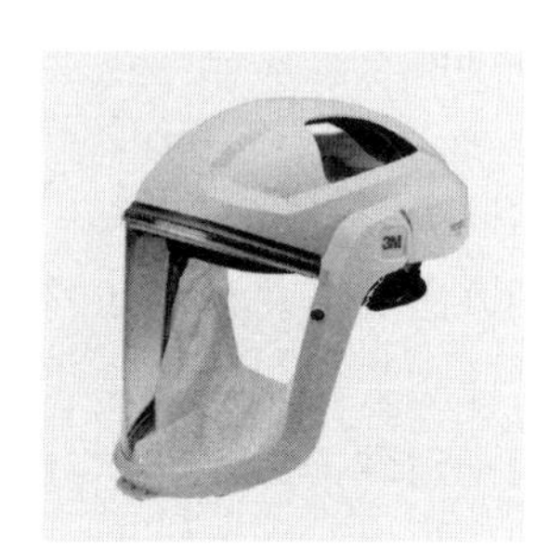

（c）防护头罩

图 2-1　头部防护装备

楼地下室的机械间操作车床，未按要求将长发束起佩戴安全帽，致使头发被车床绞缠，最终导致“颈部受压迫窒息身亡”。

(1)工作帽

能防头部脏污和擦伤、长发被绞碾等伤害的普通帽子。

(2)安全帽

安全帽又称安全头盔，是防御冲击、穿刺、挤压等伤害头部的帽子。安全帽是个人防护用品中产量最大、用途最广泛的重要防护用品之一。质量合格的安全帽能吸收坠落物 80%以上的冲击力。安全帽的结构：安全帽是由帽壳、帽衬、下颌带及其他附加部件组成。

①帽壳　这是安全帽的主要部件，一般采用椭圆形或半球形薄壳结构。这种结构，在冲击压力下会产生一定的压力变形，加上表面光滑与圆形曲线易使冲击物滑走，从而吸收和分散冲击力。实际应用过程中可根据需要加强安全帽外壳的强度，外壳可制成光顶、顶筋、有沿和无沿等多种形式。

②帽衬　帽衬是帽壳内直接与佩戴者头顶部接触部件的总称，由帽箍环带、顶带、护带、托带、吸汗带、衬垫技拴绳等组成。帽衬的材料可用棉织带、合成纤维带和塑料衬带制成，帽箍为环状带，在佩戴时紧紧围绕人的头部，带的前额部分衬有吸汗材料，具有一定的吸汗作用。帽箍环形带可分成固定带和可调节带两种，帽箍分为加后颈箍和无后颈箍两种。顶带是与人头顶部相接触的衬带，顶带与帽壳可用铆钉连接，或用带的插口与帽壳的插座连接，顶带有十字形、六条形，相应设插口 4~6 个。

③下颌带　是系在下颌上的带子，起固定安全帽的作用，下颌带由带和锁紧卡组成。没有后颈箍的帽衬，采用“y”字形下颌带。

安全帽的分类有以下几种：

①按材质分类　主要分为玻璃钢安全帽、塑料安全帽、橡胶安全帽、植物条安全帽、金属安全帽和纸胶安全帽等，前 4 种材料安全帽使用较为广泛。

②按适用场所分类　主要分为普通安全帽和特殊性能安全帽。

③按帽壳的外部形状分类　有单顶筋、双顶筋、多顶筋、“v”字顶筋、“米”字顶筋、无顶筋和钢盔等多种形状。

④按帽檐尺寸分类　有大沿、中沿、小沿和卷沿安全帽，其帽檐尺寸分别为50~70mm、30~50mm以及0~30mm。

使用安全帽时要注意的事项有：

①使用前应检查安全帽的外观是否有裂纹、碰伤痕迹、凹凸不平、磨损，帽衬是否完整。帽衬的结构是否处于正常状态。

②使用者不能随意在安全帽上拆卸或添加附件，不能私自在安全帽上打孔，随意碰撞安全帽，以免影响其原有的防护性能。

③使用者不能随意调节帽衬尺寸，这会直接影响安全帽的防护性能，落物冲击一旦发生，安全帽会因佩戴不牢脱出或因冲击后触顶直接伤害佩戴者。

④使用者在佩戴时一定要将安全帽戴正、戴牢，不能晃动，要系紧下颌带，调节好后箍以防安全帽脱落。

⑤经受一次冲击或做过试验的安全帽应作废，不能再次使用。

⑥安全帽不应储存在有酸碱、高温(50℃以上)、阳光直射、潮湿等处，避免重物挤压和尖物碰刺，以免其老化变质。帽衬由于汗水浸湿而容易损坏，可用冷水、温水(低于50℃)经常清洗，损坏后要立即更换。帽壳与帽衬不可放在暖气上烘烤，以防变形。

⑦由于安全帽在使用过程中会逐步损坏，所以要定期进行检查，仔细检查有无龟裂、下凹、裂痕和磨损等情况，如存在影响其性能的明显缺陷就及时报废。

⑧应注意在有效期内使用安全帽，塑料安全帽的有效期为2.5年，玻璃钢安全帽的有效期为3.5年，超过有效期的安全帽应报废。

(3)防护头罩

通常由头罩、面罩和护肩3部分组成，可使头部免受火焰、腐蚀性烟雾、粉尘以及恶劣气候条件的伤害，可与各类呼吸器和防护服配合使用。

(4)一次性简易防护帽

在实验室中佩戴简易的无纺布制作的一次性简易防护帽，可以保护人员避免化学和生物危害物质飞溅至头部(头发)造成的污染；同时，可防止头发和头屑等污染工作环境。在动物实验中，会存在一些动物的毛屑，为了避免这些毛屑沾到实验人员的头发上，在进入实验室之前也要佩戴一次性帽子，并将头发全部放入帽子中，可起到良好的头部防护效果(图2-2)。

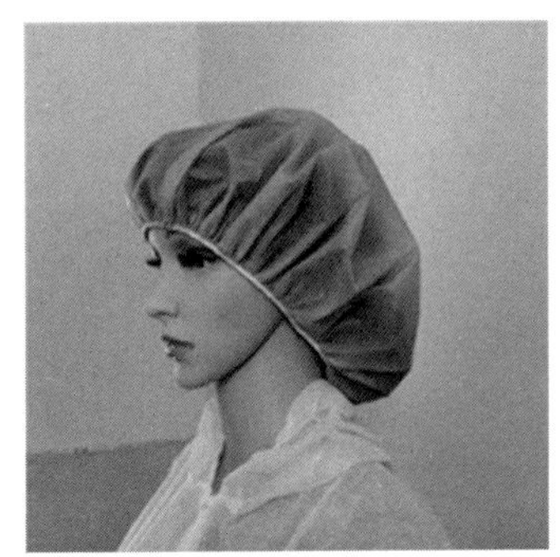

图 2-2　一次性无纺布防护帽及佩戴效果

2.4.2　眼面部防护装备

眼面部防护装备是防御电磁辐射、紫外线及有害光线、烟雾、化学物质、金属火花和飞屑、尘粒，以及机械和运动冲击等伤害眼睛、面部和颈部的防护装备，包括安全眼镜、护目镜和面罩等。选择眼部防护装备时首先要决定危害的种类，根据危害的种类或范围选择相应的防护产品。普通的视力矫正眼镜不能起到可靠的防护作用，实验过程中应在矫正眼镜外另戴防护装备。

(1)安全眼镜

安全眼镜的镜片不易破裂，并且镜框用可弯曲的或侧面有护罩的防碎材料制成，可抵御冲击和高温，防止外物撞击眼部。适用于颗粒、飞碎屑及飞碎片的冲击保护，佩有滤光镜的安全眼镜还可防止强光、紫外光等危害。但是安全眼镜的保护能力有限，虽然侧面带有护罩但不能对眼睛提供充分的保护(图 2-3)。

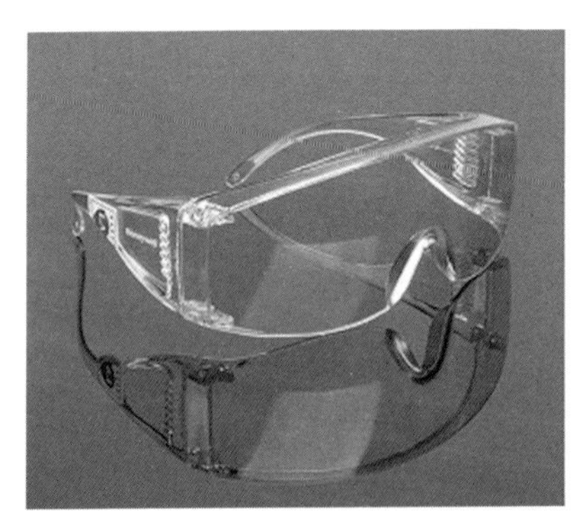
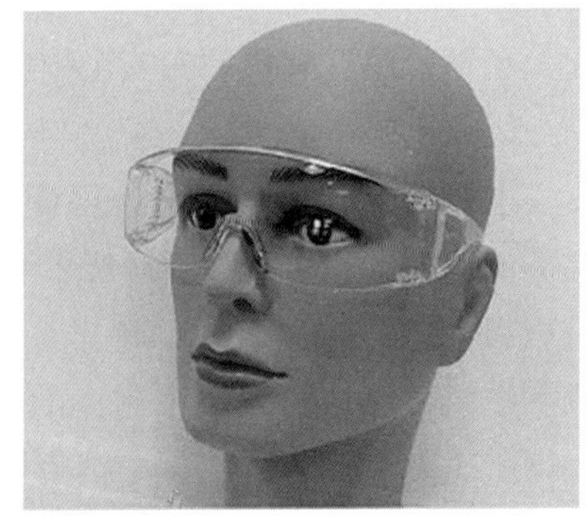

图 2-3　安全眼镜及佩戴效果

(2)护目镜(眼罩)

护目镜包围了眼睛周围区域，更加贴近面部，比安全眼镜具有更好的保护性。适用于阻隔烟雾、灰尘，抵御微粒、碎屑、碎片等冲击以及化学品飞溅。护目镜应该戴在常规视力矫正眼镜或隐形眼镜的外面来防止飞溅和撞击。实验时不得单纯佩戴隐形眼镜，因为眼睛一旦被伤害，由于疼痛和生理保护反应，隐形眼镜很难立即取下，造成的伤害可能会更大，即佩戴隐形眼镜时必须佩戴护目镜。目前，有不同类型的护目镜可供选择，直接透气型护目镜适用于抵挡飞溅颗粒、碎屑和粉尘，如图 2-4(a)所示。间接透气型护目镜适用于抵挡液体化学物质溅泼(喷溅)和酸雾的暴露，如图 2-4(b)所示。

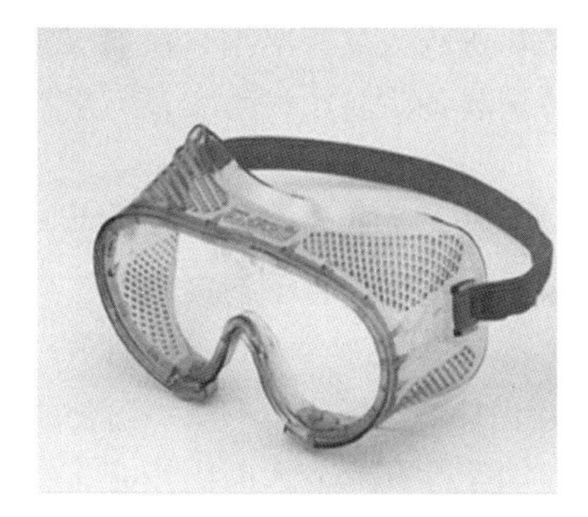

（a）直接透气护目镜

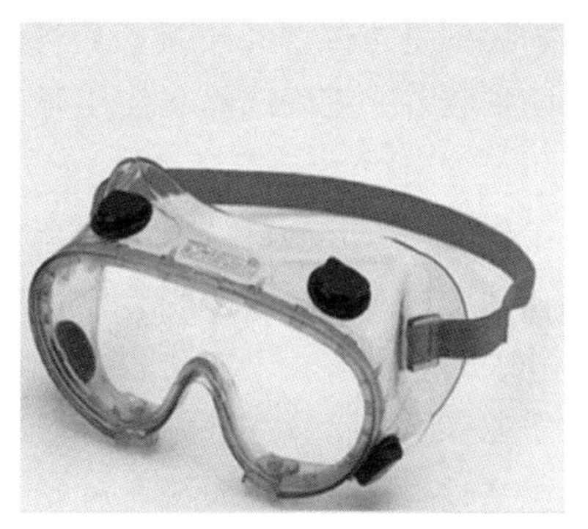

（b）间接透气护目镜

图 2-4　护目镜

(3)面罩

面罩可以对整个面部(包括眼睛、鼻子、嘴及喉部前方)进行防护。对于某些易溅、易爆等极易伤害眼部的高危险性实验操作，一般的防护眼镜防护能力不够，应佩戴面罩提供防外物撞击、化学品溅液伤眼睛及脸部的保护。防护面罩一般由防碎玻璃制成，通过头戴或帽子佩戴，如图 2-5(a)所示。当需要对整个面部进行防护，尤其是进行可能产生感染性材料喷溅或气溶胶时，需要在使用面罩的同时，根据需要佩戴口罩、安全眼镜或护目镜。面罩又可分为普通面罩和正压面罩，普通面罩仅仅对操作者起到简单的防喷溅作用；正压面罩则在工作人员的面部形成一个正压定向流，可以更好地保护呼吸系统免受气溶胶的污染，如图 2-5(b)所示。

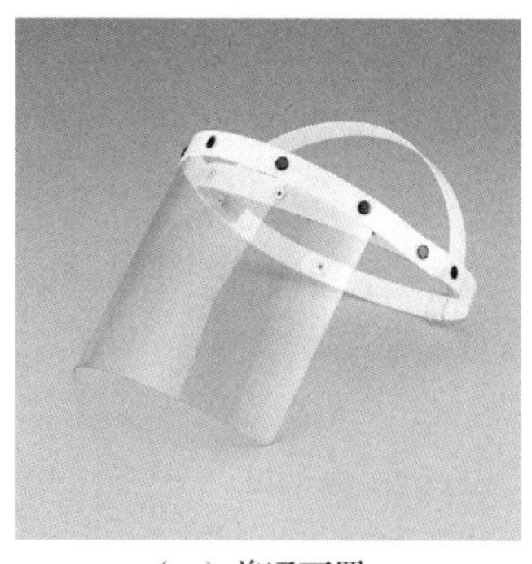

（a）普通面罩

（b）正压面罩

图 2-5　面　罩

当使用面罩作为额外的防护时，仍需要佩戴安全眼镜或眼罩，仅仅使用面罩不足以提供充分的眼睛防护。由于面屏与面部之间存在缝隙，有伤害眼睛的风险，所以建议使用者在使用面屏的同时，需佩戴合适的防护眼镜，从而对眼睛进行双重防护。操作光线能量大、对眼睛有害的发光设备时，则需使用特殊眼罩来保护眼睛。

2.4.3 呼吸防护装备

呼吸防护装备是防御空气缺氧和空气污染物进入人体呼吸道，从而保护呼吸系统免受伤害的防护装备。正确选择和使用呼吸防护装备是防止发生实验室恶性事故的重要保障。

根据其工作原理可分为过滤式和隔离式两大类。过滤式呼吸防护装备是根据过滤吸收的原理，利用过滤材料滤除空气中的有毒有害物质，将受污染的空气转变成清洁空气供人体呼吸的防护装备，如防尘口罩、防毒口罩、过滤式防毒面具等。适用于空气中有害物质浓度不高，且空气中氧含量不低于18%的场所，有机械过滤式和化学过滤式两种。机械过滤式主要为防御各种粉尘和烟雾等颗粒较大的固体有害物质的防尘口罩。化学过滤式有简易防毒口罩和防毒面具两种。化学过滤式呼吸防护器的吸入和呼出通路是分开的，根据毒物的不同而选用不同的滤料。常用的防护对象包括有机化合物蒸汽、酸雾、氨、一氧化碳等。隔离式呼吸防护装备是根据隔绝的原理，使人体呼吸器官、眼睛和面部与外界受污染物隔绝，依靠自身附带的气源或导气管引入受污染环境以外的洁净空气为气源供气，保障正常呼吸的呼吸防护装备，也称隔绝式防毒面具、生氧式防毒面具等。按供气方式不同分为自带式与外界输入式两类。主要用于意外事故时或密不通风且有害物质浓度极高而又缺氧的工作环境。

根据供气的原理和供气的方式，可将呼吸防护装备主要分为自吸式、自给式和动力送风式3种。自吸式呼吸防护装备是指依靠佩戴者自主呼吸克服部件阻力的呼吸防护装备，如普通的防尘口罩、防毒口罩和过滤式防毒面具，如图2-6(a)所示。自给式呼吸防护装备是指依靠压缩气体钢瓶为气源供气，保障人员正常呼吸的防护装备，如贮气式防毒面具，如图2-6(b)所示。动力送风式呼吸防护装备依靠动力克服部件阻力，提供气源，保障人员正常呼吸，如送风式长管呼吸器同，如图2-6(c)所示。呼吸防护装备在佩戴前均应检查有无破损，并针对使用人员做密合度测试。

(1)口罩

口罩是实验室安全最基础的防护装备之一。目前主要有3种：棉纱口罩、无纺布口罩和医用口罩。其中，医用口罩又分为普通医用口罩、医用外科口罩和医用防护口罩。

①棉纱口罩　普通纱布口罩即纤维口罩，它的阻流原理是通过一层层的机械阻挡将较大的颗粒物隔离在外，但无法阻挡直径小于5μm的颗粒物。最普通的纱布口罩防护空气中颗粒物的效果最差。棉布口罩的主要功能在于防寒保暖，避免冷空气直接刺

（a）过滤式防毒面具

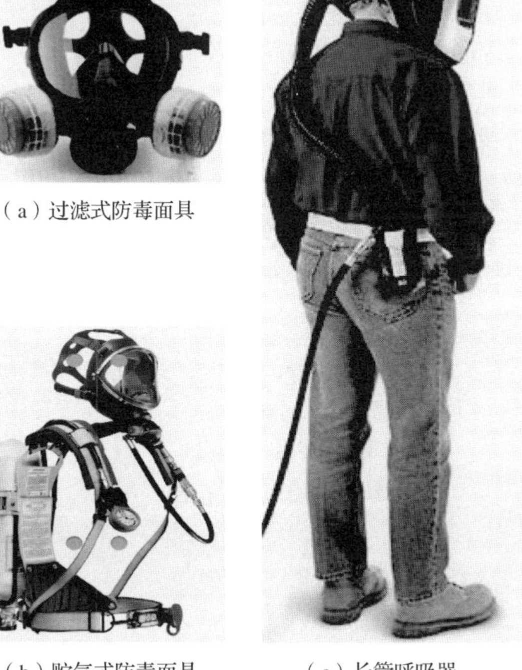

（b）贮气式防毒面具　　（c）长管呼吸器

图 2-6　呼吸防护装备

激呼吸道。棉布口罩的透气性好，但几乎没有防尘防菌效果，如图 2-7(a)所示。

②无纺布口罩　经过静电处理的无纺布不仅可以阻挡较大的粉尘颗粒，附着在其表面的静电荷可以通过静电引力将细小的粉尘吸附住，达到很高的阻尘效率。同时，它的滤料又很薄，大大降低了使用者的呼吸阻力，舒适感较好。无纺布口罩还可以有效地防菌，但仅限于防止喷射造成的病菌感染，如打喷嚏造成的病菌传播等。不过，它对于像 PM2.5 这种微小颗粒物的过滤效果有限，如图 2-7(b)所示。

③普通医用口罩　普通医用口罩对颗粒和细菌的过滤效率要求低于医用外科口罩和医用防护口罩。对致病微生物的防护作用也比较有限，可用于普通环境下的一次性卫生护理，或者阻隔致病性微生物以外的颗粒(如花粉)。

④医用外科口罩　医用外科口罩可以阻挡直径大于 4μm 的颗粒。在医院的口罩密闭性实验室进行的测验结果表明，按照一般的医学标准，对于 0.3μm 的颗粒物，医用外科口罩透过率为 18.3%。医用外科口罩适用于医务人员或相关人员的基本防护，以及在有创操作过程中阻止血液、体液和飞溅物传播的防护。一般用于医疗门诊、实验室、手术室等高要求环境，安全系数相对较高，对于细菌、病毒的抵抗能力较强，也可用于防流感。虽然避免感染功效不及 N95 型口罩，但医用外科口罩可以避免患者将病

毒传染给他人。标准的医用外科口罩分 3 层，外层有阻水作用，可防止飞沫进入口罩里面；中层有过滤作用，可阻隔 90%以上的 5μm 颗粒；近口鼻的内层用以吸湿，如图 2-7(c)所示。

⑤医用防护口罩　医用防护口罩由口罩面体和拉紧带组成，其中口罩面体分为内、中、外三层，内层为普通卫生纱布或无纺布，中层为超细聚丙烯纤维熔喷材料层，外层为无纺布或超薄聚丙烯熔喷材料层。这种高效医用防护口罩疏水透气性强，对微小带病毒气溶胶或有害微尘的过滤效果显著，总体过滤效果良好，所用材料无毒无害，佩带舒适。它能阻止经空气传播的直径≤5μm 感染因子或近距离(≤1m)接触经飞沫传播的疾病。口罩滤料的颗粒过滤效率应不小于 95%，防护等级高，如图 2-7(d)所示。

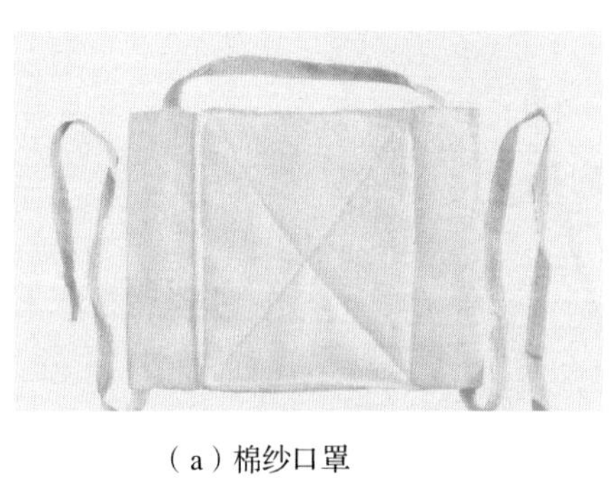

(a) 棉纱口罩

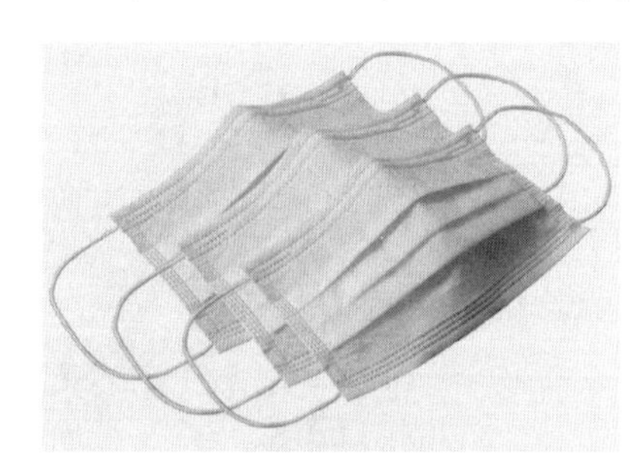

(b) 无纺布口罩

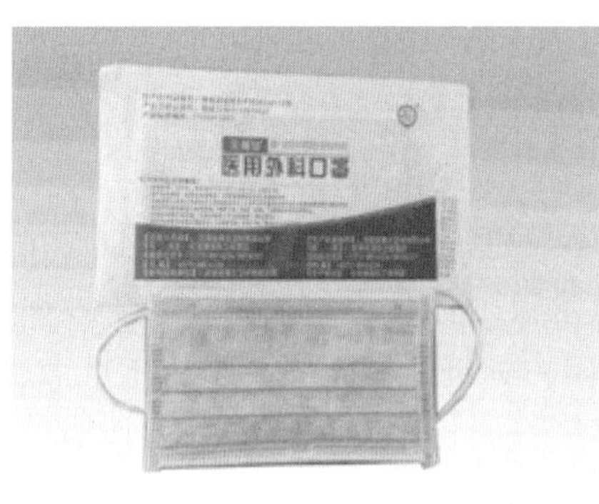

(c) 医用外科口罩

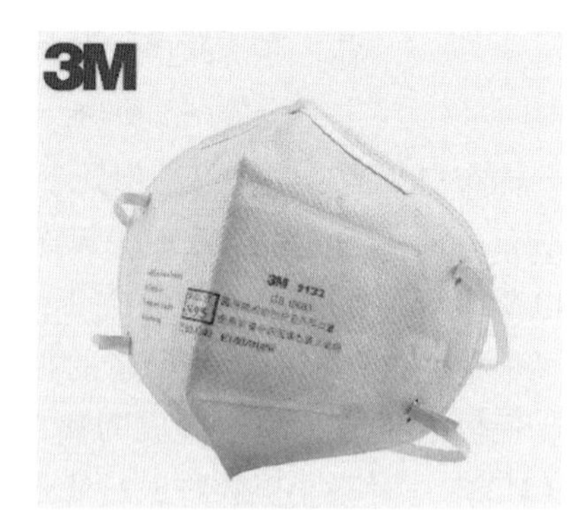

(d) 医用防护口罩

图 2-7　口　罩

⑥N95 型口罩　N95 型口罩是美国国家职业安全卫生研究所(NIOSH)认证的 9 种防颗粒物口罩种的一种。“N”的意思是不适合油性的颗粒；“95”是指在 NIOSH 标准规定的检测条件下，过滤效率达 95%。N95 不是特定的产品名称，只要符合 N95 标准，并且通过 NIOSH 审查的产品就可以称为 N95 型口罩。

⑦医用防护口罩佩戴方法

a. 一手托住防护口罩，有鼻夹的一面背向外。

b. 将防护口罩罩住鼻、口及下巴，鼻夹部位向上紧贴面部。

c. 用另一只手将下方系带拉过头顶，放在颈后双耳下。

d. 再将上方系带拉至头顶中部。

e. 将双手指尖放在金属鼻夹上，从中间位置开始，用手指向内按鼻夹，并分别向两侧移动和按压，根据鼻梁的形状塑造鼻夹。

⑧佩戴口罩注意事项

a. 使用医用防护口罩或医用外科口罩时不要用一只手捏鼻夹，防止口罩鼻夹处形成死角漏气而降低防护效果。

b. 口罩只能一次性使用。

c. 口罩潮湿后应立即更换。

d. 口罩受到污染后应及时更换。

e. 每次佩戴医用防护口罩进入工作区域之前，应进行密合性检查。检查方法是将双手完全盖住防护口罩，快速地呼气，若鼻夹附近有漏气应按佩戴步骤调整鼻夹，若漏气位于四周，应调整到不漏气为止。

f. 不要滥用医用防护口罩，只有可能发生空气可传播疾病时才需要佩戴医用防护口罩。

(2)正压头盔

正压头盔也称头盔正压呼吸防护系统，除了可对呼吸系统防护外，还可提供眼睛、面部和头部的防护。主要有正压式、双管供气式、电动式3种类型。正压呼吸防护系统包括普通头盔、安全帽头盔(可配肩罩)；双管供气式呼吸防护系统有前置式、背置式、全面具式、半面具式；电动式呼吸防护系统包括电动式送风过滤系统、电动式送风防尘系统，其可提供高等级安全防护，电动送风无呼吸阻力，且无压缩空气管限制活动空间。

(3)防毒面具

进行高度危险性的操作(如清理溢出的感染性物质)时，应采用防毒面具进行保护，从而使佩戴者免受有毒有害气体、颗粒和微生物的影响。防毒面具中装有一种可更换的过滤器，过滤器必须与防毒面具的类型相配套，并及时检查更换。为了达到理想的防护效果，每一个防毒面具都应与操作者的面部相适合并经过测试。具有一体性供气系统且配套完整的防毒面具可以提供彻底的保护。在选择正确的防毒面具时，应根据操作的危险类型选择不同种类的防毒面具，并听从专业卫生工作者等有相应资质人员的意见。有些单独使用的一次性防毒面具可用来保护工作人员避免生物因子暴露。防毒面具不得戴离实验室区域。

2.4.4 听力防护装备

实验室中噪声达75dB时或在8h内噪声大于平均值时(如超声波粉碎器处理细胞时

产生的高分贝噪声)，可能导致听力下降甚至丧失。听力防护装备是保护听觉、使人耳免受噪声过度刺激的防护装备，包括耳塞、耳罩等护耳器。

(1)耳塞

根据耳塞材质的不同，可分为泡棉耳塞和预成型耳塞，如图 2-8(a)和(b)所示。泡棉耳塞一般是用 PU 或 PVC 材料制造，比较柔软舒适，且普遍具有较高的降噪效果，但是这类耳塞需要一定的佩戴技巧，佩戴时需要先揉细耳塞本体，再把耳塞插入耳道，佩戴不当会使导致防护效果大打折扣。大多数泡棉耳塞不可清洗，污染后需要整体废弃。

预成型耳塞用橡胶或硅胶材质制成，直接插入耳道，省去揉搓耳塞这一步骤，佩戴方法简便，易于掌握，如图 2-8(c)所示。这类耳塞的耐用性好，可以清洗并重复使用，但是其舒适性和降噪效果相对于泡棉耳塞较差。

免揉搓型泡棉耳塞是介于以上两者之间的产品，兼具两者的优点：耳塞头是泡沫材料，可提供良好的舒适度和降噪值；佩戴时无需揉搓，直接插入耳道，佩戴简便。

(2)耳罩

耳罩可分为主动隔音式和被动防音式两种。主动隔音式靠电子滤波的方式来阻隔噪声，被动防音式靠耳罩本身和滤音棉来阻隔噪声，如图 2-8(d)所示。耳罩可与安全帽、防护眼镜等其他防护用品结合使用。对于留长发或者戴眼镜人士而言，使用耳罩很不方便。尽量将头发拨离耳朵戴上耳罩，确定耳朵在耳罩内，检查耳垫四周，确定耳护垫有良好的气密性。如不合适，需更换其他耳罩。

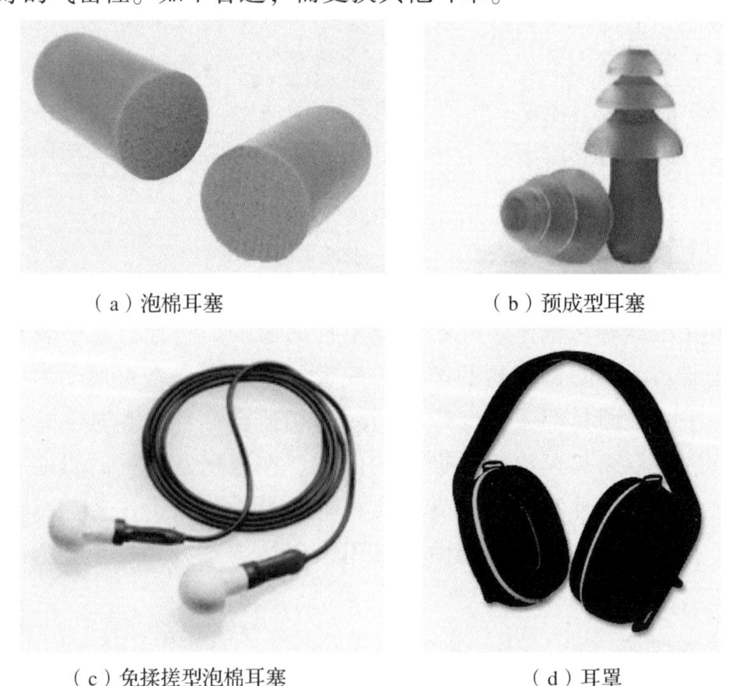

（a）泡棉耳塞　（b）预成型耳塞

（c）免揉搓型泡棉耳塞　（d）耳罩

图 2-8　听力防护装备

2.4.5 手部防护装备

实验室工作人员在工作时，手部是最易受到有害因素影响的部位，如实验操作过程中，可能接触传染源、毒物、酸碱、其他化学品以及被上述物质污染的实验台面或设备等。手套是主要的手部防护装备，用于防止微生物侵害、化学品和辐射污染，以及烧伤、冻伤、烫伤、刺伤、擦伤和动物抓、咬伤等事故的发生，成为实验人员和危险物质之间的初级保护屏障(表 2-2)。2011 年 12 月，东北农业大学应用技术学院某班的学生进行活羊解剖学实验，由于实验前未对实验山羊进行现场检疫，同时教师在指导学生过程中未能严格要求学生遵守操作规程及进行有效防护，导致师生共 28 人感染布鲁氏杆菌传染病。

表 2-2　手部伤害及防护手套材质

危害类型	危害程度	防护材质
磨损、碰擦	严重	加强的厚橡胶、加强重磅皮
	中等	橡胶、塑料、皮革、聚酯、尼龙、棉
尖锐物体	严重	金属网、加强重磅皮、Kevlar-金属网
	中等	皮革、厚绒布(芳纶纤维制成)
	轻度	轻质皮、聚酯、尼龙、棉
化学物质和液体	参照化学防护手套材质选择	根据处理的不同物质，可以选用：天然橡胶、丁腈、氯丁橡胶、丁基橡胶、氟橡胶、PVC、PVA 等
低温		皮、保温塑料或橡胶、羊毛、棉、特质的抗低温纤维，对于液氮和液体二氧化碳要采用舒松的结构手套
高温	350℃以上	Novoloid 特殊的抗高温纤维
	低于 350℃	Nomex、Kevlar、Zetex、带衬里的抗高温皮
	低于 200℃	Nomex、Kevlar、Zetex、带衬里的抗高温皮、厚绒布(芳纶纤维制成)
	低于 100℃	铬鞣皮、厚绒布
电		绝缘橡胶手套或连指手套，最好配备棉质内衬手套(吸汗)和皮质外手套(保护橡胶绝缘手套)
震动		皮或弹力纤维，填充材质(硅胶、聚合物等)
普通的灰尘污物	危险程度低	棉、厚绒布、皮革、橡胶、塑料

实验人员应选择类型和尺码正确的防护手套，从而避免妨碍动作或影响手感。要求所选择的手套能发挥防护的作用，同时符合舒适、灵活、握牢、耐磨、耐扎和耐撕的要求，以提供足够的保护。佩戴前应仔细检查所用手套(尤其是指缝处)，确保质量完好、未老化、无破损；在佩戴时应将防护服袖口扎进手套口。由于在实验过程中，防护手套是受污染最严重的防护装备，因此在实验操作中要避免手套触摸鼻子、面部，禁止戴手套调整防护眼镜、口罩和其他防护装备，若需要接触日常物品(如手机、门把手、笔等)，则应脱下防护手套，以防有毒有害物质污染扩散。防护手套种类很多，以

下介绍实验室常用的几种类型(图 2-9):

①防震手套　通常为结构手套，内外层通常为皮或柔软舒适的合成纤维，中间夹层为硅胶或其他能有效吸收震动的高聚物。

②防割手套　此类手套主要用于接触、使用锋利物品，或组装、拆卸玻璃仪器装置时防止手部被割伤、切伤。防割手套使用特殊原料，降低了使用者被割伤的风险，用于处理尖锐物品。常使用杜邦 Kevlar 材料、钢丝、织物或坚韧的合成纱材质。

③电绝缘手套　绝缘手套是在进行带电工作时的必备防护用品。电绝缘手套要经过特别设计和严格测试，以确保安全。通常电绝缘手套采用纯天然乳胶，它分为干胶和湿胶两种。以湿胶制成的绝缘手套，处理周期较长，生产成本高，但产品的弹性特别好，使用非常灵活。另外由于带电作业的特殊性以及电绝缘手套本身的特点，在戴此类手套时，要先戴上纯棉布手套(吸汗、防滑)，再戴上乳胶手套，最后戴上皮的保护手套，防止尖锐物体刺破绝缘手套。

④防热手套　此类手套用于高温环境下以防手部烫伤。如从烘箱、马弗炉中取出炽热的药品时，或从电炉上取下热的溶液时，最好佩戴隔热效果良好的防热手套。其材质一般有厚皮革、特殊合成涂料、绒布等。

⑤低温防护手套　此类手套用于低温环境下以防手部冻伤，如接触液氮、干冰等制冷剂或冷冻药品时，需佩戴低温防护手套。

⑥化学防护手套　当实验者处理危险化学品或手部可能接触到危险化学品时，应佩戴化学防护手套。化学防护手套的材质或表面涂层都是典型的高分子材料，如丁腈

(a) 防震手套

(b) 防割手套

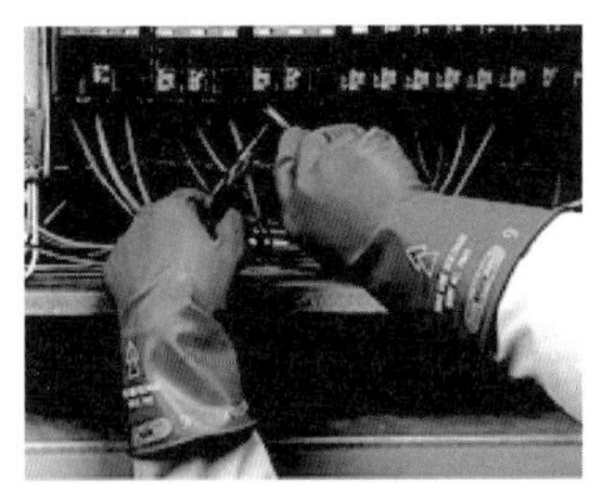

(c) 电绝缘手套

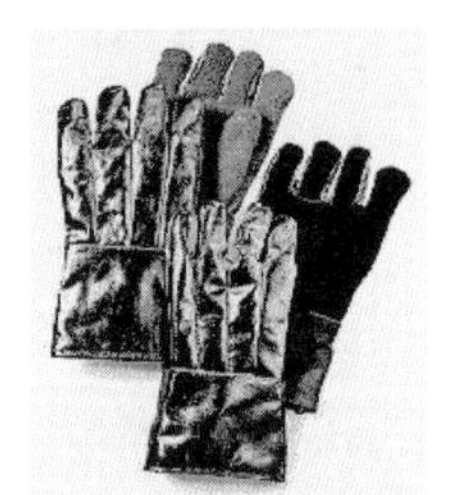

(d) 耐热耐火用手套

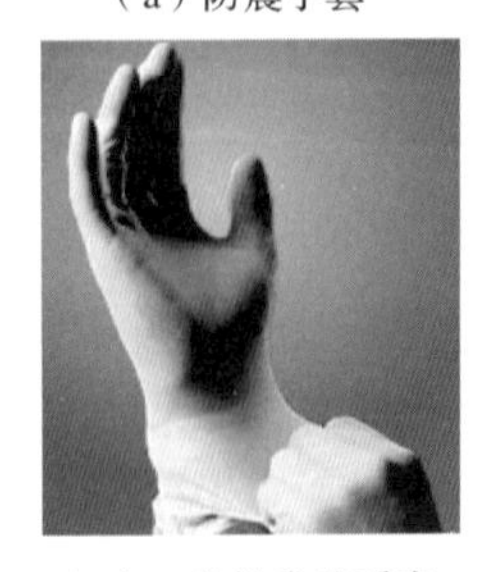

(e) 一次性乳胶手套

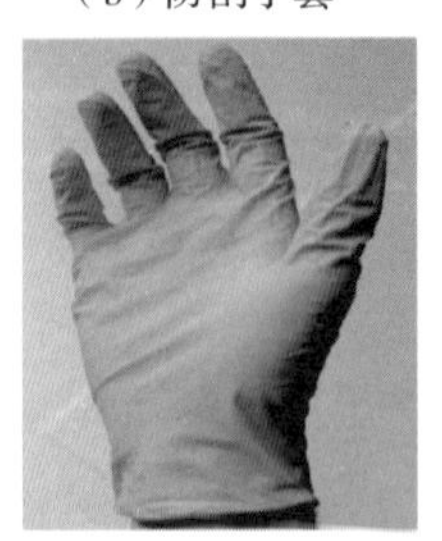

(f) 一次性丁腈手套

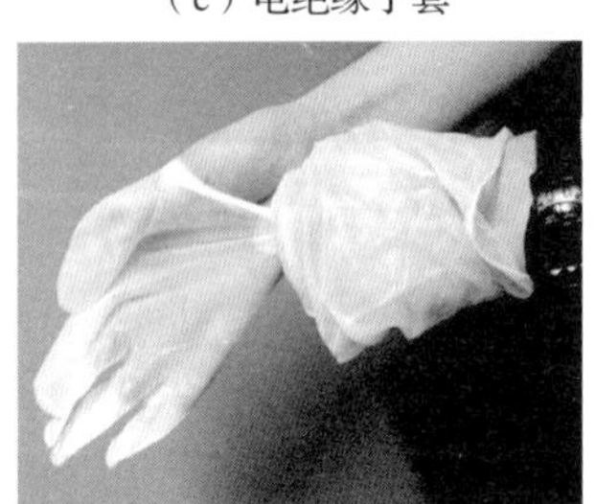

(g) 一次性 PVC 手套

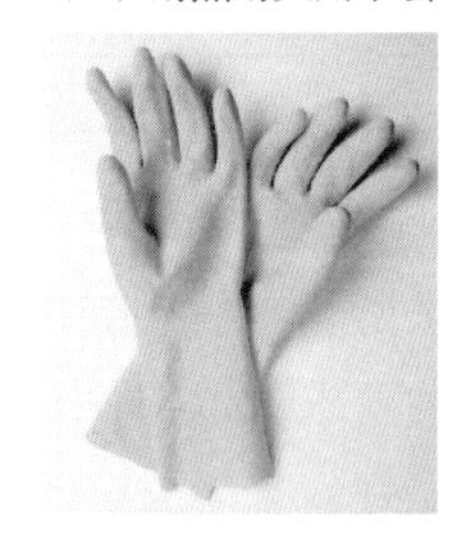

(h) 可重复使用乳胶手套

图 2-9　防护手套

橡胶、聚氯乙烯、丁基橡胶、聚乙烯醇、天然橡胶等。这类手套之所以能起到有效的防护作用，是因为手套材质不能被接触到的化学试剂溶解而发生穿透；反之，试剂会溶解手套、并穿透手套而接触到手部皮肤。然而，即便是对于不能被某种试剂溶解的高分子材料，也未必能选作针对这种试剂的防护手套材质，这是因为小分子试剂可以通过分子扩散运动渗透进入高分子间，形成渗透现象；还有高分子在与试剂接触后可能发生的降解现象也会影响手套的防护性能。因此防渗透性能和抗老化性能也是必须考虑的重要指标。

化学防护手套种类较多，实验者必须根据所需处理化学品的危险特性选择最适合的防护手套。即根据具体的使用场合，以不能被试剂溶解、有较长的渗透时间、较小的渗透速率以及良好的抗老化性能的材质手套为选用原则。如果选择错误，则起不到防护作用。下面简单介绍几种材质手套的优缺点以供参考：

①天然橡胶手套　具有天然弹性，使佩戴者触感优良；可抗轻度磨损；抗酸、碱、无机盐溶液的性能较好。但对有机溶剂，尤其是苯、甲苯等芳香族化合物以及四氢呋喃、四氯化碳、二硫化碳等的防护性较差，且易分解和老化。

②氯丁橡胶手套　与天然橡胶的舒适度相似，抗臭氧和紫外线，对酸类(包括浓硫酸等)、碱类、酮类、酯类防护性较好，耐切割、刺穿。但耐磨性不如丁腈橡胶或天然橡胶，且对芳香族有机溶剂和卤代烃防护性很差。

③聚氯乙烯(PVC)手套　耐磨性良好；对强酸、强碱、无机盐溶液防护性良好。容易被割破或刺破；对酮类和苯、甲苯、二氯甲烷等有机溶剂防护性较差。

④聚乙烯醇(PVA)手套　较坚固、耐刺穿、磨损和切割；对脂肪族、芳香族化合物(如苯、甲苯等)、氯化溶剂(三氯甲烷)、醚类和大部分酮类(丙酮除外)防护性良好，但遇水、乙醇会溶解，不建议使用于无机酸、碱、盐溶液和含乙醇的体系中。

⑤腈类手套　常见的有丁腈手套等。相对橡胶手套和乙烯类手套而言，腈类手套化学防护性能好，如对酸、碱、无机盐溶液、油、酯类以及四氯化碳和氯仿等溶剂的防护性良好。但对很多酮类、苯、二氯甲烷等防护性较差。

⑥一次性手套　有些化学实验操作对手部伤害风险较低，而对手指接触感要求高时，可佩带一次性手套。

由于手套的高分子材质多样，高分子的化学结构各不相同，与不同试剂间的相互作用也不一致，因此，综合考虑高分子和试剂的化学结构、极性以及材质防降解和防渗透特性，手套的适用条件也就各不相同了。除了聚乙烯醇手套，其他几种手套均耐酸碱，适用于水溶液。对非极性试剂，乳胶手套和丁基橡胶手套的防护性能差或不推荐使用，而丁腈手套的耐油性特别好。对极性试剂，乳胶手套、丁基橡胶手套有良好的防护能力。聚乙烯醇手套对卤代烃的防护性良好，而丁腈手套对卤代烃的防护性能差。建议根据使用场合，参照具体的产品性能指标正确选用。

2.4.6 躯体防护装备

躯体防护装备是保护穿用者躯体部位免受物理、化学和生物等有害伤害的防护装备，包括实验服、隔离服、连体衣、围裙以及正压防护服(图 2-10)。在实验室中的工作人员应该一直或者持续穿着防护服。化学实验过程中实验者必须穿着防护服，以防躯体皮肤受到各种伤害，同时保护日常着装不受污染(若着装污染化学试剂，则会产生扩散)。清洁的防护服应该放置在专用存放处，污染的实验服应该放置在有标志的防泄漏的容器中，每隔一定的时间应更换防护服以确保清洁，当知道防护服已被危险物质污染后应立即更换。离开实验室区域之前应该脱去防护服。防护服的清洗与消毒必须与其他衣服完全分开，避免其他衣物受到污染。禁止在实验室中穿短袖衬衫、短裤或者裙装。

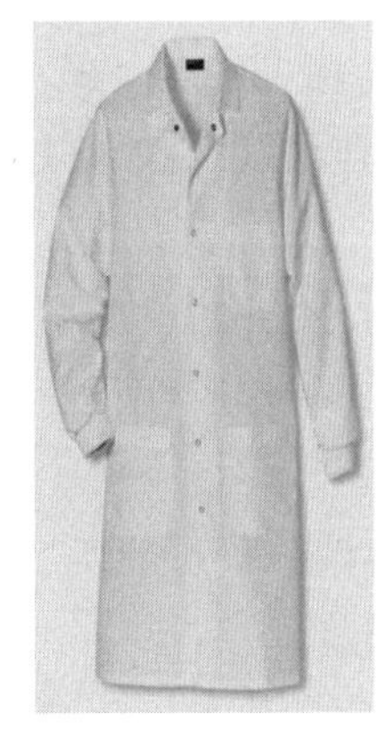
(a) 实验服

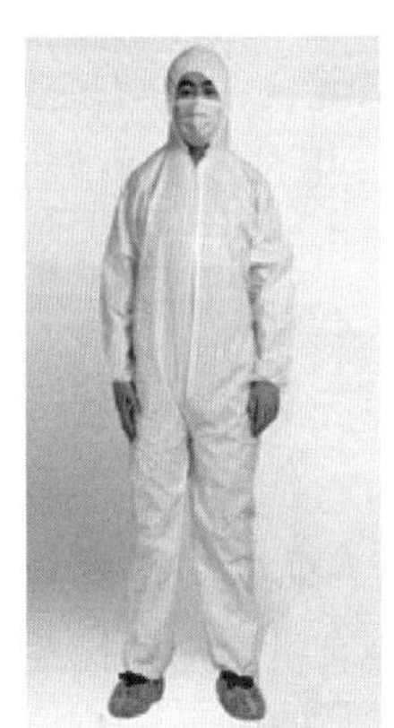
(b) 连体衣

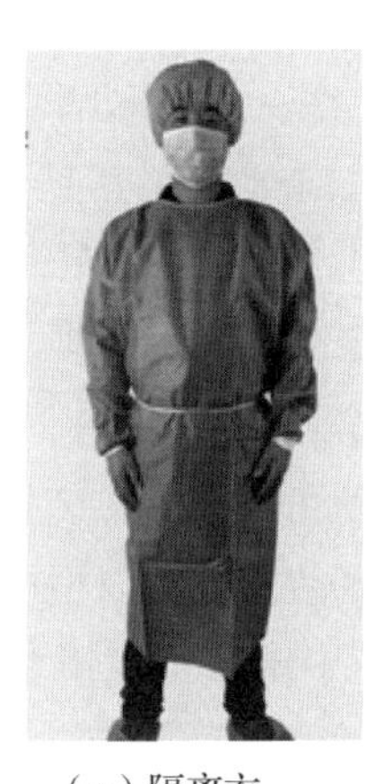
(c) 隔离衣

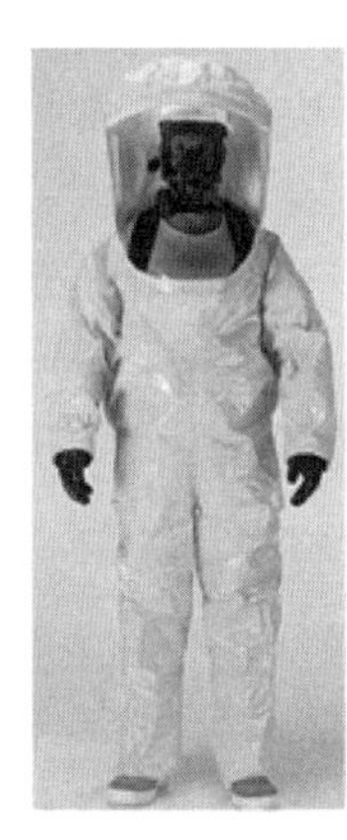
(d) 正压防护服

(e) 围裙

图 2-10 躯体防护装备

(1)实验服

实验服是躯体防护装备中最普通的一种，其前面应能完全扣住。一般都是长袖、过膝，多以棉或麻作为材料，颜色多为白色。实验服可用于静脉血和动脉血的采集，血液、体液或组织的处理与加工，化学实验试剂的处理和配置，洗涤、接触或在污染/潜在污染的实验台上工作，以及实验室仪器设备的维修保养等操作。

(2)隔离衣

隔离衣包括连体衣和外科式隔离衣，隔离衣为长袖背开式，穿着时应保证颈部和腕部扎紧。应选择合适型号的隔离衣，若隔离衣太小或需要穿两件隔离衣，里面采用前系带穿法，外面采用后系带穿法；若隔离衣袖口太短，可加戴一次性袖套，以便使乳胶手套完全遮住袖口保护腕部皮肤。

①穿隔离衣步骤

a. 取衣。手持衣领取下隔离衣，将隔离衣清洁面朝向自己，污染面向外，衣领两端向外对折，对齐肩缝，露出袖子内口。

b. 穿袖子。一手持衣领，另一手伸入一侧袖子，举起手臂，将衣袖穿好；换手持衣领，依上法穿好另一袖。

c. 系衣领。两手持衣领，由前向后理顺领边，扣上领口。注意系衣领时，袖口不可触及衣领、面部和帽子。

d. 扎袖口。扣好袖扣或系上袖带，需要时用橡皮圈束紧袖口。

e. 系腰带。自一侧衣缝腰带下约5cm处将隔离衣逐渐向前拉，见到衣边捏住，再依法将另一侧衣边捏住。两手在背后将衣边边缘对齐，向一侧折叠，按住折叠处，将腰带在背后交叉，回到前边打一活结系好，注意勿使折叠处松散。

②脱隔离衣步骤

a. 解腰带。解开腰带，在前面打一活结。

b. 解袖口。解开袖口，在肘部将部分衣袖塞入工作衣袖内。

c. 消毒双手。消毒手时不能沾湿隔离衣。

d. 解领口。注意保持衣领清洁。

e. 脱衣袖。一手伸入另一侧袖口内，拉下衣袖过手(遮住手)，再用衣袖遮住的手在外面拉下另一衣袖，两手在袖内使袖子对齐，双臂逐渐退出。注意衣袖不可污染手及手臂，双手不可触及隔离衣外面。

f. 挂衣。双手持领，将隔离衣两边对齐，挂在衣钩上；不再穿的隔离衣，脱下后清洁面向外，卷好投入污物袋中。如为一次性隔离衣，脱时应清洁面向外，衣领及衣边卷至中央，弃衣后要消毒双手。

③隔离衣或防护服使用的常见注意事项

a. 穿隔离衣前，应将操作中所需一切用物备齐。

b. 操作前，应检查隔离衣，以保证无潮湿、无破损，且长短合适，能完全覆盖工作服。

c. 保持隔离衣内面及领部清洁，系领口时衣袖勿触及面部、衣领及工作帽。

d. 穿隔离衣后，不得进入清洁区，只能在规定区域内活动。

e. 洗手时，隔离衣不得污染洗手设备。

f. 隔离衣应每天更换一次；如有潮湿或被污染时，立即更换。

g. 挂隔离衣时，应注意半污染区和污染区的区别。

(3)正压防护服

正压防护服是一种可提供超量清洁呼吸气体的正压供气装置，具有生命保障系统，防护服内气压相对周围环境为持续正压。正压防护服由防护服主体内置面罩、双层防化手套、防化靴、密封拉链、外接供气阀、供气管路、便携包等组成。正压防护服的生命保障系统有内置式和外置式两种，适用于有毒有害气体、传染性血液及细菌防护，以及水汽、喷雾、液体、有害污染物及其他特种防护。

(4)围裙

围裙常为塑料或橡胶制品，穿着在实验服或隔离衣外，对实验室中需要使用大量腐蚀性液体洗涤物品，以及必须对血液或培养液等化学或生物物质的溢出等进一步防护时使用。

2.4.7 足部防护装备

当实验室中存在物理、化学和生物危险因子的情况下，穿合适的安全鞋和鞋套或靴套，对防止实验人员足部(鞋袜)免受损伤，特别是血液和其他潜在感染性物质喷溅造成的污染以及化学品腐蚀时非常重要。禁止在实验室(尤其是化学、生物和机电类实验室)穿凉鞋、拖鞋、高跟鞋、露趾鞋和机织物鞋面的鞋(图 2-11)。

(1)鞋套和靴套

鞋套和靴套套在鞋子外面，不用换鞋，就能达到防护目的。常见的鞋套有无纺布鞋套、防静电鞋套、防滑鞋套等。在从事可能出现漏出液体的工作时可以穿一次性防水鞋套。鞋套可以防止将病原体带离工作点而扩散到生物实验室以外。鞋套和靴套使用完后不得到处走动带来交叉污染，应及时脱掉并规范处置。

(2)安全鞋

安全鞋是安全类鞋和防护类鞋的统称，一般指在不同工作场合穿的具有保护脚部及腿部免受可预见伤害的鞋类。根据安全的功能可分为：保护足趾安全鞋、电绝缘鞋、

(a)鞋套

(b)防静电鞋

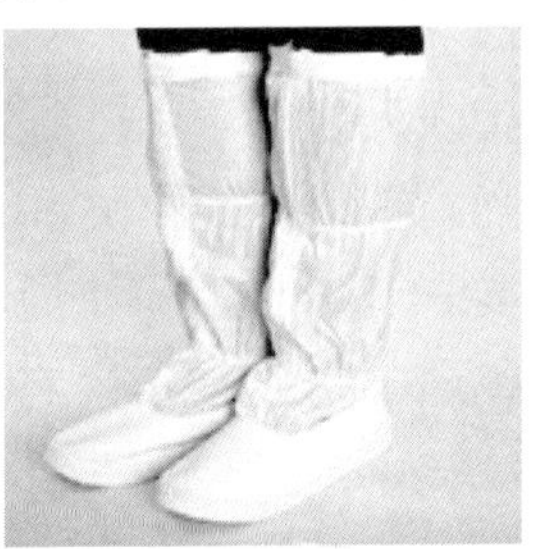

(c)防护靴

(d)防刺穿安全鞋

(e)防化安全靴

(f)橡胶绝缘靴

图 2-11 足部防护装备

防静电鞋、导电鞋等。安全鞋的选用与维护安全鞋的选用应根据工作环境的危害性质和危害程度进行。安全鞋应有产品合格证和产品说明书，使用前应对照使用的条件阅读说明书，使用方法要正确。

①防刺穿安全鞋　防刺穿安全鞋用于足底保护，防止各种坚硬物件刺伤。

②防静电安全鞋　能消除人体静电积聚，适用于易燃作业场所。注意事项：禁止当绝缘鞋使用；穿用防静电鞋不应同时穿绝缘的毛料厚袜或使用绝缘鞋垫；防静电鞋应同时与防静电服配套使用；防静电鞋一般不超过200h应进行鞋电阻值测试一次，如果电阻不在规定的范围内，则不能作为防静电鞋使用。

③防化安全靴　适用于电镀、酸洗、电解、配液、化工等操作。注意事项：应避免接触高温，锐器损伤鞋面或鞋底渗漏；穿用后应用清水冲洗鞋上的酸碱液体，然后晾干，避免日光直接照射或烘干。

④电绝缘安全鞋　适用于带电操作、电子操作、电缆安装、变电安装等。注意事项：适合工频电压1kV以下的作业环境，工作环境应保持鞋面干燥。避免接触锐器、高温和腐蚀性物质，帮底不能有腐蚀破损。

安全鞋使用注意事项有：

①禁止改变安全鞋的结构。

②选择合穿的鞋子，应事先明确自己脚部的尺寸。

③禁止在酸性或腐蚀性环境中穿着皮革和布制的鞋。

④穿着前检查是否有会导致泄漏的孔或裂缝。

⑤残旧和破损的安全鞋应立即更换。

⑥在化学物质环境中使用后，应用清水冲洗掉化学物质后才可脱下。

⑦安全鞋的鞋底也需要经常性地清理以免尘垢堆积，影响绝缘性和防滑性。

⑧安全鞋属于个人防护装备，应避免互相借用。

2.5 不同安全等级实验室的个人防护

根据处理病原微生物的危害程度及所需要的防护程度，国际上通常把生物安全实验室分为4个等级，一级防护水平最低，四级防护水平最高(表2-3)。根据所操作的生物因子的危害程度和采取的防护措施，将实验室生物安全防护水平(bio-safety level，BSL)分为4级，以BSL-1、BSL-2、BSL-3和BSL-4表示实验室的相应生物安全防护水平。动物生物安全防护水平(animal bio-safety level，ABSL)按照ABSL-1、ABSL-2、ABSL-3和ABSL-4表示相应生物安全防护水平。

表 2-3 生物安全实验室分级

实验室分级	生物安全实验室防护处理对象	微生物类型	危险等级
一级	对人体和环境危害较低，不会引发健康成人疾病	Ⅰ类	四级
二级	对人体和环境有中等危害或具有潜在危险的致病因子	Ⅱ类	三级
三级	主要通过呼吸途径使人染上严重的甚至是致命疾病的致病因子，通常有预防治疗措施	Ⅲ类	二级
四级	对人体有高度危险性，通过气溶胶途径传播或传播途径不明的微生物，尚无预防治疗措施	Ⅳ类	一级

(1)一级生物安全实验室

①一级生物安全实验室(BSL-1) 指那些实验室结构和设施、安全操作规程及安全设备适用于已知对健康成年人无致病作用的微生物，如用于教学的普通微生物实验室等，具有一级防护水平(图 2-12)。在 BSL-1 实验室工作时，实验人员应做好以下自我防护措施：

a. 在实验室工作时，任何时候都必须穿着连体衣、隔离服或工作服。

b. 在进行可能直接或意外接触到血液、体液以及其他具有潜在感染性的材料或感性动物的操作时，应戴上合适的手套。手套用完后，应先消毒再摘除，随后必须洗手。在处理完感染性实验材料和动物后，以及在离开实验室工作区域前，都必须洗手。

c. 为了防止眼睛或面部受到泼溅物，碰撞物或人工紫外线辐射的伤害，必须戴安全眼镜、面罩(面具)或其他防护设备。

d. 严禁穿着实验室防护服离开实验室，如去餐厅、咖啡厅、办公室、图书馆、员工休息室和卫生间。不得在实验室内穿露脚趾的鞋子。禁止在实验室工作区域进食、饮水、吸烟、化妆和处理隐形眼镜。禁止在实验室工作区域储存食品和饮料。实验室用品应该与日常生活用品隔离放置。

此外，在实验室的工作区外应当设立专门的进食、饮水和休息的场所。

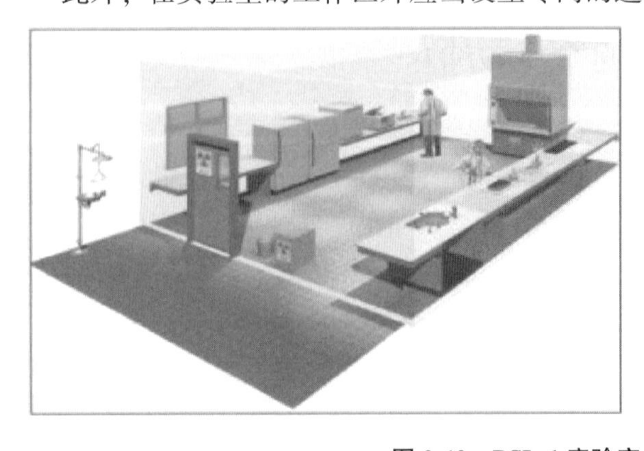

图 2-12 BSL-1 实验室示意图

②生物安全一级动物实验室(ABSL-1)　指实验室结构设施、安全操作规程及安全设备以用于健康成年人已知无致病作用的微生物，如用于教学的普通微生物实验室等。

一级动物实验生物安全水平指能够安全地进行没有发现肯定能引起健康成人发病，对实验人员、动物和环境危害微小的，特性清楚的病原微生物感染动物工作的生物安全水平。

在 ABSL-1 实验工作中，除了满足 BSL-1 的要求外，还应注意以下方面：

a. 建筑物内设施应与开放的人员活动区分开。

b. 应安装自动闭门器，当有实验动物时应保持锁闭状态。

c. 如果有地漏，应始终保持用水或消毒液液封，或者直接连接消毒设施。

d. 动物笼具的洗涤应满足清洁要求。

③个人防护器材的消毒　实验室污染区和半污染区内的一切物品，包括空气、水体和所有的表面(仪器)等均被视为污染的有危害物质，都要对其进行消毒处理。特别是对实验后的废液、器材和手套，务必严格进行处理。废液和废物在拿出实验室之前，务必彻底灭菌。在实验完成后离开实验室过程中的每一步要经过有效消毒，把好每一关，以防有害因子泄露。

(2)二级生物安全实验室

①二级生物安全实验室(BSL-2)　指那些实验室结构和设施、安全操作规程及安全设备适用于对人或环境具有中等潜在危害的微生物，具有二级防护水平(图 2-13)。在 BSL-2 实验室内，除了满足 BSL-1 的要求外，个人防护还应注意以下方面：

a. 在实验室内应使用专门的工作服，戴乳胶手套。

b. 在生物安全柜中进行可能发生气溶胶的操作程序，门保持关闭并贴上适当的危险标志，潜在被污染的废弃物同普通废弃物隔开。

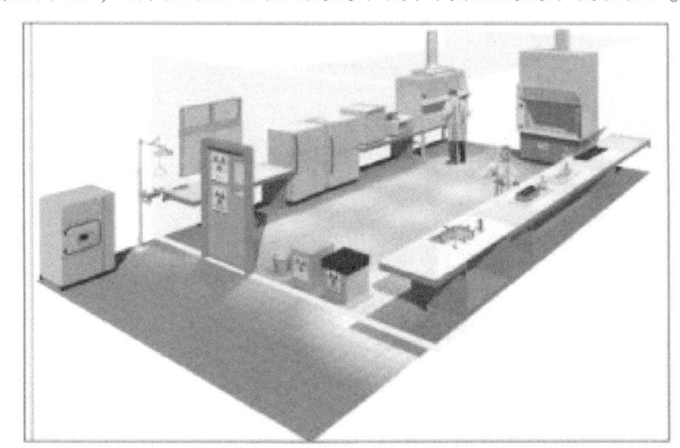

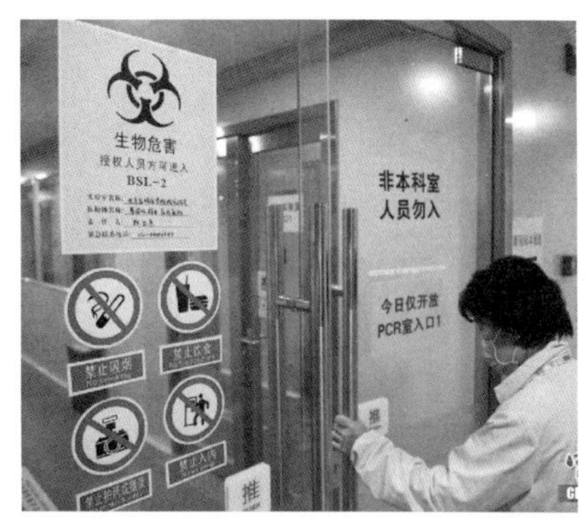

图 2-13　BSL-2 实验室示意图

注：在生物安全柜中进行可能发生气溶胶的操作；门保持关闭并贴上生物危害标识；潜在被污染的废物与普通废弃物隔开。

c. 应设洗眼设施，必要时应有应急喷淋装置。

d. 应有足够的存储空间摆放物品以方便使用。在实验室工作区域外还应当有供长期使用物品的储存空间。

e. 实验室出口应有在黑暗中可明确辨认的标识。

此外，应具备在实验室的工作区域外设立存放个人衣物以及用品的条件。

②生物安全二级动物实验室(ABSL-2)　指那些实验室结构和设施、安全操作规程及安全设备适用于对人或环境具有中等潜在危害的微生物和动物实验工作。

二级动物实验生物安全水平指能够安全地进行对工作人员、动物和环境有轻微危害的病原微生物感染动物工作的生物安全水平。这些病原微生物通过消化道、皮肤和黏膜暴露而产生危害。因此，在ABSL-2实验室的安全防护，除了满足BSL-2和ABSL-1的要求外，还应该满足以下要求：

a. 出入口应设缓冲间。

b. 动物实验室的门应当具有可视窗，并且可以自动关闭，并有适当的火灾报警器。

③个人防护器材的消毒　在实验室所在的建筑物内配备高压蒸汽灭菌器，用于实验室内物品的消毒灭菌，并按期检查和验证，以保证符合要求。在ABSL-2实验室中，为保证动物实验室运转和控制污染的要求，用于处理固体废弃物的高压蒸汽灭菌/消毒器应经过特殊设计，合理摆放，加强保养；焚烧炉应经过特殊设计，并配备补燃和消烟设备；污染的废水必须经过消毒处理。

(3)三级生物安全实验室

①三级生物安全实验室　指那些实验室结构和设施、安全操作规程及安全设备适用于主要通过呼吸系统的途径使人传染上严重的甚至致死疾病的致病微生物及其毒素，具有三级防护水平(图2-14)。

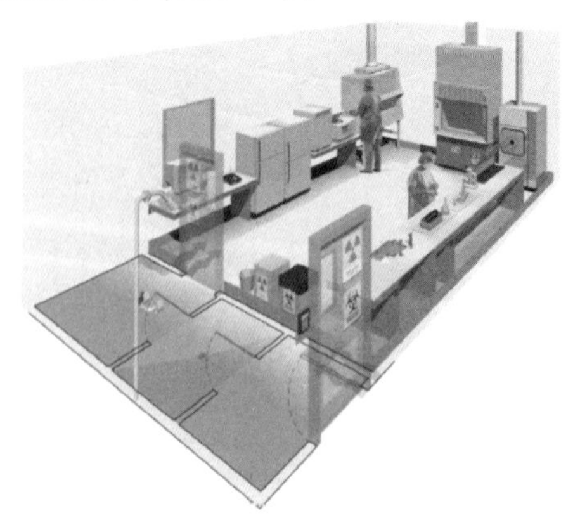

图2-14　BSL-3实验室示意图

注：实验室与公共通道分开并通过缓冲间或气锁室进入；处理废弃物前，在实验室内先进行高压灭菌以清除污染；应有非手控的水槽；形成向内气流而且涉及感染性材料的全部工作应在生物安全柜中进行。

在BSL-3实验室工作时，除了保证与BSL-2一样的防护水平外，实验人员还应注意做好以下防护措施：

a. 使用表面防水、耐腐蚀、耐热的实验台，实验室中的家具应牢固。为便于清洁，实验室设备彼此之间应保持一定的距离。

b. 所有和感染性物质有关的操作均需在生物安全柜或其他基本防护设施中进行。使用符合安全要求以及工作要求的Ⅱ级或Ⅲ级生物安全柜，其安装位置应离开污染区入口和频繁走动的区域。

c. 低温高速离心机或其他可能产生气溶胶的设备应置于负压罩或其他排风装置（通风橱、排气罩等）之中，使其可能产生的气溶胶经高效过滤后排出。

d. 在污染区和半污染区出口处设洗手装置。洗手装置的供水应为非手动开关。供水管应安装防回流装置。不得在实验室内安设地漏。下水道应与建筑物的下水管线完全隔离，且有明显标识。下水应直接通往独立的液体消毒系统，以便统一收集。

e. 应使用实验室设置的通信系统将实验记录等资料通过传真机、计算机等手段发送至实验室外。

f. 清洁区设置淋浴装置，进出实验室需进行淋浴。必要时，在半污染区设置紧急消毒淋浴装置。

②ABSL-3实验室　生物安全三级动物实验室（ABSL-3）是指实验室结构和设施、安全操作规程及安全设备适用于主要通过呼吸系统的途径使人传染上严重的甚至致死疾病的致病微生物及其毒素，通常已有预防的疫苗和治疗药物。

三级动物实验生物安全水平是指能够安全地从事国内和国外的，可能通过呼吸道感染，引起严重的或致死性疾病的病原微生物感染动物工作的生物安全水平。与上述相近或有抗原关系但尚未完全被认识的病原体感染，也应在此种水平条件下进行操作，直到取得足够的数据后，才能决定是继续在此种安全水平下工作还是在低一级安全水平下工作。在ABSL-3实验室工作时，除了满足BSL-3和ABSL-2的要求外，还应该注意以下要求：

a. 建筑物应当具有符合要求的抗震能力以及防盗、防鼠、防虫的功能。

b. ABSL-3实验室由清洁区、半污染区和污染区（动物饲养间）组成。污染区和半污染区之间应设缓冲间。必要时，半污染区和清洁区之间也应设缓冲间。

c. 相对室外大气压，污染区为-60Pa，并与室外安全柜等装置内气压保持合理压差。保持定向气流，并保持各区之间的气压差均匀。

d. 室内应配备人工或自动消毒器具（如消毒喷雾器，臭氧灭菌器等），并备有足够的消毒剂。

e. 当房间内有感染动物时，应戴防护面具和穿防护服。

③个人防护器材的消毒　禁止将污染的物品和器材带到实验室外，应在污染区内

设置不排蒸汽的高压蒸汽灭菌器或其他消毒装置对器材进行消毒。

(4)四级生物安全实验室

①四级生物安全实验室(BSL-4)指那些实验室结构和设施、安全操作规程及安全设备适用于对人体具有高度危险性，通过气溶胶途径传播或传播途径不明，目前尚无有效疫苗和治疗方法的致病微生物及其毒素，具有四级防护水平(图 2-15)。在 BSL-4 实验室工作时，除下列修改及添加以外，应采用三级生物安全水平的操作规范：

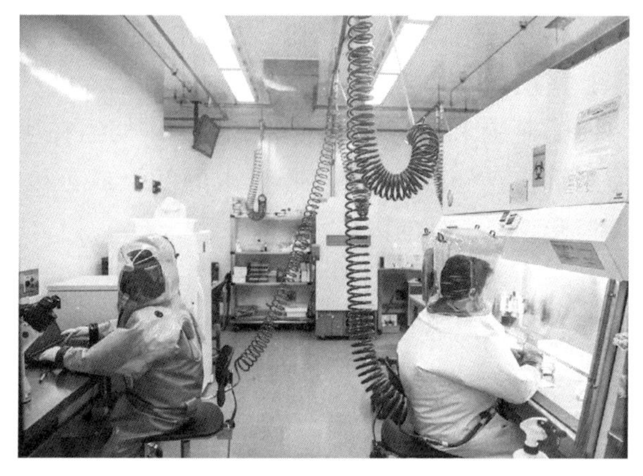

图 2-15 BSL-4 实验室

a. 实行双人工作制，任何情况下严禁任何人单独在实验室内工作。这一点在防护服型四级生物安全水平实验室中工作时尤其重要。

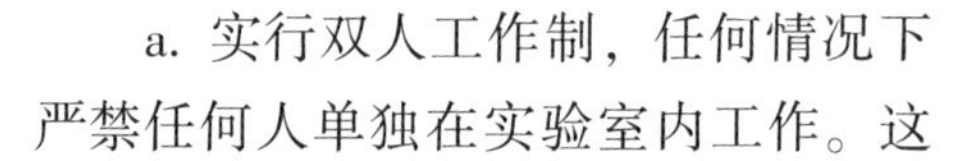

b. 在进入实验室之前以及离开实验室时，要求更换全部衣服和鞋子。

c. 工作人员要接受人员受伤和发生疾病状态下紧急撤离程序的培训。

d. 在四级生物安全水平的最高防护实验室中的工作人员与实验室外面的支持人员之间必须建立常规情况和紧急情况下的联系方法。

同时，BSL-4 实验室必须配备由下列一种或几种组合而成的、有效的基本防护系统。

Ⅲ级生物安全柜型实验室：在进入有Ⅲ级生物安全柜的房间(安全柜房间)前，要先通过至少有两道门的通道。在该类实验室结构中，由Ⅲ级生物安全柜来提供基本的防护。实验室必须配备带有内外更衣间的个人淋浴室。对于不能从更衣室携带进出的安全柜型实验室的材料和物品，应通过双门结构的高压灭菌器或熏蒸室送入。只有在门外安全锁闭后，实验室内的工作人员才可以打开内门取出物品。高压灭菌器或熏蒸室的门采用互锁结构，除非高压灭菌器运行了一个灭菌循环，或已清除熏蒸室的污染，否则外门不能被打开。

防护服型实验室：自带呼吸设备的防护服型实验室，在设计和设施上与配备Ⅲ级生物安全柜的四级生物安全水平实验室有明显区别。防护服型实验室的房间布局设计成人员可以由更衣室和清洁区直接进入操作感染性物质的区域；必须配备清除防护服污染的淋浴室，以供人员离开实验室时使用；还需另外配备由内外更衣室的独立的个人淋浴室。进入实验室的人员还需穿着一套正压、供气经高效空气粒子过滤器(HEPA)过滤的连身防护服。防护服的空气必须由双倍用气量的独立气源系统供给，以备紧急情况下使用。人员通过装有密封门的气锁室进入防护服型实验室。必须为在防护服型实验室内工作的人员安装适当的报警系统，以备发生机械系统或空气供给故障时使用。

②生物安全四级动物实验室(ABSL-4)　指那些实验室结构和设施、安全操作规程及安全设备适用于对人体具有高度危险性，通过气溶胶途径传播或传播途径不明，目前尚无有效疫苗和治疗方法的致病微生物及其毒素。与上述情况类似的不明微生物，也必须在四级生物安全防护实验室中进行。待有充分数据后再决定此种微生物或毒素应在四级还是在较低级别的实验室中处理。

四级动物实验室安全水平指能够安全地从事国内和国外的，能通过气溶胶传播的，实验室感染高度危险、严重危害人和动物生命和环境的，没有特效预防和治疗方法的微生物感染动物工作的生物安全水平。与上述相近的或有抗原关系的，但尚未被完全认知的病原体感染，也应在此种水平条件下进行操作。在 ABSL-4 实验室工作时，除了满足 BSL-4 和 ABSL-3 的要求外，还应该满足以下要求：

a. 一般情况下，操作感染动物，包括接种、取血、解剖、更换垫料和传递等，都要在物理防护条件下进行。能在生物安全柜内进行的必须在其内进行；特殊情况下，不能在生物安全柜内饲养的大型动物或者动物数量较多时，要根据情况特殊设计。例如，设置较大的生物安全柜和可操作的物理防护设备，尽可能在其内进行高浓度污染的操作。

b. 进入设施时，工作人员必须脱下日常服装，换上专用防护服。工作结束后，必须脱下防护服进行高压灭菌，淋浴后方可离去。

c. 工作人员必须进行医学监测。

③个人防护器材的消毒　实验室必须配备双门、传递型高压灭菌器，洁净端在防护室外的房间内。对于不能进行蒸汽灭菌的器材、物品，应提供其他清除污染的方法。

喷淋防护：在工作区的出口处应设置一个内设喷淋的更衣室。因为在工作区内，工作人员有可能受到致癌或病原体污染的气载性颗粒污染。人员进入时，需要换全部衣服，而离开时，应先淋浴，再穿上自己的日常服装。

2.6　个体防护装备的管理

为使个体防护装备发挥其应有的效用，必须加强采购、验收、保管、发放、使用、保养、更新和报废等全过程管理，做到以下 8 点。

①按照防护要求，正确选择性能符合要求的个体防护装备，绝不能错用或勉强使用。

②使用前，必须确认所配备的个体防护装备适应防护个体及其防护需要，符合相关标准。

③加强对个体防护装备使用者的培训，使之充分了解使用个体防护装备的意义并掌握正确的使用方法。

④个体防护装备在使用前和使用后要认真检查，确认其各种零部件完好、功能正常；一旦发现个体防护装备有任何缺陷和损坏，应立即停止使用，进行维修或更换。

⑤有关人员自进入需要佩戴、使用个体防护装备的实验室开始，在整个实验过程中，必须始终穿戴个体防护装备。

⑥离开实验室之前，应脱下个体防护装备，按要求做好消毒、清洁、保养工作并存放在规定的地方，不得将其带回宿舍、食堂等生活和公共场所。

⑦对于已不符合国家标准、行业标准或地方标准，与所从事的实验工作类型不匹配，在使用或保管贮存期内遭到损坏或超过有效使用期限，未达到劳动保护安全有关标准或符合报废条件的个体防护装备，应及时报废、更换。

⑧妥善保存危害评估记录，个体防护装备的配备、维修保养和更换记录，人员的培训记录。

应遵照个体防护装备产品使用说明书和生产厂家的有关规定进行日常的清洁、保养，以延长其使用期限、保证其防护效用。如果配备了不合格或失效的个体防护装备，甚至有可能比不配备更加糟糕，因为它会使人产生麻痹大意的思想，降低警惕性；而没有认真维护保养的个体防护装备，如呼吸器、防毒面具等，可能产生二次污染，甚至直接对人体产生损害。

本章小结

本章主要介绍了实验过程中个人防护装备的重要性及装备选用的基本原则。根据防护部位不同可分为头部防护装备、眼面部防护装备、呼吸防护装备、听力防护装备、手部防护装备、躯体防护装备、足部防护装备七大类。通过对每种防护装备的特性、使用方法、注意事项的介绍，使实验人员在不同环境，面对不同实验风险的条件下，能够正确合理地选择个人防护装备以保证自身安全。另外还对不同等级实验室中个人防护用品的选择、使用方法及注意事项进行了介绍。

思考题与习题

1. 你所在的实验室的最基本防护要求是怎样的？

2. 常用口罩种类有哪些？分别适合什么环境下佩戴？

3. 在有生物危险因子的实验室中，应选用哪些个人防护装备？防护装备在使用和管理过程中有哪些注意事项？

第3章　水电安全

学习目标

1. 了解实验室用水的基本安全知识，熟悉实验室用水的安全隐患，掌握实验室漏水事故的处理办法。

2. 认识人体触电、电器火灾和爆炸、静电、雷电和电磁辐射的危害，熟悉人体触电的方式以及实验室触电事故的发生原因，电器火灾和爆炸产生的原因以及雷击的形式。

3. 掌握触电防护技术及应急处理措施，实验室电气防火防爆措施，静电、雷电及电磁辐射防范措施。

学习重点

1. 实验室用水安全隐患的处理办法及规范流程。

2. 掌握触电防护规范化技术及措施、实验室电气防火防爆措施、静电与电磁辐射防范，以及人身、建筑和设备等的防雷措施。

学习建议

1. 借助视频、图片和报道等相关案例增强对用水安全和用电安全重要性的认知，强化事故防范意识。

2. 在掌握用水、用电安全防护及事故处理技术措施的基础上，结合应急演练加强对防护和事故处理技能的掌握。

水电设备安装不当、使用不规范、损坏损伤后维护不及时、管理不善等原因，不仅可能造成设备损坏，还有可能引起水淹、火灾、爆炸等重大事故，甚至危及人们的生命安全。因此，实验室人员了解用水、用电常识，掌握水电事故的特点，对做好实验室安全具有十分重要的意义。

3.1　用水安全

案例：2018年9月7日凌晨，浙江某大学实验楼门卫发现一科研实验室发生漏水事件。通过调查，确定事件原因是7日凌晨赵某某老师的学生王某某同学负责管理的纯水仪进水口连接橡胶管老化断裂且水龙头未关，造成水沿橡胶管外溢至整个房间地面，渗漏到楼下，造成房间不同程度进水，所幸发现、处理及时，未造成仪器和设备损坏。根据《实验室安全卫生管理规定》，经研究决定由所在学院对研究生王某某同学予以通报批评，对该实验室责任人赵某某老师予以提醒谈话。

3.1.1 实验室用水分类

在实验室中，水常用来配制溶液、维持需水仪器的正常运行、清洗实验器皿等。按照纯度级别由低到高的顺序，实验用水可分为蒸馏水、双蒸水、去离子水和超纯水。实验过程中应根据具体实验内容和需求选取纯度合适的水作为实验用水。实验室用水标准可参照中国国家标准化管理委员会发布的《分析实验室用水国家标准》(GB/T 6682—2008)，以保障实验结果的准确和仪器设备的安全。

①蒸馏水　不含杂质，常用于化学试剂的配制、实验器皿的清洗、某些仪器的运行维护等。

②双蒸水　是经过两次蒸馏过程后得到的，水中的无机盐、有机物、微生物、可溶解气体和挥发性杂质含量极低，常用于配制缓冲液、洗涤实验器皿、清洁和维护精密需水设备等。

③去离子水　是通过阳离子和阴离子交换柱除去离子和杂质的水，也称为离子交换水，常用于配制缓冲液、洗涤有特殊要求的实验器皿、清洁和维护精密需水设备等。

④超纯水　是经过预处理、去离子化、反渗透技术、超纯化处理等多种工艺流程获得的电阻率约为 18.25MΩ·cm(25℃)、含盐量低于 0.1mg/L 的纯水。超纯水中几乎不含电解质、气体、胶体、有机物、细菌、病毒等，理论上只有氢离子和氢氧根离子。超纯水常用于配制无电解质溶液，开展精密实验和维护极精密需水仪器设备等。

3.1.2 实验室用水的基本安全知识

①实验室的水不能饮用。

②实验室的水源、贮存水、用水过程均须远离电源。

③实验室用水需存放于专用容器内，防止水污染。

④实验室用水的制备过程中、液体加热时人不可离场，防止溢出和暴沸。

⑤定期检查用水设备是否完好，有无漏水隐患。不得擅自移动供水设备，防止设备受损。

⑥不得戴沾有水的手套操作仪器，防止触电。

⑦若遇突然停水，须检查阀门是否关闭，防止来水时实验室无人，水满溢出和仪器设备受损。

⑧离开实验室之前须检查所有水阀是否关闭。实验室长期无人时，须关闭水阀和仪器设备开关。

3.1.3 实验室用水安全隐患及处理办法

①水槽漏水口要及时清理，防止纸屑、碎玻璃渣、抹布等杂物堵塞。

②使用能与水发生反应的化学试剂时，一定注意避免与水接触。

③水管老化严重，随时有爆裂可能，应及时更换。

④实验操作台禁止出现厨房用具，不能将砧板放在三联水嘴上。

⑤强酸、强碱等腐蚀性溶液直接倒入PP水槽会破坏下水管道，污染环境，应严格禁止。

⑥下水管道附近有裸露电线，有漏电危险，电线应套于封闭绝缘管内，绝缘管破损应及时更换。

⑦实验室进水处、出水处要保持干净整洁、无阻塞，不同水嘴设置相应水槽。水嘴分为急流水嘴和缓流水嘴；单联水嘴（MBs-016）为急流水嘴，一般搭配PP水槽（MBc-032）；双联水嘴（MBs-02）为缓流水嘴，一般搭配水槽（MBc-029）；三联水嘴（MBc-01）为一急两缓水嘴，一般搭配PP水槽（MBc-029）、水槽（MBc-031）、通风柜的杯槽（MBc-028）。每次实验结束，操作人员应及时清理，将各水嘴归回原位。

⑧桶装去离子水易存在的安全隐患有：水桶陈旧，外观貌似废液桶，易误导实验操作人员；实验结束没有及时盖紧水桶盖，空气中的杂质易进入水桶，污染去离子水；水桶放置于高处，且附近有电气系统，容易发生事故；新桶与空桶混杂存放，毫无规则。

应将实验用桶装去离子水存放于单独房间，可由专人管理，水桶存放有序，附近无电气设施。

⑨常用的需水仪器设备及其主要安全隐患有以下几点。蒸馏装置：缺水、漏水；纯水仪：缺水、漏水，使用者忘记关闭出水口；制冰机：缺水、漏水，控温装置失灵导致冰水溢出；水浴锅：缺水、漏水、干烧；超声清洗仪：水量少或水过量；灭菌锅：缺水、干烧、漏水、水过量，排气口浸入水中易发生倒吸；电泳仪：漏液、漏电。

3.1.4 漏水事故的处理方法

①发现漏水须立即关闭相应区域的水管总阀，同时通知实验用房责任教师前往现场。

②实验用房责任教师召集人员移动浸泡物资，尽量减少损失。

③清扫地面积水。

④发生漏水事故后，化学试剂因浸泡导致泄漏的处理办法，请按照危险化学品泄漏处理办法进行处理。

3.2 电气安全

3.2.1 触电事故及防护

案例：2016年8月7日晚，徐州市突降暴雨，2h降水量达115mm，造成徐州某学院城南校区图书馆西侧混凝土路面积水约30cm深。21时30分许，该校3名大学生吴某某、陈某某、蔡某从教室晚自习后返回宿舍途中，经过图书馆西侧混凝土路面减速带附近时发生触电事故，其中吴某某、陈某某经医院抢救无效死亡，蔡某受伤，另外学院保安王某在施救时受伤。事故直接原因为：电缆破损造成穿线钢管带电，雨后路面积水造成3名学生途经此地发生触电。

触电事故指电流的能量直接或间接作用于人体所造成的伤亡事故。

3.2.1.1 人体触电方式

人体触电的方式常见的有单相触电、两相触电、跨步电压触电、高压电弧触电等。

(1)单相触电

人站在大地上，当人体接触到带电设备或一根带电导线时，电流通过人体经大地而构成回路，这种触电方式通常被称为单相(线)触电。大部分触电事故都是单相触电事故(图3-1)。

(2)两相触电

如果人体的不同部位同时分别接触一个电源的两根不同电位的裸露导线，电线上的电流就会通过人体从一根电流导线到另一根电流导线形成回路，使人触电，这种触电方式通常被称为两相(线)触电(图3-2)。两相触电比单相触电危险性大，但触电情形较少见。两相触电时，在线电压的作用下，人受到的电压可达220V或380V，流经人体的电流较大，轻微会引起触电烧伤或导致残疾，严重可导致死亡，且致死时间仅为1~2s。

(3)跨步电压触电

当带电体接地，或线路一相落地时，故障电流会流入地下，在接地点周围的土壤中产生电压降，人在接地点周围行走时，人的两脚间(一般相距以0.8m计算)出现电势差，即跨步电压，由此引起的触电事故称为跨步电压触电(图3-3)。高压故障接地处或有大电流流过的接地装置附近，都可能出现较高的跨步电压。跨步电压的大小与电位分布区域内的位置有关，越靠近接地处，跨步电压越大，触电危险性也越大。

(4)高压电弧触电

对1 000V以上的高压电气设备，当人体过分接近它时，高压电能将空气击穿，使电流通过人体。此时还伴有高温电弧，可致人烧伤。

图 3-1 单相触电

图 3-2 两相触电

图 3-3 跨步电压触电

3.2.1.2 电流对人体的伤害

电流对人体的伤害分为电击和电伤两种。

(1)电击

电击是指电流通过人体内部对器官和组织造成的伤害，是电流造成人死亡的主要原因。如电流作用于人体中枢神经，使心脑和呼吸机能的正常工作受到破坏，人体发生抽搐和痉挛，失去知觉；电流也可能使人体呼吸功能紊乱，血液循环系统活动大大减弱而造成假死；电流引起人的心室颤动，使心脏不能再压送血液，导致血液循环停滞和大脑缺氧，发生窒息甚至死亡。

(2)电伤

电伤是指电流的热效应、化学效应或机械效应对人体外部器官(如皮肤、角膜、结膜等)造成的伤害，如电弧灼伤、电烙印、皮肤金属化、电光眼等。电伤是人体触电事故中较为轻微的一种情况。

3.2.1.3 影响电流对人体危害程度的因素

(1)电流大小

电流通过人体，人体会有麻、痛等感觉，更严重者会引起颤抖、痉挛、心脏停止跳动甚至死亡。通过人体的电流越大，人体的生理反应越明显，病理状态越严重，致伤致死的时间就越短。根据人体对电流的反应，将触电电流分为感知电流、摆脱电流和致命电流。感知电流是人能感觉到的最小电流；摆脱电流是人触电后能自行摆脱带电体的最大电流；致命电流则是指在较短时间内危及生命的最小电流。在电流不超过数百毫安的情况下，电击致死的主要原因是电流引起了心室颤动或窒息。因此，可以认为引起心室颤动的电流即是致命电流。

资料表明，对不同的人，这 3 种电流的阈值也不相同：成年男性平均感知电流约为 1.1mA，成年女性约为 0.7mA。成年男性的平均摆脱电流约为 16mA，最小摆脱电流约为 9mA；成年女性的平均摆脱电流约为 10.5mA，最小摆脱电流约为 6mA(最小摆脱电流是按 0.5%的概率考虑的)。心室颤动电流与通过时间有关，小于一个心脏搏动周期时，500mA 以上的电流才能引起心室颤动；但当持续时间大于一个心脏搏动周期时，电流仅 50mA 以上，心脏就会停止跳动，导致死亡。

(2)电流持续时间

电流通过人体的时间越长，人体的电阻就会降低，电流就会增大，电流对人体产生的热伤害、化学伤害及生理伤害越严重。一般情况下，工频电流(国内为 50Hz，美国为 60Hz)10mA(成年男性的摆脱电流为 16mA，女性为 10.5mA，通用值为 10mA)及直流电流 50mA 以下，对人体是安全的。但如果触电时间很长，即使工频电流小到 8～10mA，也可能使人丧命。同时，人的心脏每收缩、扩张一次，中间有 0.1s 的间隙期。在这个间隙期内，人体对电流作用最敏感。触电时间越长，与这个间隙期重合的次数就越多，造成的危险也就越大。

(3)电流的种类和频率

电流可分为直流电、交流电。交流电又可分为工频电和高频电。一般来说，频率在 25～300Hz 的电流对人体触电的伤害程度最为严重，其中 40～60Hz 的交流电对人体最为危险。低于或高于此频率段的电流对人体触电的伤害程度明显减轻。人体忍受直流电、高频电的能力比工频电强，工频电对人体的危害最大。高频电流不会对人体产生电刺激，且利用其集中的热效应还能治病，目前医疗上采用 0.3～5MHz 的高频电流对人体进行治疗。

(4)电流通过人体的途径

当电流通过人体的内部重要器官时，对人伤害的程度就严重。如通过头部，会破坏脑神经，使人死亡；通过脊髓，会破坏中枢神经，使人瘫痪；通过肺部会使人呼吸困难；通过心脏，会引起心脏颤动或停止跳动而导致死亡。其中以心脏伤害最为严重。根据事故统计发现：通过人体途径最危险的电流路径是从左手到胸部；其次是从手到脚，从手到手；危险最小的是从脚到脚，但可能导致二次事故的发生。

(5)人体阻抗

在一定电压作用下，流过人体的电流与人体电阻成反比。因此，人体电阻是影响人体触电后果的另一因素。人体电阻由体积电阻和表面电阻构成。体积电阻一般在 500Ω 左右。表面电阻即人体皮肤电阻，它是人体阻抗的重要部分，在限制低压触电事故的电流时起着非常重要的作用。人体皮肤电阻与皮肤状态有关，随条件不同在很大范围内变化。如皮肤在干燥、洁净、无破损的情况下，电阻可高达几十千欧；而潮湿的皮肤，其电阻可能在 1 000Ω 以下。人体阻抗还与电流路径、接触电压、电流持续时间、电流频率、接触面积等因素相关。接触面积增大、电压升高，人体的阻抗变小。有研究表明，在工频电压下，成人人体电阻的典型值为 1 000Ω。

(6)个人状况

电流对人体的伤害作用还与性别、年龄、身体及精神状态有很大的关系。一般来说，女性比男性对电流敏感，小孩比大人敏感。根据资料统计，肌肉发达者、成年人比儿童摆脱电流的能力强，男性比女性摆脱电流的能力强。电击对患有心脏病、肺病、内分泌失调及精神病等患者最危险，他们的触电死亡率最高。另外，对触电有心理准备的，触电伤害轻。

3.2.1.4 实验室触电事故发生的原因

近年来，由于实验室电路设计的规范化，空气开关和漏电保护器的广泛应用，实验室触电身亡的事故较为罕见。但违规、违章操作造成的触电事故不在少数，其主要原因如下：

①电气线路设计不符合要求，设备不能有效接地、接零。

②电气设备安装时未按要求采取接地、接零措施，或接线松脱、接触不良。

③电气设备绝缘损坏，导致外壳漏电。

④导线绝缘老化、破损或屏护不符合要求，致使人员误触带电设备或线路。

⑤人体违规接触电器导电部分，如用手直接接触电炉金属外壳等。

⑥用湿的手或手握湿的物体接触电插头等。

⑦赤手拉拽绝缘老化或破损的导线。

⑧在缺乏正确防护用品或没有绝缘工具情况下，盲目维修、安装电气设备。

⑨随意改变电气线路或乱接临时线路，将单相或三相插头的接地端误接到相线上，使设备外壳带电。

⑩用非绝缘胶布包裹导线接头。

⑪使用手持电动工具而未配备漏电保护器，未使用绝缘手套。

⑫休息不好，精神松懈，导致误接触导体。

3.2.1.5 触电防护技术措施

为了有效防止触电事故，可采用绝缘、屏护、安全距离、保护接地或接零、漏电保护等技术措施。

(1)保证电气设备的绝缘性能

绝缘是用绝缘物将带电导体封闭起来，使之不能对人身安全产生威胁。足够的绝缘电阻能把电气设备的泄漏电流限制在很小的范围内，从而防止漏电引起的事故。一般使用的绝缘物有瓷、云母、橡胶、胶木、塑料、布、纸、矿物油等。绝缘电阻是衡量电气设备绝缘性能的最基本的指标。电工绝缘材料的电阻率一般在 $10^7\Omega \cdot m^{-3}$ 以上。不同电压等级的电气设备，有不同的绝缘电阻要求，并要定期进行测定。

(2)采用屏护

屏护就是用遮挡、护罩、护盖、箱盒等把带电体同外界隔绝开来，以减少人员直接触电的可能性(图 3-4)。屏护装置所用材料应该有足够的机械强度和良好的耐火性能，护栏高度不应低于 1.7m，下部边缘离地面不应超过 0.1m。金属屏护装置应采取接零或接地保护措施。护栏应具有永久性特征，必须使用钥匙或工具才能移开。屏护装

图 3-4 电气设备屏护栏

置上应悬挂“高压危险”的警告牌，并配置适当的信号装置和连锁装置。

(3)保证安全距离

电气安全距离是指避免人体、物体等接近带电体而发生危险的距离。安全距离的大小由电压的高低、设备的类型及安装方式等因素决定。常用电器开关的安装高度为1.3~1.5m；室内吊灯高度应大于2.5m，受条件限制时可减为2.2m；户外照明灯具高度应小于3m，墙上灯具高度允许减为2.5m。为了防止人体接近带电体，带电体安装时必须留有足够的检修间距。在低压操作中，人体及其所带工具与带电体的距离不应小于0.1m；在高压无遮拦操作中，人体及其所带工具与带电体之间的最小距离视工作电压而定，一般不应小于0.7~1.0m。

(4)合理选用电气装置

从安全要求出发，必须合理选用电气装置，才能减少触电危害和火灾爆炸事故。电气设备要根据周围环境来选择。例如，在干燥少尘的环境中，可采用开启式和封闭式电气设备；在潮湿和多尘的环境中，应采用封闭式电气设备；在有腐蚀性气体的环境中，必须采取密封式电气设备；在有易燃易爆危险的环境中，必须采用防爆式电气设备。

(5)装设漏电保护装置

装设漏电保护装置(图3-5)的主要作用是防止由于漏电引起人身触电，其次是防止由于漏电引起的设备火灾，再则是监视、切除电源一相接地故障，消除电气装置内的危险接触电压。有的漏电保护器还能够切除三相电机缺相运行的故障。

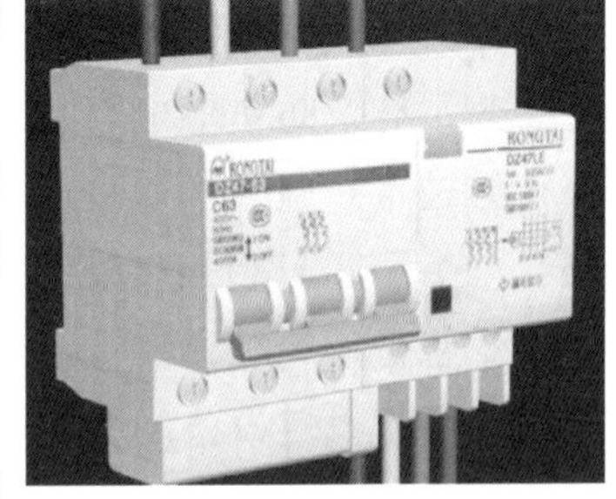

图 3-5 漏电保护器

(6)保护接地

保护接地是防止人身触电和保护电气设备正常运行的一项重要技术措施，分为接地保护和接零保护两种。

①接地保护　对由于绝缘损坏或其他原因可能使正常不带电的金属部分呈现危险电压，如变压器、电机、照明器具的外壳和底座，配电装置的金属构架，配线钢管或电线的金属外皮等，除另有规定外，均应接地。

②接零保护　接零是把设备外壳与电网保护零线紧密连接起来。当设备带电部分碰连其外壳时，即形成相线对零线的单相回路，短路电流将使线路上的过流速断保护装置迅速启动，断开故障部分的电源，消除触电危险。接零保护适用于低压中性点直

接接地的380V或220V的三相四线制电网。

(7)采用安全电压

安全电压是为防止触电事故而采用的由特定电源供电的电压系列。这个电压系列的上限值，在任何情况下，两导体或任一导体与地之间均不得超过交流电压(频率为50~500Hz)有效值50V。

我国的国家标准规定，安全电压额定值的等级为42V、36V、24V、12V、6V。

凡手提照明灯、高度不足2.5m的一般照明灯、危险环境和特别危险环境的局部照明灯和使用的携带式电动工具，如果没有特殊安全结构或安全措施，应采取36V安全电压。

凡工作地点狭窄，行动不便以及周围有大面积接地导体的环境(如金属容器内、隧道内)，使用手提照明灯应采用12V安全电压。

3.2.1.6 触电急救

学习电气安全的目的是要防止实验室触电事故的发生。倘若事故不可避免地发生了，现场急救是十分关键的，如果处理得及时、正确，并能迅速而持久地进行抢救，很多触电者虽心脏停止跳动、呼吸中断，但仍可以获救。

抢救触电者应设法迅速切断电源，使其脱离电源后，应立即就近将其移至干燥与通风场所，且勿慌乱和围观，然后应进行情况判别，根据不同情况进行对症救护。

(1)对症救护

对于需要救治的触电者，大体可以分为以下3种情况：

①对伤势不重、神志清醒，但有轻微心慌、四肢发麻、全身无力，或触电过程中曾一度昏迷，但已清醒过来的触电者，此时应让其安静休息，并严密观察，也可请医生前来诊治，或必要时送往医院。

②对伤势较重、已失去知觉，但依然有心脏跳动和呼吸的触电者，应使其舒适、安静地平卧。不要围观，让空气流通，同时解开其衣服包括领口与裤带以利于其呼吸。

③对伤势严重，呼吸或心跳停止，甚至呼吸、心跳都已停止，即处于所谓“假死”状态，则应立即施行人工呼吸和胸外心脏按压进行抢救，同时速请医生或速将其送往医院。

(2)现场救护的主要方法

对触电者进行现场救护的主要方法是心肺复苏法，包括人工呼吸法与胸外按压法两种急救方法。这两种急救方法对于抢救触电者生命来说，既至关重要又相辅相成。所以，一般情况下上述两种方法要同时施行。

①口对口人工呼吸法　口对口人工呼吸就是采用人工的强制作用维持气体交换，以使触电者逐步地恢复正常呼吸[图3-6(a)]。进行人工呼吸时，首先要保持气道畅通，捏住其鼻翼，深深吸足气，与触电者口对口接合并贴近吹气，然后放松换气，如此反

复进行。开始时可先快速连续而大口地吹气 4 次。此后，施行速度约 12～16 次/min，对儿童为 20 次/min。

②胸外心脏按压法　胸外心脏按压法就是采用人工的强制作用维持血液循环，并使其逐步过渡到正常的心脏跳动[图 3-6(b)]。让触电者仰面躺在平坦硬实的地方，救护人员立或跪在伤员一侧肩旁，两肩位于伤员胸骨正上方，两臂伸直，肘关节固定不屈，两手掌根相叠。此时，贴胸手掌的中指尖刚好抵在触电者两锁骨间的凹陷处，再将手指翘起，按压时抢救者的双臂绷直，双肩在患者胸骨上方正中，垂直向下用力按压，均匀进行，按压频率为 80～100 次/min，每次按压和放松的时间要相等。当胸外按压与口对口人工呼吸两法同时进行时，其节奏为：单人抢救时，按压 15 次，吹气 2 次，如此反复进行。双人抢救时，每按压 5 次，由另一人吹气 1 次，可轮流反复进行。

按压救护是否有效的标志，是在施行按压急救过程中再次测试触电者的颈动脉，看其有无搏动。

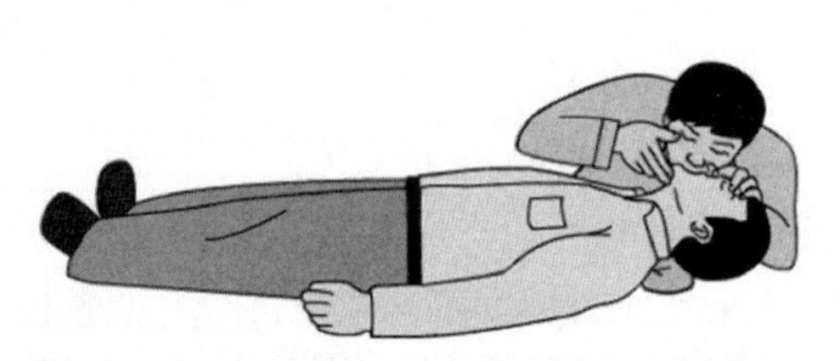

操作步骤：（1）消除口腔杂物；（2）舌根抬起；（3）深呼吸后紧贴嘴吹气；（4）放松换气

（a）口对口人工呼吸法

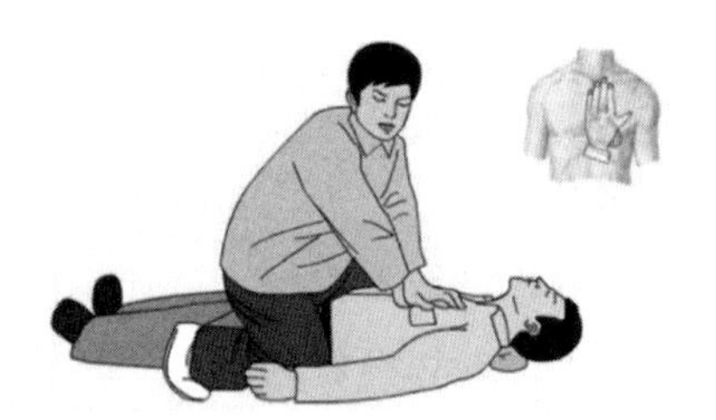

操作步骤：（1）找准位置；（2）挤压姿势；（3）向下挤压；（4）迅速放松

（b）胸外心脏按压法

图 3-6　现场救护的主要方法

3.2.2　电气火灾和爆炸

案例：2016 年 1 月 10 日，北京化工大学科技大厦一实验室冰箱起火。现场有明火并伴随黑烟。冰箱内存有有机化学试剂。据悉，起火原因系冰箱电线短路引发自燃所致。

电气火灾和爆炸是指由于电气设备过热，或由于短路、接地、设备损坏等原因产生电弧及电火花，将周围易燃物引燃，发生火灾或爆炸的事故。电气火灾和爆炸事故除了可能造成人身伤亡和设备损坏外，还可能造成系统大面积或长时间停电，给国民经济造成重大损失。因此，电气防火和防爆是电气安全的重要内容。

3.2.2.1　电气火灾和爆炸原因

除了设备缺陷、安装不当等方面的原因外，电气设备在运行中产生的热量、电火花或电弧等是导致电气火灾和爆炸的直接原因。

(1)电气设备过热

电气设备过热主要是电流的热效应造成的。电流通过导体时，由于导体存在电阻，电流通过时就要消耗一定的电能，转化为导体的内能，并以热辐射的形式散发，加热周围的其他材料。当温度超过电气设备及其周围材料的允许温度，达到起燃温度时就可能引发火灾。引起电气设备过热主要有短路、过载、接触不良及散热不良等原因。

(2)电弧和电火花

电弧和电火花是一种常见的现象。电气设备正常工作或正常操作时也会发生电弧和电火花。例如，直流电机运行时电刷会产生电火花，开关断开电路时会产生很强的电弧，拔掉插头或接触器断开电路时都会产生电火花；电路发生短路或接地事故时产生的电弧更大；绝缘不良电气等都会有电火花、电弧产生。电火花、电弧的温度很高，特别是电弧，温度可高达6 000℃。这么高的温度不仅能引起可燃物燃烧，还能使金属熔化、飞溅，构成危险的火源。如果周围空间有爆炸性混合物，当遇到电火花和电弧时就可能引起空间爆炸。因此，在有爆炸危险的场所，电火花和电弧更是十分危险的因素。

(3)电气设备本身存在的爆炸可能性

一些电气设备本身也会发生爆炸。例如，变压器的功率管或电容器在电路异常时爆炸，充油设备如油断路器、电力电容器、电压互感器等的绝缘油在电弧作用下分解和汽化，喷出大量的油雾和可燃性气体，遇到电火花、电弧或环境温度达到危险温度时也可能发生火灾和爆炸事故；氢冷发电机等设备如果发生氢气泄漏，形成爆炸性混合物，当遇到电火花、电弧或环境温度达到危险温度时也会引起爆炸和火灾事故。

3.2.2.2 实验室电气防火防爆措施

根据电气火灾和爆炸形成的原因，应该从加强电气设备的维护和管理及排除电气设备周围易燃易爆等危险隐患两方面来防止电气火灾和爆炸事故。

(1)加强电气设备的维护和管理

①正确选用电气设备，具有爆炸危险的场所应按国家标准《爆炸性环境用防爆电气设备通用要求》(GB 3836—2010)规范选择防爆电气设备，防爆电气设备的公用标志为“Ex”，防爆电气设备的各种类型和相应标志列于表3-1中。

②合理选择安装位置，保持必要的安全间距。

③加强电气设备的维护、保养、检修，以保持正常运行，包括保持电气设备的电压、电流、温升等参数不超过允许值，保持电气设备足够的绝缘能力，保持电气连接良好等。

④保证设备通风良好，防止设备过热。

⑤必须按规定接地。爆炸危险场所的接地，较一般场所要求高。为防止打雷闪电和漏电引起的火花，所有金属外壳、设备都要有可靠的接地。

⑥杜绝设备超负荷运行和“故障”运行。导电线路和用电设备超负荷运行，易导致负荷过载、导线发热、保护措施或控制失灵、电热短路、电火花点燃等危险因素，从而

表 3-1 防爆电气设备的类型和标志

类型	防爆原理	标志
隔爆型	具有一个足够牢固的外壳，不仅能防止爆炸火焰的传出，而且壳体可承受一定的过压	Ex d
增安型	采用系列安全措施，使设备在最大限度内不致产生电火花、电弧或危险温度；或者采用有效的保护原件使其产生的火花、电弧或温度不能引燃爆炸性混合物，以达到防爆的目的	Ex e
无火花型	这是一种在正常运行时不产生火花和危险高温，也不能产生引燃爆炸故障的电气设备	Ex n
正压型	保证内部保护气体的压力高于周围以免爆炸性混合物进入外壳，或足量的保护气体通过外壳使内部爆炸性混合物的浓度降低至爆炸极限以下	Ex p
充砂型	充砂型是在外壳内充填砂粒或其他规定特性的粉末材料，使之在规定的使用条件下，壳内产生的电弧或高温均不能点燃周围爆炸性气体环境的结构	Ex q
浇封型	将可能产生引起爆炸性混合物爆炸的火花、电弧或危险温度的电气部件浇封在浇封剂中，使其不能点燃周围爆炸性混合物	Ex m
本质安全型	在正常运行或标准实验条件下所产生的火花或放热效应均不能点燃爆炸性混合物	Ex i
防爆充油型	全部或部分浸在油中，使设备不能点燃油面以上的或外壳以外的爆炸性混合物	Ex o
防尘防爆型	外壳能阻止粉尘进入，或虽不能完全阻止但能控制粉尘进入量，不妨碍电机安全运行，且内部粉尘堆积不易产生点燃危险的电气设备	DIP A DIP B
特殊型	结构上不属于上述各类型而采取其他防爆形式的设备	Ex s

导致火灾、爆炸事故的发生。

⑦采用耐火设施，提高实验室装置、器械、家具的耐火性能，室内必须配备灭火装置。

⑧在有爆炸危险的场所，必须保证通风良好以降低爆炸性混合物的浓度。

(2)排除燃爆危险隐患

在高等学校理工科实验室中，广泛存在着易燃易爆的物质。当这些易燃易爆物质在空气中的含量超过其危险浓度，遇到电气设备运行中产生的火花、电弧等高温引燃源时，就会发生电气火灾和爆炸事故。因此，排除易燃易爆危险隐患是防止电气火灾和爆炸事故的另一重要方面。具体措施有：保证高危设备与易燃易爆物质的安全间隔；保持良好通风，将易燃易爆的气体、粉尘浓度降低到不致引起火灾和爆炸的安全限度内；加强密封，减少和防止易燃易爆物质的泄漏；经常巡视，检测易燃易爆物质的浓度，检查设备、贮存容器、管道接头和阀门的密封性等。

3.2.2.3 电气照明的防火防爆

(1)常用照明灯具类型及其火灾危险性

电气照明灯具在工作时，玻璃灯泡、灯管、灯座等表面温度都较高，若灯具选用不当或发生故障，会产生电火花和电弧。接点接触不良，局部会产生高温。导线和灯具的过载和过压会引起导线发热，使绝缘破坏、短路和灯具爆炸，继而导致可燃气体和可燃蒸汽、落尘的燃烧和爆炸。

实验室中常见照明灯具有白炽灯、荧光灯、高压汞灯和卤钨灯。白炽灯是根据热辐射原理制成的，功率越大，热辐射能量越大，其表面温度越高，如200W的白炽灯其表面温度可达300℃。灯泡距离可燃物较近，很容易引燃可燃物而发生火灾。荧光灯和高压汞灯都是气体放电光源，本身灯管温度不高，但其镇流器由铁芯线捆组成，是发热元件。若镇流器散热条件不好，电源电压过高，或与灯管不匹配以及其他附件故障时(如启辉器故障)，其内部升温会破坏线圈绝缘，形成匝间短路，产生高温和电火花。卤钨灯是碘钨灯和溴钨灯的统称，其工作时维持灯管点燃的最低温度为250℃。卤钨灯不仅能在短时间内烤燃接触灯管较近的可燃物，其高温辐射还能将距离灯管一定距离的可燃物烤燃。所以它的火灾危险性比别的照明灯具更大。

(2)照明灯具的防火措施

①严格按照环境场所的火灾危险性选用照明灯具，而且照明装置应与可燃物、可燃结构之间保持一定距离，严禁用纸、布或其他可燃物遮挡灯具。

②在正对灯泡的下面，应尽可能不存放可燃物品，灯泡距地面高度一般应不低于2m。如必须低于此高度时，应采取必要的防护措施。

③卤钨灯管附近的导线应采用耐热绝缘护套(如玻璃丝、石棉、瓷珠等护套导线)，而不应采用具有延燃性绝缘导线，以免灯管高温破坏绝缘引起短路。

④镇流器与灯管的电压和容量相匹配。镇流器安装时应注意通风散热，严禁将镇流器直接固定在可燃物上，应用不燃的隔热材料进行隔离。

⑤吊顶内安装的灯具功率不宜过大，并应以白炽灯或荧光灯为主，而且灯具上方应保持一定的空间，以便散热。另外，安装灯具及其发热附件周围应用不燃材料(石棉板或石棉布)做好防火隔热处理，否则可燃材料上应涂防火涂料。

⑥在室外必须选用防水型灯具，应有防溅设施，防止水滴溅到高温的灯泡表面，使灯泡炸裂。灯泡破碎后，应及时更换。

⑦各类照明供电设施附近必须符合电流、电压等级要求。在爆炸危险场所使用的灯具和零件，应符合《中华人民共和国爆炸危险场所电气安全规程(试行)》规定的要求。

除灯具本身，照明装置其他部分也存在一定的火灾危险性，因此还要注意照明线路、灯座、灯具开关、挂线盒等设备的防火。

3.2.2.4　实验室常用电气设备的防火防爆

(1)电热设备

电热设备是将电能转换成热能的一种用电设备，常用的电热设备有电炉、烘箱、恒温箱、干燥箱、管式炉、电烙铁等。这些设备大都功率较大、工作温度较高，如果安装位置不当或其周围堆放有可燃物，热辐射极易引发可燃物发生火灾；另外，加热时间过长或未按操作规程运行电热设备，有可能导致电流过载、短路、绝缘层损坏等引起火灾事故。电热设备的防火措施如下：

①对于电热设备的安装使用，必须经动力部门检查批准。

②安装电热设备的规格、型号应符合生产现场防火等级。

③在有可燃气体、蒸汽和粉尘的房屋，不宜装设电热设备。

④电热设备不准超过线路允许负荷，必要时应设专用回路。

⑤电热设备附近不得堆放可燃物，使用时要有人管理，使用后、下班时或停电后须切断电源。

⑥工厂企业、机关、学校等单位应严格控制非生产、非工作需要而使用生活电炉，禁止个人违反制度私用电炉。

（2）电动机

电动机是把电能转换成机械能的一种设备，机床、泵、风机等机械设备都需要电动机带动。电动机过负荷、短路故障、缺相运行、电源电压太高或太低等因素都有可能导致电动机在运行中起火。电动机的防火措施如下：

①根据电动机的工作环境，对电动机进行防潮、防腐、防尘、防爆处理，安装时要符合防火要求。

②电动机周围不得堆放杂物，电动机及其启动装置与可燃物之间应保持适当距离，以免引起火灾。

③检修后及停电超过 7d 以上的电动机，启动前应测量其绝缘电阻是否合格，以防止投入运行后，因绝缘受潮发生相间短路或对地击穿而烧坏电动机。

④电动机启动应严格执行规定的启动次数和启动间隔时间，尽量少启动，避免频繁启动，以免使定子绕组过热起火。

⑤电动机运行时，应监视电动机的电流、电压不超过允许范围，监视电动机的温度、声音、振动、轴窜动正常，无焦臭味，电动机冷却系统应正常。防止上述因素不正常引起电动机运行起火。

⑥发现电动机缺相运行，应立即切断电源，防止电动机缺相运行过载发热起火。

⑦电动机一旦起火，应立即切断电源，用电气设备专用灭火器进行灭火。如二氧化碳、四氯化碳、“1211”灭火器或蒸汽灭火。一般不用干粉灭火器灭火。若使用干粉灭火器灭火时，要注意避免粉尘落入轴承内，必要时可用消防水喷射成雾状灭火，禁止将大股水注入电动机内。

（3）电冰箱

近年来，实验室电冰箱使用不当引起的爆炸及火灾事故不在少数，线路绝缘层老化、损坏，使用家用冰箱存放化学试剂等是引起这些事故的主要原因。为防止电冰箱引起火灾事故，使用时必须注意以下几点：

①合理选用电源线的截面，并按有关规定正确安装，以防在使用中造成导线绝缘损坏引起短路。

②电源线或各部电路元件连接时，要接触紧密牢固，以防造成接触电阻过大。

③按照有关规定选择合适的保险丝，以免在使用中引起爆断，产生火花或电弧。

④冰箱内严禁存放易燃、易挥发的化学试剂及药品，以免挥发后与空气形成混合气体，遇火花爆炸起火。

⑤电冰箱背面机械部分温度较高，所以电源线不要贴近该处，以防烧坏电源线，造成漏电或短路。

⑥电冰箱背后严禁用水喷洒，防止破坏电气元件绝缘。

⑦电源的插销要完整好用，损坏后要及时更换，防止在使用中造成短路或打出火花。

(4)空调

近几年来，越来越多的实验室中安装有空调。空调作为较大功率的电气设备，若在安装、使用上忽视防火安全，极易导致事故。空调在安装、使用中应注意以下几点：

①安装空调时，不要安装在可燃物上，与窗帘等可燃物要保持一定距离；也不要放置在可燃的地板上或地毯上。电源线应有良好的绝缘，最好用金属套予以保护。安装的高度、方向、位置必须有利于空气循环和散热。

②空调开机前，应查看有无螺栓松动、风扇移位及其他异物，若有应及时排除，防止意外。使用空调器时，应严格按照空调使用要求操作。

③空调必须使用专门的电源插座和线路，不能与照明或其他家用电器合用。突然停电时，应将电源插头拔下。

空调应定时保养，定时清洗冷凝器、蒸发器、过滤网、换热器等，防止散热器堵塞，避免火灾隐患。

3.2.2.5 电气火灾的扑救要点

电气设备发生火灾时，为了防止触电事故，一般都在切断电源后才进行扑救。具体方法如下：

(1)及时切断电源

电气设备起火后，不要慌张，首先要设法切断电源。切断电源时，最好用绝缘的工具操作，并注意安全距离。

电容器和电缆在切断电源后，仍可能有残余电压，为了安全起见，不能直接接触或搬动电缆和电容器，以防发生触电事故。

(2)不能直接用水冲浇电气设备

电气设备着火后，不能直接用水冲浇。因为水有导电性，会降低设备绝缘性能，甚至引起设备爆炸，危及人身安全。

(3)使用安全的灭火器具

电气设备灭火，应选择不导电的灭火剂，如二氧化碳、“1211”“1301”、干粉等进行灭火。绝对不能用酸碱或泡沫灭火器，因其灭火药液有导电性，手持灭火器的人员会触电，且这种药液会强烈腐蚀电气设备，事后不易清除。

变压器、油断路器等充油设备发生火灾后，可把水喷成雾状灭火。因水雾面积大，水珠压强小，易吸热汽化，迅速降低火焰温度。

(4)带电灭火的注意事项

如果不能迅速断电，必须在确保安全的前提下进行带电灭火。应使用不导电的灭火剂，不能直接用导电的灭火剂，否则会造成触电事故。使用小型灭火器灭火时由于其射程较近，要注意保持一定的安全距离，对10kV及以下的设备，该距离不应小于40cm。在灭火人员穿戴绝缘手套和绝缘靴、水枪喷嘴安装接地线情况下，可采用喷雾水灭火。如遇带电导线落于地面，则要防止跨步电压触电，扑救人员需要进入灭火时，必须穿上绝缘鞋。

3.2.3 静电的危害与防护

案例：某高校实验中心静电喷漆室，操作人员穿橡胶底运动鞋进行操作，使人体带电，当操作者接触设备时因发生静电放电，导致洗涤油槽着火，喷漆室全部被烧毁。

静电是处于静止状态的电荷，或者说是不流动的电荷(流动的电荷即电流)。当电荷聚集在某个物体的某些区域或其表面上时就形成了静电，当带静电物体接触零电位物体(接地物体)或与其有电位差的物体时，就会发生电荷转移，也就是我们常见的静电放电(ESD)现象。静电的电量不高，能量不大，不会直接使人致命。但是，静电电压可高达数万乃至数十万伏。例如，人在地毯或沙发上立起时，人体电压可超过10 000V；而橡胶和塑料薄膜行业的静电则可高达10万V。高的电压使静电放电时能够干扰电子设备的正常运行或对其造成损害，而且很容易产生放电火花引起火灾和爆炸事故。

3.2.3.1 静电的特性与危害

(1)静电的产生

任何两个不同材质的物体接触后再分离，即可产生静电，也就是摩擦生电现象。我们在地板上走动、从包装箱上拿出泡沫、旋转转椅、推拉抽屉、拿取纸笔、移动鼠标等动作都会产生静电，使物体和人体带上静电荷。材料的绝缘性越好，越容易产生静电；湿度越低，越容易产生静电。另一种产生静电的方式是感应起电，即当带电物体接近不带电物体时会在不带电的导体的两端分别感应出负电和正电。

(2)静电及其放电的特性

①静电的电压较高，至少都有几百伏，典型值在几千伏，最高可达数十万伏。

②静电放电持续时间短，多数只有几百纳秒。

③静电放电时释放的能量较低，典型值在几十个到几百个微焦耳。

④静电放电电流的上升时间很短，如常见的人体放电，其电流上升时间小于10ns。

⑤静电放电脉冲所导致的辐射波长从几厘米到几百米，频谱范围非常宽，能量上限频率可达5GHz，容易对电流路径上的天线产生激励，形成场的辐射发射。

(3)静电的危害

静电危害发生的主要原因是静电放电(图3-7)，此外静电引力也会对工作、实验造成危害。在发生静电火花放电时，静电能量瞬时集中释放，形成瞬时大电流，在存有易燃易爆品或粉尘、油雾的场所极易引起爆炸和火灾。静电放电过程产生强烈的电磁辐射可对一些敏感的电子器件和设备造成干扰和损坏。另外，高压静电放电造成电击，危及人身安全。静电引力会使元件吸附灰尘造成污染；使胶卷、薄膜、纸张收卷不齐，影响精密实验过程的测量结果等。

图3-7 静电放电

3.2.3.2 静电的防护措施

静电防范原则主要围绕抑制静电产生、加速静电泄漏和进行静电中和3个方面进行，具体措施如下：

(1)使材料带电序列相互接近

抑制静电产生需使相互接触的物体在带电序列中所处的位置尽量接近。对于各种材质，其摩擦带电序列依次由正电荷到负电荷为：(+)玻璃、有机玻璃、尼龙、羊毛、丝绸、赛璐珞、棉织品、纸、金属、黑橡胶、涤纶、维尼纶、聚苯乙烯、聚丙烯、聚乙烯、聚氯乙烯、聚四氟乙烯(-)。材料带电序列远离，则容易产生静电。

(2)控制物体接触方式

要抑制静电的产生，需要缩小物体间的接触面积和压力，降低温度，减少接触次数和分离速度，避免接触状态急剧变化。如化学实验中将苯倒入容器中，需要缓慢倒入，且倒完后应将液体静置一段时间，待静电消散后再进行其他操作。

(3)接地

接地是加速静电泄漏的最简单常用的办法，即将金属导体与大地(接地装置)进行电气上的连接，以便将电荷泄漏到大地。此法适合于消除导体上的静电，而不宜用来消除绝缘体上的静电，因为绝缘体的接地容易发生火花放电，引起易燃易爆液体、气体的点燃或造成对电子设施的干扰。

(4)屏蔽

用接地的金属线或金属网等将带电的物体表面进行包覆，从而将静电危害限制到不致发生的程度，屏蔽措施还可防止电子设施受到静电的干扰。如可采用防静电袋、导电箱盒等包覆物体。

(5)增湿

可采用喷雾、洒水等方法增加室内湿度，随着湿度的增加，绝缘体表面上结成薄薄的水膜能使其表面电阻大为降低，可加速静电的泄漏。从消除静电危害的角度考虑，一般保持相对湿度在 70%以上较为合适。

(6)中和

这种方法是采用静电中和器或其他方式产生与原有静电极性相反的电荷，使已产生的静电得到中和而消除，避免静电积累。常用的中和器有离子风机、离子风枪[图 3-8(a)、(b)]。

(7)使用抗静电材料

在特殊的实验室可采用抗静电材料进行装修，如使用防静电地板、导电地板、防静电桌垫、防静电椅、导电椅等。

(8)佩戴个人防护用品

穿着防静电无尘衣帽和导电鞋[图 3-8(c)]，佩戴静电手套、指套、腕带等消除或泄漏所带的静电。

(a) 离子风机

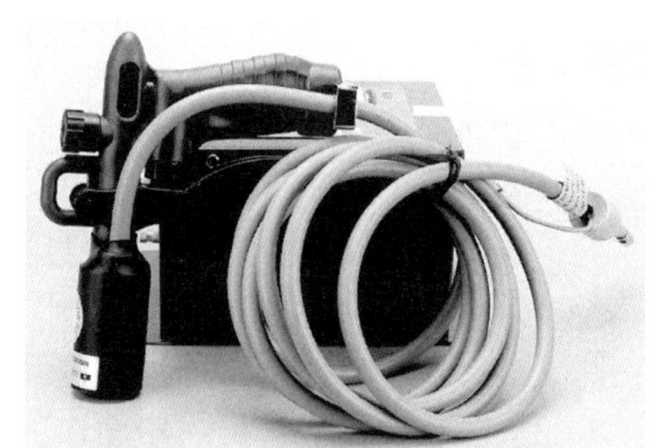

(b) 离子风枪

(c) 防静电导电鞋

图 3-8　防静电装置

3.2.4　雷电安全

雷电是大气层中一部分带电云层与另一部分带异种电荷的云层或与大地之间的迅猛放电过程。自然界每年都有几百万次闪电。全世界每年有 4 000 多人惨遭雷击，每年因雷击造成的财产损失则不计其数。

3.2.4.1　雷电的危害

雷电对人体的伤害是很大的，当人遭受雷电击时，电流迅速通过人体，严重的可使心跳和呼吸停止，脑组织缺氧而死亡。另外，雷击时产生的火花，也会造成不同程度的皮肤烧伤，或造成耳鼓膜、内脏破裂等。

当人类社会进入电子信息时代后，雷灾从电力、建筑这两个传统领域扩展到几乎所有行业，其根本原因是雷灾对微电子器件设备的危害，对微电子设备的应用已经渗透到生产、生活的各个方面。同时雷灾造成的经济损失和危害程度也大大增加。

(1)雷击形式

①直击雷　是带电的云层与大地上某一点之间发生迅速的放电现象。当雷电直接击在建筑物上，强大的雷电流使建(构)筑物水分受热汽化膨胀，从而产生很大的机械力，导致建筑物燃烧或爆炸。另外，当雷电击中接闪器，电流沿引下线向大地泄放时，对地电位升高，有可能向临近的物体跳击，称为雷电“反击”，从而造成火灾或人身伤亡。

②感应雷　是当直击雷发生以后，云层带电迅速消失，地面某些范围由于散流电阻大，出现局部高电压，或在直击雷放电过程中，强大的脉冲电流对周围的导线或金属物产生电磁感应发生高电压而发生闪击现象的二次雷。因此，感应雷破坏也称为二次破坏。感应雷电流变化梯度很大，会产生强大的交变磁场，使得周围的金属构件产生感应电流，这种电流可能向周围物体放电，如附近有可燃物就会引发火灾和爆炸，而感应到正在联机的导线上就会对设备产生强烈的破坏。

③球雷　是雷电放电时形成的处于特殊状态下的一团带电气体，表现为发橙光、白光、红光或其他颜色光的火球。

④雷电波侵入　指雷电接近架空管线时，高压冲击波会沿架空管线侵入室内，造成高电流引入，这样可能引起设备损坏或人身伤亡事故。如果附近有可燃物，则容易酿成火灾。

(2)雷电危害效应

①电性质破坏　雷电放电产生高达数十万伏的冲击电压，对电气设备、仪表设备、通信设备等的绝缘造成破坏，导致设备损坏，引发火灾、爆炸事故和人员伤亡，产生的接触电压和跨步电压使人触电。

②热性质破坏　当成百上千安的强大电流通过导体时，在极短时间内转换成大量热量，可熔化导线、管线等金属物质，引发火灾。

③机械性质破坏　由于雷电的热效应，使木材、水泥等材料中间缝隙的水分、空气及其他物质剧烈膨胀，产生强大的机械压力，使被击中物体严重破坏甚至造成爆炸。

3.2.4.2　雷电灾害的预防

雷电是自然现象，其发生不受人为控制。但是，我们可以设法避雷，使雷电天气对我们不造成灾害。

(1)人身防雷措施

对于处于室外的人，为防雷击，应当遵从以下4条原则：

①人体应尽量降低自己的体位，以免作为凸出尖端而被闪电直接击中。

②要尽量缩小人体与地面的接触面积，以防止因“跨步电压”造成伤害。

③不可到孤立大树下和无避雷装置的高大建筑体附近，不可手持金属物质高举过头顶(如撑伞)。

④不要进入水中，因水体导电性好，易遭雷击。

总之，应当到较低处，双脚合拢站立或蹲下，以减少遭遇雷的机会。

身处室内时，远离可能遭雷击的物体是人身防雷的基本原则。打雷时，应关闭门窗，尽量远离门窗，坐在房间正中央最为安全。雷雨天为防止雷电波沿线路进入建筑物后对人身造成伤亡，应避免站在灯下，人距灯头、开关、插座及电气设备的距离应保持在2m以上，不得操作电器和使用通信工具，不宜接近建筑物的裸露金属物，如水管、暖气管、煤气管、自来水管等。据统计，因雷击放电而造成人体伤亡的距离均在1.5m以内，放电距离超过2m，雷击事故几乎为零。有条件者，门窗可装金属网罩，以防球形雷电进入室内。在室内不宜穿潮湿的衣服和鞋帽，绝对不能使用太阳能、天然气或电淋浴器，雷电流可以通过水流传导而致人死亡。

(2)建筑、设备防雷措施

①接闪　是让在一定程度范围内出现的闪电放电不能任意地选择放电通道，而只能按照人们事先设计的防雷系统的规定通道，将雷电能量泄放到大地中去。我们常说的避雷针、避雷带、避雷线或避雷网都是接闪装置。

②接地　是让已经流入防雷系统的闪电电流顺利流入大地，而不能让雷电能量集中在防雷系统的某处对被保护物体产生破坏作用，良好接地才能有效地泄放雷电能量，降低引线上的电压，避免发生雷电反击。防雷接地是防雷系统中最基础的环节，也是防雷安装验收规范中最基本的安全要求。若接地不好，所有防雷措施的效果都不能发挥出来。

③均压　为了彻底消除雷电引起的毁坏性的电位差，将电源线、信号线、金属管道等都要通过过压保护器进行等电位连接。这样在闪电电流通过时，室内的所有设施立即形成一个“等电位岛”，保证导电部件之间不产生有害的电位差，不发生旁侧闪络放电。完善的等电位连接还可以防止闪电电流入地造成的地电位升高所产生的反击。

④屏蔽　是利用金属网、箔、壳或管子等导体把需要保护的对象包围起来，使雷电电磁脉冲波入侵的通道全部截断。所有的屏蔽套、壳等均需要接地。屏蔽是防止雷电电磁脉冲辐射对电子设备影响的最有效方法。

⑤分流(保护)　是在一切从室外来的导体(包括电力电源线、数据线、电话线或天馈线等信号线)与防雷接地装置或接地线之间并联一种适当的避雷器SPD，当直击雷或雷击效应在线路上产生的过电压波沿这些导线进入室内或设备时，避雷器的电阻突然降到低值，接近于短路状态，雷电电流就由此处分流入地了。分流是现代防雷技术迅猛发展的重点，是保护各种电子设备或电气系统的关键措施。

⑥躲避　当雷电发生时，关闭设备，拔掉电源插头，拔下网线，防止感应雷和雷

电侵入波窜入室内电气设备。

3.2.5 电磁辐射防护

在现代社会，随着高科技电子产品的日益增多，电磁场分布也日益复杂，由此所造成的电磁波辐射成为继水源、大气、噪声之后的第四大环境污染源。

3.2.5.1 电磁辐射的产生

任何一种交流电路都会向其周围空间辐射电磁能量，形成有电力与磁力作用的空间，这种电力与磁力同时存在的空间称为电磁场。变化的电场与磁场交替地产生，并以一定的速度由近及远地在空间内传播，形成电磁波。电磁场能量以电磁波的形式向外发射的过程称为电磁辐射。

3.2.5.2 电磁辐射的种类

电磁污染源很广泛，它存在于我们生活的周围环境中，几乎包括所有的家用电器，如电视机、计算机、手机等，只是污染程度有强弱之分罢了。电磁辐射分为自然形成的电磁辐射和人为引起的电磁辐射两种类型(图 3-9)。

(1) 自然形成的电磁辐射

由于某种自然现象导致大气层中的电荷电离或电荷积累到一定程度后，产生的静电火花放电。火花放电所产生的电磁波频带很宽，可以从几百赫兹到几千赫兹。自然界中的雷电、火山爆发、太阳黑子的活动与黑子的放射，以及宇宙间的电子移动或银河系的恒星爆发等都可产生这类电磁辐射。

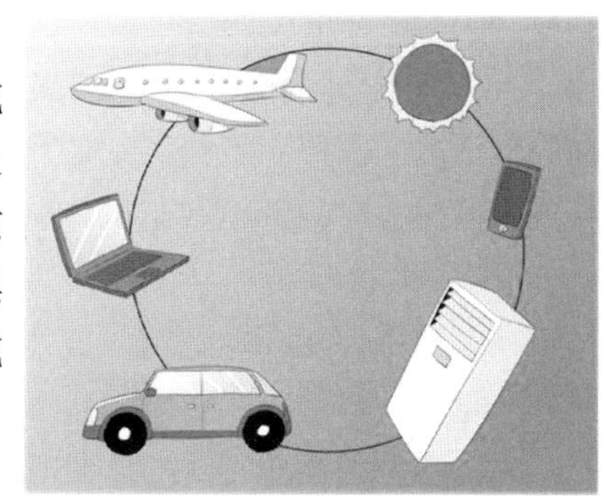

图 3-9 电磁辐射种类

(2) 人为引起的电磁辐射

人为引起的电磁辐射主要来源于无线电与射频设备(射频辐射场源，又称高频电磁场)以及功率输电系统(工频场源)，高频电磁场对人体的伤害最大。此外，核电磁脉冲辐射所产生的干扰和破坏作用也极为严重。

3.2.5.3 电磁场危害

电磁辐射会对周围的电子设备装置、精密仪表等产生严重干扰。这些干扰会使实验设备工作不正常，电视图像模糊或不稳定，从而影响到实验的结果，甚至引起金属器件发热，引起可燃性气体、油类等燃烧与爆炸事故，尤其会对人体造成危害。

由于人体内各器官组织的导电、导磁性能不同，电磁场对机体各器官、组织的伤害也不同。电磁场对人体的伤害程度受到许多因素的影响，具体如下：

(1) 电磁场强度

电磁场强度越高，人体吸收能量越多，伤害越重。由于电磁场强度取决于发射源的辐射功率和发射源的距离，因此，发射源的辐射功率越大，与发射源的距离越近，电磁场强度越高。同时，金属物体在电磁场作用下，会感应出交变电流，产生交变电磁场，造成二次发射，加强了辐射强度。

(2)电磁场频率和波形

电磁场的频率也会影响对人体伤害的程度。随着频率增加，人体内的电偶极子的激励程度加剧，对人体的伤害加重。在其他条件相同的情况下，脉冲波对人体造成的伤害比连续波严重。

(3)照射时间

电磁场对人体的伤害有积累效应。低强度电磁场照射所产生的不明显症状，一般在经过4~7d后就可以消失，但是，如果在恢复之前又受到照射，可转变为明显症状。低强度超高或特高电磁场照射产生的症状在脱离接触4~6周后才能恢复。但是，如果电磁场强度高，照射时间长，造成的伤害可能是永久性的。

人体被电磁场照射的时间越长，或照射的间歇时间越短，以及累计照射时间越长，人体受到的伤害越严重。

(4)环境条件

人体在电磁场作用下，吸收电磁场能量转化为热能。同时，人体要通过机体表面向周围散热。因此，工作场地的环境条件对于电磁场伤害有直接影响，当周围温度过高或湿度过大时，都不利于机体散热，使电磁场伤害加重。

(5)人体状况

在其他条件相同的情况下，电磁场对人体造成的伤害，女性比男性严重，儿童比成人严重。

人体被照射面积越大，人体吸收能量越多，伤害越严重。就人体部位而言，血管分布较少的部位，传热能力较差，所吸收能量容易积累并受到伤害。

3.2.5.4　电磁辐射的防护

造成设备性能降低或失效的电磁干扰必须同时具备3个要素：一是有一个电磁干扰源；二是有一台电磁干扰敏感设备；三是要存在一条电磁干扰的耦合通路，从而把能量从干扰源传递到干扰敏感设备。实验室电磁辐射的防护措施主要有以下几种。

(1)屏蔽

利用磁性材料或者低阻材料(如铝、铜)等制成容器，将需要隔离的设备、装置、电路、元器件全部包起来的防护措施称为屏蔽。屏蔽是抑制通过空间传播的电磁干扰的有力措施之一。屏蔽的形式可分为静电屏蔽、磁场屏蔽和电磁屏蔽。

①静电屏蔽　消除两个设备、装置及电路之间由于分布电容耦合所产生的静电场干扰称为静电屏蔽。静电屏蔽主要防止静电耦合干扰。屏蔽的机理是利用低阻金属材料制成容器，使其内部的电力线不传到外部，而外部的电力线不传到内部，利用屏蔽壳体接地来实现电场终止。

②磁场屏蔽　通常是指对直流或甚低频磁场的屏蔽，其屏蔽效果比对电场屏蔽和电磁场屏蔽要差很多，因此，磁场屏蔽主要防止低频磁场干扰。磁场屏蔽的机理主要是依赖于高导磁材料所具有的低磁阻特性，对磁通起着分路的作用，使得屏蔽体内部的磁场大大减弱，而尽量不扩散到外部空间。

③电磁屏蔽　用金属和磁性材料对电场和磁场，即电磁波进行隔离的措施称为电磁屏蔽。这种屏蔽通常用于防止10kHz以上高频场的干扰。

(2)接地

所谓接地，是在两点间建立传导通路，以便将电子设备或元件连接到某些通常叫做“地”的参考点上。理想接地面是指一个零电位阻抗的导体，平面上任意两点间的电位差为零，因此，它可以用作所有信号的参考点。接地的目的主要是防止电磁脉冲干扰，也是为了保证人身和设备的安全。

接地和屏蔽有机地结合起来，就能解决大部分电磁干扰问题。

(3)其他

在实验室及日常生活中，像手机、计算机等电子设备都存在着一定的电磁辐射，须注意使用的安全距离和时间。

本章小结

本章主要介绍了实验室用水的分类和基本安全知识，实验室用水安全隐患及其处理方法和漏水事故的处理办法；阐明了触电事故的危害、种类及防护措施；梳理了电气火灾、爆炸发生的原因及其预防和处理措施；强调了静电和雷电的危害，介绍了静电、雷电及电磁辐射的防范方法。

思考题与习题

1. 实验室用水安全隐患及处理办法有哪些？
2. 实验室触电事故发生的原因及防护措施有哪些？
3. 静电防范的具体措施是什么？
4. 实验室电磁辐射的防护措施主要有哪几种？

第4章　仪器设备安全

学习目标

1. 了解实验室仪器设备的安全管理。

2. 掌握实验室常用基础仪器的安全使用注意事项。

3. 了解实验室常用大型仪器设备安全使用的要点。

4. 掌握高压和真空装置、高温加热装置、低温装置、离心机、通风橱等仪器设备安全使用的注意事项。

学习重点

1. 实验室常用基础仪器，如加热仪器设备及玻璃器皿的正确使用。

2. 高压灭菌锅、气瓶、真空泵、高温加热装置、低温装置、离心机、通风橱的正确使用。

学习建议

1. 实验室各种仪器设备使用注意事项各有不同，需要逐个学习掌握其安全使用的方法。

2. 仪器设备的安全使用对于实验室安全极为重要。实验人员在使用实验室各种仪器设备之前需要认真阅读说明书，明确使用方法及注意事项，严格按照各项使用规定操作，做到心中有数方可使用。

在实验室中实验员做实验，最不可缺少的“好伙伴”，就是各种实验装置和仪器设备。它们有的普通又简单(如烧杯、锥形瓶等玻璃器皿)，有的昂贵又复杂(如电子显微镜)。在实验室使用这些仪器设备的时候，要遵守相应的行为规范和仪器设备的操作规范，才能完成实验并最终获得数据。任何不规范的操作或者疏忽，都有可能引发实验室意外事故，这些事故可能造成财产损失或人身伤害。下面几个事故案例就是由仪器设备操作不当引发的。

2009年4月8日半夜，某大学化学实验室的一个烘箱突然发生爆炸。第二天经实验室人员检查，发现爆炸原因是该烘箱由于使用年代较长，其控温设备在当晚失效，从而使烘箱的温度从设定的220℃上升到250℃。在这样的高温下，放置在烘箱内的水热釜内压力增大，以致发生爆炸。

2010年5月31日晚，某大学实验楼一楼实验室在做油浴加热过夜实验时，学生长时间离开实验室，因搅拌器使用时间过长，起火燃烧，幸好被正在该楼做实验的其他学生及时发现并迅速采取灭火措施扑救，未造成更为严重的事故。

2011年6月21日，山东某高校一实验教学楼内发生玻璃仪器爆炸事故，实验室内一名女生面部被炸伤，玻璃碎片进入眼睛。所幸女生被及时送往医院，眼睛内的碎玻璃也被及时取出。

2011年9月，某化工厂净化工段化验室班长让当班人员黄某对二楼一台气相色谱仪开机，黄某将色谱仪通入载气氢气后，打开主机开关，当打开加热控制器开关2min后，仪器发生爆炸，致使仪器前门飞出打在2m外的实验台上后严重变形。幸好黄某打开加热开关后，转到仪器侧面检查柱尾气，未造成人员伤亡。

在血的教训面前，我国多数高校都已经建立起相应的实验室安全管理体系，包括实施实验室安全责任人制度、对学生进行定期安全培训、常态化排查和抽查安全设施、安全管理人员培训等。

4.1 实验室仪器设备的安全管理

实验室常用的仪器设备有玻璃器具、高压装置、高温加热装置、高速装置、低温装置及大型仪器设备等。由于它们的错误使用而引发的事故种类有割伤、烫伤、爆炸、冻伤、绞伤、火灾等。部分仪器设备(如高温、高压等设备)具有一定的危险性，如操作失误或使用不当可能会引起较大的安全事故，所以在实验室使用这些仪器设备时必须做好预防措施，按照操作规程正确操作，并建立一系列规章制度，做好仪器设备的使用管理工作，以保证实验人员的安全和实验的顺利进行。实验室安全规章制度，是实验室安全管理的重要组成部分。其中，建立实验室仪器设备管理相关规定是实验室相关制度的重要内容，但也容易被实验人员所忽视。

实验室仪器设备管理规定，包括仪器预约、使用、记录等，另外还要制定仪器使用人员培训制度，从多个方面加强仪器运行过程的安全管理。

4.1.1 建立健全安全管理制度

实行责任到人安全制度建设是防范安全问题的关键，加强仪器平台安全建设，应该从多方面一起抓，健全安全法规，制定、完善、落实各种安全管理制度，并使规章制度规范化有效运作。大型仪器设备要有专门的管理员，负责仪器的使用和维护安全，仪器设备发生故障时应及时上报，督促落实安全管理制度，排除安全隐患。仪器的操作人员要经过严格的培训持证上岗，从而降低事故发生率。

4.1.2 加强仪器设备操作人员的安全培训

安全培训的内容应该包括：安全管理制度及有关法律法规的培训；仪器的基本使

用方法及可能出现的故障；事故的应急处理。培训形式也可以多样化，通过定期或者不定期开展安全讲座、组织安全知识竞赛、录制安全小视频等方式对实验人员进行反复培训，达到强化的目的。

4.1.3 规范仪器使用流程，减少仪器故障率

仪器使用前，操作人员需经过完整的上机培训，熟练掌握仪器的使用规则和注意事项。使用时，一定要注意开机顺序和注意事项，开机预热，待仪器稳定后再开始实验，在实验过程中，注意观察仪器状态是否良好。对于操作过程中出现的任何问题，需要做好登记并报告管理人员。使用完毕后，按要求清洗仪器部件按照正确的顺序关机，有些仪器要进行充分散热才能关机。为了防止实验人员遗忘仪器的使用细节，仪器旁边应设置张贴板，张贴板上详细列出该仪器的使用流程和注意事项，以供随时查看。

4.1.4 定期维护和保养仪器，延缓仪器老化

随着仪器使用次数的增加，仪器会产生磨损和老化，可能成为安全隐患，要解决这些问题，需要对仪器设备进行定期维修保养，加强管理。

以内蒙古农业大学生命科学学院为例，实验室管理制度中关于仪器使用与管理的相关规定如下：

①实验室负责人要保证实验仪器运行良好，做好使用记录，有故障及时上报处理。

②任何人需经实验室负责人同意，方可进入实验室，并按要求填写《实验室使用记录本》和《仪器使用记录本》。

③使用实验室后需将实验仪器、试剂耗材等放回原位，并打扫实验室卫生，保持实验室整洁。

在规章制度设立的同时，内蒙古农业大学生命科学学院本科实验教学中心，建立了仪器设备数字化管理平台，设有专用仪器设备管理系统，师生可登录该系统查看学院所有仪器，并进行仪器的预约与使用。

4.2 实验室仪器设备的安全使用

4.2.1 加热仪器设备

化学分析实验室常用的基础仪器，根据其是否可加热的性能，将其分为可加热仪器和不加热的其他仪器。

(1)可加热仪器

可加热仪器，又分为可直接加热(如蒸发皿、试管、坩埚、燃烧匙)和间接加热(如

锥形瓶、烧杯、平底烧瓶）。直接加热的仪器可直接在酒精灯上进行加热使用，间接加热的仪器在明火上需垫石棉网或在水浴等加热浴中进行加热使用。有一类无法加热的仪器需要特别注意，那就是所有量具，如量筒、量杯、移液管和容量瓶等，都不可加热，这些量具洗涤完后需倒置自然晾干，不可烘干。

加热仪器安全使用要点有：

①根据所要加热物料的性质选择加热容器，如蒸发皿可用于液体的蒸发或浓缩，试管可加热固体或者液体。

②加热物料占所用容器的体积要注意，如试管，液体不可超过容积的1/2，加热部分不可超过1/3。不可加的过满，这样可防止加热过程中液体会外溅或喷出。

③要选用合适的夹持仪器取用已被加热的仪器，如坩埚钳、试管夹，避免被烫伤。

④加热或冷却过程中，避免骤热、骤冷或局部加热。

(2)加热设备

加热设备包括明火电炉、电阻炉、恒温箱、干燥箱、水浴锅、电热枪、电吹风等。使用加热设备应该注意：

①使用加热设备，必须采取必要的防护措施，严格按照操作规程进行操作。使用时，人员不得离岗；使用完毕，应立即断开电源。

②加热、产热仪器设备须放置在阻燃的、稳固的实验台上或地面上，不得在其周围堆放易燃易爆物或杂物。

③禁止用电热设备烘烤溶剂、油品、塑料筐等易燃、可燃挥发物。若加热时会产生有毒有害气体，应放在通风柜中进行。

④应在断电的情况下，采取安全方式取放被加热的物品。

⑤使用管式电阻炉时，应确保导线与加热棒接触良好；含有水分的气体应先经过干燥后，方能通入炉内。

⑥使用恒温水浴锅时应避免干烧，注意不要将水溅到电器盒里。

4.2.2 玻璃器皿

实验基础器皿中，大部分为玻璃器皿，如试剂瓶、量筒、移液管、酸式滴定管、碱式滴定管、微量进样器、漏斗、冷凝管及各类连接用品等。玻璃器皿使用不当造成的事故大多为割伤和烫伤。将三角烧瓶作吸滤瓶使用的过程中，会发生破裂而受伤。将玻璃管插入橡皮塞、或者把橡皮管套入玻璃管，以及在试管上塞橡皮塞时，强行操作而受伤的例子很多。正确地使用各种玻璃器皿对于减少人员伤害是非常重要的。

实验室人员在使用各种玻璃器皿时，应注意以下事项：

①实验室中不允许使用破损的玻璃器皿。使用前应检查是否完好，有裂纹、破损等不完整的玻璃器皿需丢弃，更换新的使用。特别是用于减压、加压或热操作的装置更要认真进行检查。

②烧杯、烧瓶及试管之类仪器，因其壁薄，机械强度很低，用于加热时，必须小心操作。吸滤瓶及洗瓶之类厚壁容器，往往因急剧加热而破裂。

③组装或拆分玻璃实验装置时，不可过于用力，避免折断，使工作人员受伤。组装时可在玻璃管上沾些水或涂抹甘油等作为润滑剂，拆分时可垫有棉布。对黏结在一起的玻璃器皿，不要试图用力拉，以免伤手。

④杜瓦瓶外面应该包上一层胶带或其他保护层以防破碎时玻璃屑飞溅。玻璃蒸馏柱也应有类似的保护层。使用玻璃器皿进行非常压(高于大气压或低于大气压)操作时，应当在保护挡板后进行。

⑤在进行减压蒸馏时，应当采用适当的保护措施(如有机玻璃挡板)，防止玻璃器皿发生爆炸或破裂而造成人员伤害。

⑥加热内有可燃性气体的容器而引起爆炸事故。为此，操作前，必须将容器中的可燃性气体清除干净。打开封闭管或紧密塞着的容器时，因其有内压，往往发生喷液或爆炸事故。普通的玻璃器皿不适合做压力反应，即使是在较低的压力下也有较大危险，因而禁止用普通的玻璃器皿做压力反应。

⑦不要将加热的玻璃器皿放于过冷的台面上，以防止温度急剧变化而引起玻璃破碎。

⑧玻璃仪器使用完毕应及时清洗干净，不要在仪器内遗留脂肪、酸碱液、腐蚀性物质或有毒物质。

其他的实验中经常用到的器皿、计量仪器，如试剂瓶、量筒、移液管、酸式滴定管、碱式滴定管、微量进样器、漏斗、冷凝管及各类连接用品等，在化学实验中起着关键作用，正确使用它们能够有效避免实验意外事故的发生。

4.2.3 大型分析仪器

大型分析仪器，具有定性、定量及表征等用途，在科研和教学中有着十分重要的作用。同时，大型分析仪器具有复杂性和精密性的特点，这些仪器的使用都有严格的操作规程，操作者需要具备一定的专业知识。一旦操作过程中出现使用不当，就会造成重大损失，甚至引发爆炸等安全事故。大型仪器设备的安全使用是实验室安全保障的重要组成部分。实验人员要重视和加强大型仪器安全管理，保证仪器正常运行，维护实验室的正常秩序。

化学分析类大型分析仪器根据要测量的性质，大致可分为以下 4 类：第一类，光谱类分析仪器，如紫外分光光度计(图 4-1)、荧光分光光度计、原子吸收光谱仪(图 4-2)等；第二类，色谱类分析仪器，如气相色谱仪(图 4-3)、液相色谱仪(图 4-4)等；第三类，热学式分析仪器，如差热分析仪、热重分析仪等；第四类，离子和电子光学式分析仪器，如质谱仪、电子显微镜等。它们涉及的危险源有以下几种：第一，危险化学品，如气相色谱仪和液相色谱仪，会用到多种有机溶剂；第二，易燃易爆气体，如原子吸收光谱仪会用到乙炔气，气相色谱会用到氢气；第三，高电压，如透射电子显微镜；第四，放射性射线，如X射线衍射仪、扫描电镜等。

图4-1　紫外分光光度计

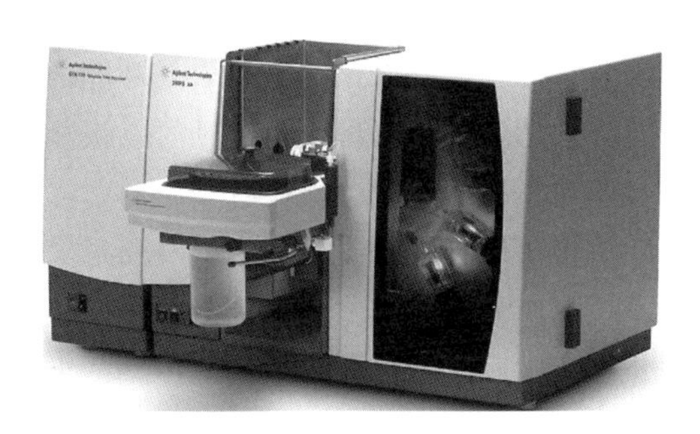

图4-2　原子吸收光谱仪

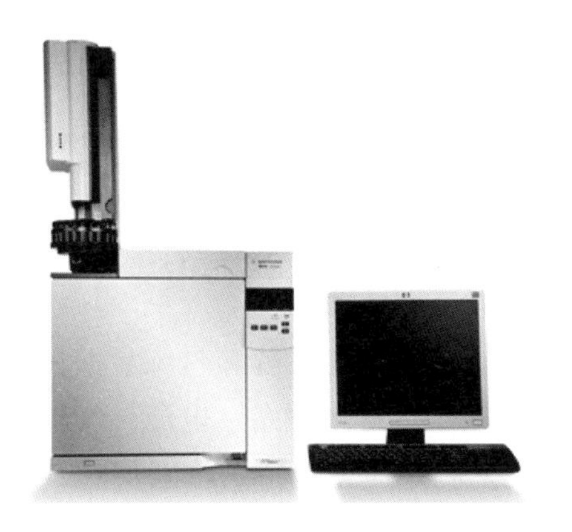

图4-3　气相色谱仪

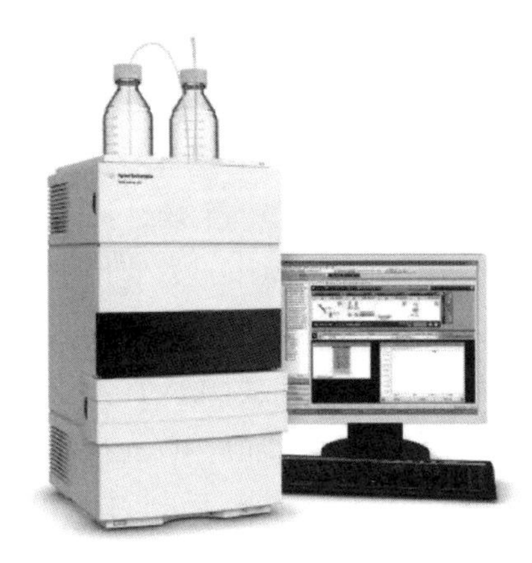

图4-4　液相色谱仪

案例：1998年8月，某化验室新进一台原子吸收分光光度计，该仪器在分析人员调试过程中发生爆炸事故。爆炸产生的冲击波将窗户内层玻璃全部震碎，仪器上盖掀起2m多高，后崩离3m多远。这场事故中3人受伤，其中2人受轻伤，1人眼部射入玻璃受伤。事故原因：第一，是因为仪器厂家对仪器的连接线没有采用安全的铜制管线，而是采用聚乙烯管线，使得仪器本身存在安全隐患；第二，分析人员在调试仪器前，未对仪器的各个连接处进行检漏，造成乙炔在接头处泄漏。

案例：某化验室正准备开启的一台102G型气相色谱仪柱箱忽然爆炸。柱箱的前门飞到2m多远，已变形，柱箱内的加热丝、热电偶、风机等都损坏。事故原因：2个月前一名维修人员把色谱柱自行卸下，而另一名化验员在不知情的情况下，开启氢气，通电后发生了这起事故。幸亏这名化验员站在仪器旁边，幸免了伤害事故。化验员在每次开机前都应该检查气路，仪器维修人员对仪器进行改动后，应通知相关使用人员，并挂牌，而两人都没按规程操作，所以引发了事故。

为了防止此类安全事故的发生，实验人员在操作这些大型仪器之前必须学习实验室相关管理规定、仪器使用手册及安全技术指导等内容。大型仪器设备的管理过程中应该建立独立操作资格人员考核和管理制度，对实验人员进行严格的培训和考核。只有熟练掌握仪器操作的实验人员才能通过考核，拿到操作许可证后才可独立操作仪器。仪器使用过程中出现问题要及时上报相关人员处理。

4.2.3.1 原子吸收光谱仪

使用原子吸收光谱仪时首先要注意安全用气。乙炔会爆炸，气路一定得检漏，与助燃气应分开存放，做到人走气关，不用时气关；打开气瓶时脸部不要正对表头，防止因表头质量问题导致人体的伤害；重新拆卸燃烧室后一定检查各个密封圈是否良好，尤其是雾化器处的密封圈。检查乙炔气路是否有泄露。火焰原子吸收使用乙炔时，需使用乙炔专用的减压阀。由于乙炔与铜及其合金会产生金属的乙炔化物，在震动等情况下引起“分解爆炸”，因此乙炔气体管不得用铜管。另外，乙炔气钢瓶出口应装回火器，避免由于乙炔流量不够而引起回火。瓶内有丙酮等溶剂。经常检查乙炔的压力，如果初级压力低于 0.5MPa，就应该换新瓶，防止丙酮挥发进入管道而损坏仪器。另外，必须保证空气洁净、干燥。如果使用含湿气的空气，水汽有可能附着在气体控制器的内部，影响正常操作。如使用空气压缩机，最好在空气压缩机或空气钢瓶出口的管路中装一个除湿的汽水分离器。

在操作仪器之前，必须认真阅读仪器使用说明书，详细了解和熟练掌握仪器各部件的功能。在开启仪器前，首先应检查仪器电源系统、排风设备、电源、气体是否正常，必要时，应对气体连接进行检漏。使用火焰法测定时，要特别注意可燃气体的检漏，防止回火。要注意点火和熄火的操作顺序。点火时，要先开助燃气，然后再开燃气。熄火时必须先关闭燃气，待火熄灭后再关助燃气。要经常检查乙炔气和压缩空气的各个连接管道，保证不泄漏。检查时可在可疑处涂一些肥皂水，看是否有气泡产生，千万不能用明火检查漏气。长时间未用的仪器，点火之前要检查雾室的废液是否有水封。使用石墨炉原子吸收光谱仪时，要特别注意先接通冷却水，确认冷却水正常后再开始工作。

进行火焰法测定时，万一发生回火，应立即关闭燃气，以免引起爆炸，确保人身和财产的安全。然后再将仪器开关、调节装置恢复到启动前的状态，待查明回火原因并采取相应措施后再继续使用。在做石墨炉分析时，如遇到突然停水，应迅速切断主电源，以免烧坏石墨炉。仪器工作中如果遇到突然停电，此时如果正在做火焰分析，则应迅速关闭燃气；若正在做石墨炉分析，则应迅速切断主机电源；然后将仪器各部分的控制机构恢复到停机状态，待通电后，再按仪器的操作程序重新开启。

使用石墨炉时，当塞曼启动时，0.6m 的范围内有强磁场。因此，带有心脏起搏器的人要远离仪器，会被磁化的物件要远离仪器。

4.2.3.2 气相色谱仪

(1)气相色谱仪安置的环境要求

放置气相色谱仪的仪器分析室要求配空调、自动加湿器、可燃气体报警器、应急灯。保持良好的通风，保证排掉气相色谱释放的分流、吹扫出口以及检测器释放的废气。稳压器和电力系统总线应能承载色谱仪或多台色谱仪产生的高功率用电负载。配电盘安放合理，接地良好，负荷要有余量，每台仪器都应有专用的配电盘、漏电保护器。气路的铺设要易于检查、调换、修理，标明种类、流向。一般情况采用紫铜或不锈钢管路，两端采用螺旋状伸缩节连接仪器或钢瓶。

(2)气相色谱仪载气要求

气体在进入仪器前要严格净化，保证仪器工作所需要的纯度，一般来说纯度大于99.999%。因为气体中的杂质主要是一些气体、低分子有机化合物和水蒸气，分析时，主要会对分析对象、色谱柱、检测器和色谱图造成影响，影响灵敏度和稳定性，以及结果分析。

此外，为保证气体的使用安全，还需要考虑废气(放空气体)的排放安全。避免有毒有害物质污染室内空气，危害操作人员健康，同时也考虑氢气做载气时的安全问题。

(3)气相色谱仪载气钢瓶的使用安全

钢瓶应直立放置于室外阴凉处，避免强烈震动，氢气瓶室内存放量不多于两瓶。氧气瓶需采用专用氧气表，安装后，严禁敲打，注意检查气密性。氢气瓶专用压力表为反向螺纹，安装时应避免损坏螺纹。使用氢气钢瓶时，应放在室外或独立气体间以确保安全；如果实验室换气频繁或者存放不方便，推荐使用气体发生器。使用气相色谱分析仪时，需要钢瓶供气压力应为9.8~14.7MPa。钢瓶应配有减压阀，使用时应注意减压阀与气体钢瓶的开启顺序。

(4)气相色谱仪检测器的使用安全

对于热导检测器，实验前，先通载气，再开热导电源，实验结束，先关闭热导电源，再关闭载气。载气纯度要高，不应有杂质。使用氢火焰检测器，要确保通氢气后，待管道中残余气体排出后，及时点火，并保证火焰是点着的。离子室的外罩须罩住，以保证良好的屏蔽和防止空气侵入。如果离子室积水，可将端盖取下，待离子室温度较高时再盖上。工作状态下，取下检测器罩盖，不能触及极化极，以防触电。使用电子捕获检测器应该注意：由于电子捕获检测器是放射性检测器，且检测的物质大多有害，所以一定把废气排到室外，并且不要自己拆电子捕获检测器。

总体来说，在使用气相色谱仪过程中可能存在的安全隐患有：氢气泄漏造成的爆炸、燃烧；电子捕获放射源易造成人体伤害、环境污染事故；危险性样品易造成安全事故、人体伤害、环境污染事故；高电压、大电流易造成触电事故；高温易造成烫伤事故。

仪器操作人员在使用气相色谱仪的过程中，对于每一个操作步骤必须认真对待，要努力学习，并勤于总结经验、规范操作，加强仪器的检查与维护，使仪器始终处于良好的安全状态，避免不必要的事故发生。

4.2.4 高压和真空装置

案例：2004 年 2 月 28 日，清华大学逸夫技术科学楼发生水热反应釜爆炸事故。事故原因为违规使用高温加热炉加热，且反应釜制作简陋，安全性差。2017 年 3 月 27 日，复旦大学化学西楼一实验室发生爆炸，经调查，一名三年级本科生在处理一个 100mL 的反应釜过程中，反应釜发生爆炸，导致学生左手大面积创伤，右臂贯穿性骨折。

高压装置一旦发生破裂，碎片即以高速度飞出，同时急剧地冲出气体而形成冲击波，使人身、实验装置及设备等受到重大损伤。同时往往还会引燃所用的煤气或放置在其周围的药品，引起火灾或爆炸等严重的二次灾害。这些由高压设备引起的事故案例触目惊心。实验室中的高压装置，是实验人员获得数据的好帮手，但是如何不让它们成为伤害实验人员的“凶手”，需要大家共同努力，遵循以下注意事项：

①充分明确实验的目的，熟悉实验操作的条件。要选用适合于实验目的及操作条件要求的装置、器械种类及设备材料。

②购买或加工制作上述器械、设备时，要选择质量合格的产品，并要标明使用的压力、温度及使用化学药品的性状等各种条件。

③一定要安装安全器械，设置安全设施。估计实验特别危险时，要采用遥测、遥控仪器进行操作。同时，要经常地定期检查安全器械。

④要预先采取措施，即使由于停电等原因而使器械失去功能，也不致发生事故。高压装置使用的压力，要在其试验压力的 2/3 以内的压力下使用(但试压时，则在其使用压力的 1.5 倍的压力下进行耐压试验)。

⑤要确认高压装置在超过其常用压力下使用也不漏气，倘若漏气了，也要防止其滞留不散，要注意室内经常换气。

⑥实验室内的电气设备，要根据使用气体的不同性质，选用防爆型之类的合适设备。

⑦在实验室的门外及其周围，要挂出标志，以便局外人也清楚地知道实验内容及使用的气体等情况。

由于高压实验危险性大，所以必须在熟悉各种装置、器械的构造及使用方法的基础上，谨慎地进行操作。

4.2.4.1 高压灭菌锅

很多实验室都需要实验人员清洗实验用品并进行灭菌处理后重复使用。高压灭菌锅使用高压蒸汽灭菌，利用加热产生蒸汽，随着蒸汽压力不断增加，温度随之升高，高压蒸汽灭菌具有穿透力强、传导快、能使微生物的蛋白质较快变性或凝固、作用可靠、操作简便等特点。如图 4-5 和图 4-6 所示为两种高压灭菌锅。

图 4-5　立式高压灭菌锅

图 4-6　手提式高压灭菌锅

使用高压灭菌锅应该注意以下操作事项：

①高压灭菌锅不能用于消毒任何易燃易爆或有氧化性等破坏性材料。消毒这些物品会导致爆炸或腐蚀灭菌锅内胆及管道，破坏垫圈。

②放置灭菌物品时，严禁堵塞安全阀和放气阀的出气孔，要保证空气畅通。

使用前必须向锅内加纯水或蒸馏水，加水量达到水位标记刻度。切忌空烧或加水不足导致中途烧干而引起爆炸事故。

③使用时，操作人员不得离开。发现异常现象，立即停止使用，并上报检查维修。

灭菌结束时，不能立刻释放蒸汽，必须待压力表指针回零，温度冷却后，方可开启。取出物品时，应使用隔热手套。

④灭菌锅应保持清洁干燥，定期换水。

4.2.4.2　气瓶

气瓶是实验室常用的气体压力容器(图 4-7)。气瓶内的气体经常处于高压状态，当气瓶倾倒、遇热、遇不规范的操作时都可能会引发爆炸等危险。易燃气体在空气中泄漏达到一定浓度时遇明火易发生爆炸。有毒气体泄漏会造成中毒和环境污染。

图 4-7　气体钢瓶

气瓶通常会由于受热、震动、撞击或人为不当操作等因素的影响而造成内部气体体积膨胀，压力增大，导致发生漏气。易燃易爆气体扩散到空气中组成爆炸性混合气体，遇明火即发生爆炸，若剧毒气体发生泄漏混入空气中，吸入少量即可引起中毒甚至死亡。由于高压气体具有燃点低、易爆炸、有剧毒等危险性，防止气瓶漏气是实验室气瓶安全管理的重中之重。压力气瓶遇高温或强烈碰撞会引起爆炸。

案例：2015 年 12 月 18 日上午，清华大学化学系实验楼发生火灾爆炸事故，造成一名实验人员死亡。海淀公安分局向化学系实验室事故的遇难者家属通报了事故现场勘察结果及初步结论：排除刑事案件可能，其实验所用氢气瓶意外爆炸、起火，导致腿伤身亡。

气瓶按充装气体的物理性质可分为压缩气体气瓶和液化气体气瓶；按充装气体的化学性质可分为惰性气体气瓶、助燃气体气瓶、易燃气体气瓶和有毒气体气瓶。

气瓶的存储场所应通风、干燥，防止雨(雪)淋、水浸；严禁明火和其他热源，避免阳光直射；不得有暗道、地沟和底部通风孔，并且严禁任何管线穿过，特别是带电的管线；不能在地下室或者办公室存储气瓶；严禁在走廊和公共场所存放气瓶；同时钢瓶不得放于走廊与门厅，以防紧急疏散时受阻及其他意外事件的发生。有高压气瓶的实验室内应保持良好的通风；若发现气体泄漏，应立即采取关闭气源、开窗通风、疏散人员等应急措施。切忌在易燃易爆气体泄漏时开关电源。气瓶应直立存储，严禁卧放，并应采取措施防止其倾倒。固定气瓶的支架应采用阻燃的材料，同时应保护钢瓶的底部免受腐蚀；禁止利用钢瓶的瓶阀或头部固定钢瓶。

气瓶存储时应将瓶阀关闭，卸下减压器，盖紧气瓶帽，并经常检查是否漏气。储存气瓶的实验室均设置禁火标识并严禁吸烟。实验室不能过量存放气体钢瓶，对于使用有毒易燃易爆气体的实验室一律安装气体监控报警装置。不同类型的气瓶分开贮存，并张贴标签；空瓶和满瓶分开 1.5m 以上；氧气或其他氧化性气体的钢瓶应与可燃气体钢瓶及其他易燃材料分开存放，间隔至少 6m，氧气瓶周围不得有可燃物品、油渍及其他杂物；互相接触后可引起燃烧、爆炸气体的气瓶不能同存一处，如氢气瓶和氧气瓶、乙炔瓶和氧气瓶、氢气瓶和氯气瓶等。

气瓶在搬运过程中应旋紧安全帽以保护开关阀，装上防震垫圈以防止意外转动和减少碰撞。大多数情况下，应使用手推车移动气瓶，手推车上应有形状与气瓶一致的楔块，以免发生剧烈晃动。小距离(<3m)搬运气瓶时，可以手扶瓶肩转动瓶底，此时需要戴上手套，以增大摩擦力和防止意外受伤；但不能在地板上拖拉气瓶，以免发生气瓶特别是气瓶底部的损坏，更不能手握开关阀来搬运气瓶。总的来说，搬运气瓶时要轻装轻卸，严禁抛、滑、滚、碰、撞、敲击气瓶，高压气瓶如果不慎翻倒，千万不要试图抓住，避免造成更大的伤害。

气瓶在使用前，操作者应对气瓶进行安全状况检查，检查盛装气体是否符合作业要求；瓶体是否完好；减压器、流量表、软管、防回火装置是否有泄漏、磨损及接头松懈等现象。定期对使用的气瓶进行技术检验，盛装腐蚀性气体的气瓶每两年检验一次；盛装一般气体的气瓶每 3 年检验一次；盛装惰性气体的气瓶每 5 年检验一次，以保证气瓶的安全使用。气瓶外壁上的防护漆既是防护层可以保护瓶体免遭腐蚀，同时也是识别标记，表明瓶内所装气体的种类，因此，当漆色脱落或模糊不清时应按规定重新漆色。使用中的气瓶不可靠近热源以防止其受热升温，发生爆炸危险。打开气瓶阀门时，人要站在气瓶出气口侧面。动作要慢，以减少气流摩擦，防止产生静电。开启或关闭瓶阀时，应用手或专用扳手，不准使用其他工具，以防损坏阀件。装有手轮的阀门不能使用扳手。如果阀门损坏，应将气瓶隔离并及时维修。操作时严禁敲打撞击钢瓶，经常检查气瓶有无漏气，注意压力表读数，防止气体外泄和设备过压。若发现气体泄漏，应立即采取关闭气源、开窗通风、疏散人员等应急措施，切忌在易燃易爆气体泄漏时开或关电源。实验结束之后，应关紧阀门，防止漏气，使气压保持正压。

气瓶安全使用要点：

①气瓶必须直立用铁链或钢瓶柜等固定，防止倾倒(图4-8)；应当避免暴晒、远离热源、腐蚀性材料和潜在的冲击。移动气瓶需要有专人用气瓶车搬运，切勿拖拉、滚动或滑动气体钢瓶，不得混放，要分类存储。严禁敲击、碰撞气体钢瓶；严禁使用温度超过40℃的热源对气瓶加热。

图4-8 放置于钢瓶柜的气体钢瓶

②气体钢瓶必须在减压阀和出气阀完好无损的情况下，在通风良好的场所使用，涉及有毒气体时应增加局部通风。

③在使用装有有毒或腐蚀性气体的钢瓶时，应戴防护眼镜、面罩、手套和工作围裙。严禁敲击和碰撞压力气瓶。严禁靠近火源、电气设备和易燃易爆物品。

④高压气瓶的减压器要专用，氧气和可燃气体的减压器不能互用，瓶阀或减压阀泄漏时不得继续使用。安装时螺扣要上紧，防止泄漏；在使用时，应先转动开关阀，后打开减压器；用完后，先关掉开关阀，放尽剩余气体后再关闭减压器；切忌只关减压器而不关开关阀。

⑤气瓶内气体不得用尽，必须留存一定的正压力，防止倒灌，造成气体不纯，发生危险。保护气体气瓶的剩余压力应不小于0.05MPa；可燃性气体应剩余0.2～0.3MPa；液化气体气瓶应留有不少于0.5%规定充装量的剩余气体。

⑥应该保证气体钢瓶质量可靠，标识准确、完好，不得擅自更改气体钢瓶的钢印和颜色标记。气瓶使用完毕，必须关闭气体钢瓶上的主气阀和释放调节器内的多余气压。气瓶上应有状态标签(即“空瓶”“使用中”“满瓶”标签)。

⑦使用前后应检查气体管道、接头、开关及器具是否有泄漏，确认盛装气体类型，并做好应对可能造成的突发事件的应急准备。

4.2.4.3 真空泵

真空泵是用于过滤、蒸馏和真空干燥的设备。常用的真空泵有 3 种：空气泵、油泵、循环水泵(图 4-9、图 4-10)。水泵和油泵可抽真空到 20~100mmHg，高真空油泵可抽真空到 0.001~5mmHg。

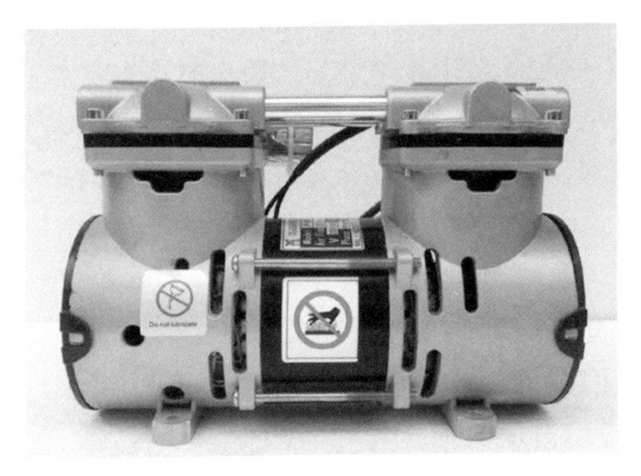

图 4-9 抽滤式真空泵

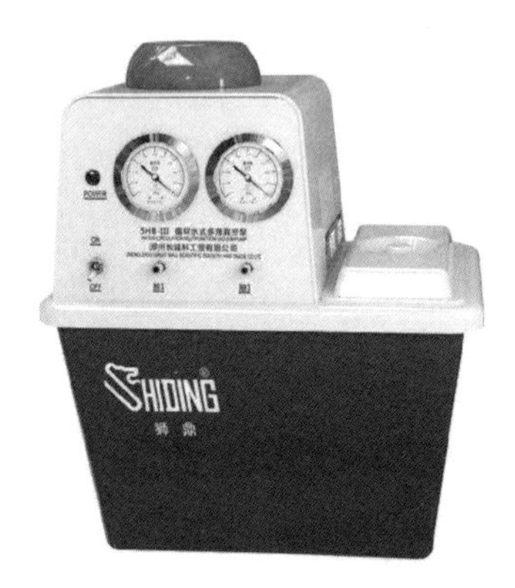

图 4-10 循环水真空泵

使用时应注意下列事项：

①油泵前必须接冷阱。

②循环水泵中的水必须经常更换，以免残留的溶剂被马达火花引爆。

③使用完之前，先将蒸馏液降温，再缓慢放气，达到平衡后再关闭。

④油泵必须经常换油。

⑤油泵的排气口上要接橡皮管并通到通风橱内。

4.2.5 高温加热设备

实验室中除了高压装置很危险以外，还有高温加热装置也需要我们格外关注。常见的高温加热设备有：干燥箱(图 4-11)、恒温箱、马弗炉(图 4-12)、电炉、电热板和各种加热浴(包括水浴、油浴、砂浴和电热套)电热枪、电吹风等。如果使用不当，不仅可能发生烧伤，还极易发生火灾、爆炸、触电等事故。因此，操作时必须十分谨慎。实验室不允许使用明火电炉。使用管式电阻炉时，应确保导线与加热棒接触良好；含有水分的气体应先经过干燥后，方能通入炉内。使用恒温水浴锅时应避免干烧，注意不要将水溅到电器盒里。使用电热枪时，不可对着人体的任何部位。使用电吹风和电热枪后，需进行自然冷却，不得阻塞或覆盖其出风口和入风口。

高温装置使用应注意的事项：

①注意防护高温对人体的辐射。熟悉高温装置的使用方法，并细心地进行操作。使用时，人员不得离岗；使用完毕，应立即断开电源。

②使用高温装置的实验，要求在防火建筑内或配备有防火设施的室内进行，并保持

图 4-11　干燥烘箱

图 4-12　马弗炉

室内通风良好。按照实验性质，配备最合适的灭火设备，如粉末、泡沫或二氧化碳灭火器等。

③配电插座(板、箱)的额定功率应和所使用的电热设备匹配，严重老化的电源线应及时更换。

④不可将高温装置，置于耐热性差的实验台上进行实验。加热、产热仪器设备须放置在阻燃的、稳固的实验台上或地面上，不得在其周围堆放易燃易爆物或杂物。不得已在耐热性差的实验台上使用加热设备时，装置与易燃易爆物和杂物之间留有 1cm 以上的安全距离，以防台面着火。

⑤按照操作温度的不同，选用合适的容器材料和耐火材料。但是，选定时亦要考虑到所要求的操作气氛及接触的物质性质。

⑥高温实验禁止接触水。如果在高温物体中混入水，水急剧汽化，发生所谓水蒸气爆炸。高温物质落入水中时，也同样产生大量爆炸性的水蒸气而四处飞溅；控制加热设备至合适的温度和适当的加热时间。不要在电热设备的上限温度上长时间使用。

每一种高温加热设备都各有特点，根据它们各自的特点关注相关注意事项。

人体的防护：

①使用高温装置时，要选用能简便脱除的服装，预防衣服被烧着，做好必要的个人防护。

②要使用干燥的手套。如果手套潮湿，导热性即增大。同时，手套中的水分汽化变成水蒸气而有烫伤手的危险。故最好用难于吸水的材料做手套。

③需要长时间注视赤热物质或高温火焰时，要戴防护眼镜。所用眼镜，使用视野清晰的绿色眼镜比用深色的好。

④对发出很强紫外线的等离子流焰及乙炔焰的热源，除使用防护面具保护眼睛外，还要注意保护皮肤。

⑤处理熔融金属或熔融盐等高温流体时，还要穿上皮靴之类防护鞋。

4.2.6 低温设备

在实验室中，不只需要高温来辅助实验，低温环境同样有它的用武之地。实验室常见的低温设备主要有冰箱、冰柜、真空冷冻干燥机、低温液氦循环制冷系统等。低温液体和它们的蒸汽，不仅能够迅速冷冻人体组织，而且能导致许多常用材料(如碳素钢、橡胶和塑料)变脆甚至在压力下破裂。另外，所有低温液体在蒸发时都会产生大量气体。如果这些液体在密封容器内蒸发，它们会产生能够使容器破裂的巨大威力。最后，除氧以外，在封闭区域内的低温液体会通过取代空气导致窒息；在封闭区域内的液氧蒸发会导致氧富集，能支持和大大加速其他材料的燃烧，如果存在火源，会导致起火。

液氮作为冷冻剂不仅在高校科研院所的实验室被使用，同时也广泛应用在医药、食品等行业的工业生产。实验室中还会使用其他一些冷冻剂，如将冰与食盐或氯化钙等混合构成的冷冻剂，大约可冷却到-20℃的低温，危险性较低；但也会用到危险性更高的干冰冷冻剂(-70~80℃)以及液氮一类的低温液化气体(-200~-180℃)。在实验室中使用液氮罐，一定要按照相关操作规范和注意事项进行使用，否则极易发生危险。

使用低温设备应该注意的事项有：

①放置在通风良好处，周围不得有热源、易燃易爆品、气瓶等，且保持一定的散热空间。

②所有存放于冰箱及冰柜中的化学品均应有规范的标签。严禁存放实验用品之外的物品，如食物饮品等。

③放于冰箱和冰柜的容器必须密封，定期清洗冰箱及清除不需要的样品和试剂。

④根据所贮藏化学品的性能，调节冰箱或冷冻机至合适的工作温度，若因停电等原因而较长时间停止工作，必须及时将储存的化学品转移并妥善存放。

⑤在使用干冰、液氮、液氨等低温物质时需注意的安全事项主要有：

a. 在搬运、转移固态低温物质时，应戴好专用的低温手套或用钳子、铲子、铁勺等工具进行操作，以免冻伤。

b. 在转移、倾倒液态低温物质时，要小心操作，尽量避免低温液体溅出。同时应穿好厚工作服，减少暴露在外面的皮肤面积。戴上透明防护面具，防止低温液体溅射到脸上。戴好专用的低温手套。

c. 大量使用易挥发的低温物质时应注意通风，否则产生的大量气体会使房间中的氧气比例降低，严重时会产生窒息危险。

在进行低温操作时，除了按照规范操作以外，还要做好个人防护。穿防护服(如实验服)，戴宽松而容易脱出的防护手套(如干石棉或干的皮革手套)，穿长袖长裤和不漏脚趾的鞋，佩戴防护眼镜，总之要尽可能地做好个人防护，避免和低温液体或气体接触。

实验室中的温度和压力并不复杂，只要实验人员规范操作，认真对待它们，就不会有危险发生。

4.2.7 离心机

离心机是通过旋转转动，使物质产生较大的离心力，依靠这个离心力完成对物质的分离、浓缩和提纯。它广泛应用于生物医学、石油化工、农业、食品卫生等领域。在固液分离时，特别是对含很小的固体颗粒悬浮液进行分离时，离心分离是一种非常有效的途径。随着科学技术的发展，分子生物学、遗传工程研究和临床医学的发展，对离心机提出了更高要求。离心机种类很多，按照对温度的要求可分为：普通离心机和冷冻离心机；按照离心机体积的大小可分为：落地式离心机，台式离心机和掌上离心机等。按照转速的大小可分为：低速离心机，高速离心机(图4-13)和超高速离心机(图4-14)。低速离心机主要特征是机体尺寸小，重量较轻，转速在4 000r/min以下；高速离心机具有制冷系统，电路控制系统自动化程度高，并有报警显示功能，速度可调范围较宽，转数在4 000~20 000r/min；超速离心机与高速离心机在构造上要复杂些，增加了真空系统，自动控制和显示系统更加先进精确，转速在4 000~120 000r/min。

根据样品要求选用合适的离心机进行样品处理。离心机是样品前处理过程不可或缺的实验设备，正确的使用及维护，才能保证实验顺利进行。离心机的不当使用会引起爆炸等安全事故。

图4-13 小型高速离心机

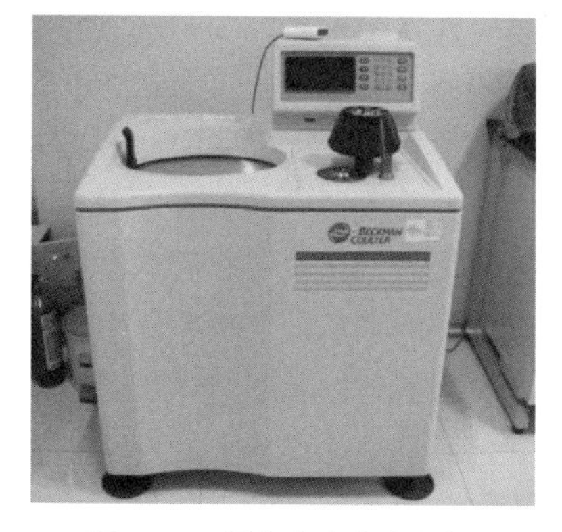

图4-14 超高速冷冻离心机

案例：2008年11月7日凌晨，浙江某药厂正在进行甲苯淋洗的离心机突然发生爆炸起火，造成操作工当场死亡，车间大部分设备、管线被烧毁。事故原因为离心机操作工未按操作规程操作，在离心机没有充氮保护的情况下打开下料阀门开启离心机，此时含哌嗪的甲苯溶液已进入高速旋转的离心机，产生静电火花引爆了甲苯混合气体，致使离心机发生爆炸。

某实验室实验员对样品进行高速离心前处理，忘记盖离心机内盖就离开了。当设定转速达到10 000r/min时，离心机发出隆隆的响声，整个实验室都能感到震动。离心管在高速下，飞出了离心机内转子，幸好被外盖阻挡，没有飞出离心机，但外盖内壁严重磨损，离心机也烧坏了。

这样的安全事故时刻警醒我们，不能忽视仪器使用时的任何细节。

使用离心机时应注意以下几点：

①各类型离心机应由专人负责管理和维护。高、超速离心机要求定期检查维修，使用者应详细记录实验状态及维修情况。高、低速离心机由于操作简单，通过阅读说明书，熟悉离心机操作规程后可以自己使用。超速离心机结构复杂，工作程序也较繁琐，使用不当易发生事故，需经管理人员培训后方可使用。

②实验室常用的电动离心机转动速度快，要防止运转时因不平衡或试管垫老化产生移动，可能从实验台上掉下来造成事故。因此，离心机套管底部要垫棉花或试管垫，如有噪声或机身振动时，应立即切断电源，及时排除故障。

③离心管必须对称放入套管中，这样才能转起来，保证不偏。若只有一支样品则需在对称位置安放另外一支等质量装水试管。

④应当根据样品性质选择合适的离心管。塑料离心管中不能放入热溶液或有机溶剂，以免在离心时管子变形。

⑤离心机启动前应盖好离心机的盖子，先在较低的速度下进行启动，然后再调节至所需的离心速度，运转正常后方可离开。

⑥当离心操作结束时，必须等到离心机停止运转后再打开盖子，严禁在离心机未完全停转的状态下和开机运转的状态下打开机盖或用手触摸离心机的转动部分。

装载溶液要适量，以确保离心过程中液体不会溢出。离心的溶液一般控制在离心管体积的 1/2 左右，切不能放入过多的液体，以免离心时液体散溢。

⑦对生物样品，每次离心后均需进行消毒和清洗。切勿将转头浸泡在去污剂中。

通风橱的作用是保护实验室人员远离有毒有害气体，但也不能排出所有毒气。使用时应注意下列事项：

①化学药品和实验仪器不能在通风橱出口处摆放。

②使用前，检查通风橱内的抽风系统和其他功能是否运作正常。实验过程中不能停止通风。通风橱在使用时，每 2h 进行 10min 的补风(即开窗通风)；如使用时间超过 5h，要敞开窗户，避免室内出现负压。

③应在距离通风柜内至少 15cm 的地方进行操作；操作时应尽量减少在通风柜内以及调节门前进行大幅度动作，减少实验室内人员移动。

④切勿储存会伸出柜外或妨碍玻璃视窗开合或者会阻挡导流板下方开口处的物品或设备。

⑤放置在通风柜内的物品切勿用物件阻挡通风柜口和柜内后方的排气槽；确需在柜内存放必要物品时，应将其垫高置于左右侧边上，同通风柜台面隔空，以使气流能从其下方通过，远离污染产生源。

⑥实验过程中，实验人员头部以及上半身绝不可伸进通风柜内，应将玻璃视窗调节至手肘处，使胸部以上受玻璃视窗屏护。切勿把纸张或较轻的物件堵塞于排气出口处。

⑦每次使用完毕，必须彻底清理工作台和仪器。对于被污染的通风柜应挂上明显的警示牌，并告知其他人员，以免造成不必要的伤害。

⑧若发现故障，切勿进行实验，应立即关闭柜门并联系维修人员检修。定期检测通风柜的抽风能力，保证其通风效果。

⑨定期对通风橱进行维护保养：检查控制面板上开关所对应功能是否正常；通风橱内水槽、排气槽是否堵塞；玻璃活动挡板是否能正常滑动；对整个通风橱设备进行清洁；冲洗水槽管道，避免有残留溶剂腐蚀管道。

本章小结

仪器设备的安全使用是保障实验室安全的重要因素。本章主要介绍了实验室仪器设备的安全管理，常用的仪器设备、高压装置、高温加热装置、高速装置、低温装置等安全使用的注意事项。在了解实验室仪器设备如何使用的基础上，还应该严格遵守实验室仪器设备管理的规章制度，从而保障实验室安全。

思考题与习题

1. 操作高压灭菌锅应该注意哪些事项？
2. 使用离心机应该注意哪些事项？
3. 装有低温液体的容器，最大限量能够装载容器体积的是(　　)。

A. 90%　　B. 60%　　C. 70%　　D. 80%

4. 下列物质中哪些应该在通风橱内操作( )。

A. 氢气　　B. 氧气　　C. 氮气　　D. 氯化氢

5. 下列选项中不属于液氮罐安全使用规则的是(　　)。

A. 存放在通风良好的阴凉处
B. 不要在阳光下直晒
C. 为了搬运方便，可以倾斜搬运
D. 使用时要做到轻拿轻放并始终保持直立

6. 关于高压气体钢瓶使用的下列说法中，错误的是(　　)。

A. 高压气瓶应于容器上明显标出图示，成分，危害，注意事项的标识
B. 高压气瓶应置于通风良好的场所避免阳光直晒
C. 高压气瓶防止是需要有安全固定措施，或者置于气瓶柜中
D. 高压气体钢瓶的减压阀可以通用

7. 试管在加热过程中，液体不可超过容积的(　　)。

A. 1/2　　B. 1/3　　C. 1/4　　D. 3/5

第5章　化学实验室安全

学习目标

1. 认识学习化学实验室安全的重要性。
2. 了解并掌握化学实验室安全知识及废弃物处理方法。

学习重点

1. 掌握化学实验室的安全设计。
2. 掌握化学实验室电气设备的配置和安全。
3. 掌握化学实验室安全知识及废弃物处理方法。

学习建议

1. 做好化学实验室安全及废弃物处理知识的预习。
2. 查阅资料了解化学实验安全设备以及个人防护设备。

化学实验室具有普通的化学实验设备及大型精密仪器，是人才培养、科学研究和社会服务的重要平台。因此，必须要有完善的安全制度和完备的安全设施，才能保证实验室的正常有序运行。

5.1　化学实验室的安全设计

化学实验室安全设计方面不仅要具备防水、防火、防爆、防腐蚀的功能，还需要具备良好的通风条件、消毒条件以及各种净化设施。化学实验室的整体工作环境不同于普通的实验室和办公环境，它有着更高技术层面的要求，不同研究领域实验室的需求差别也较大。高校化学实验室在规划、新建、改建或扩建时，一般应重点考虑以下几个方面。

5.1.1　结构与设计

化学实验室应为一、二级耐火建筑，禁止将木质结构或砖木结构的建筑作为化学实验室。对于有潜在爆炸危险的实验室(如危险试剂、氢气瓶等)，应选用钢筋混凝土框架结构，并按照防爆设计要求来建设。进行化学实验室设计前要充分了解实验室的功能、专业方向、研究领域、规模，考虑实验用房的平面尺寸、所处的楼层、层高、通风设备及通风管道在房间的布局位置、尺寸、墙体窗户位置等因素，综合考虑排风管道、给排水管道、电线管路、燃气管路、空调管路、弱电管线等的走向和尺寸等。

实验室楼面荷载符合要求和规范。放置大型仪器实验室的净层高为3.0~4.5m，且一般设在底层。普通实验室的净层高在3.8m左右。实验室的门应采用双开门，门宽度大于1.2m，门应向疏散方向开启，以应对突发事件时人员的逃生。实验室需采用专业防盗门，不能使用木门，门上应有玻璃观察窗，便于进行安全观察。实验室的窗户窗台以不低于1m为宜，窗户应大开窗，以便于通风、采光和观察。化学实验室、药品室、仪器室、办公室、药品贮藏室、气瓶室等必须分开，教师办公室、实验员办公室、学生自习室和休息室不得设在化学实验室内。

5.1.2 化学实验室的通风

化学实验室在实验过程中，经常会产生各种有毒有害气体。这些有害气体如不及时排出实验室，会造成室内空气的污染，影响实验室工作人员的健康安全及仪器设备的精度和使用寿命。因此，良好的通风系统是实验室不可或缺的重要组成部分。通风按动力划分可分为自然通风和机械排风，化学实验室除采用良好的自然通风和采光外，常采用机械排风；按作用范围划分，通风又可分为全面通风和局部通风，下面将详细介绍这两种通风方式。

①全面通风　为了使实验室内产生的有害气体尽可能不扩散到相邻房间或其他区域，可以在有毒气体集中产生的区域或实验室全面排风，进行全面的空气交换。在有毒有害气体排出整个实验室或区域的同时，会有一定量的新鲜空气补充进来，将有害气体的浓度控制在最低范围，直至为零。常用的全面排风设施有屋顶排风、排风扇等。通常情况下，实验室通风换气的次数每小时不少于6次，发生事故后通风换气的次数每小时不少于12次。

②局部通风　有害气体产生后立即就近排出。这种方式能以较小的风量排走大量有害气体，效果好、速度快、耗能低，是目前实验室普遍采用的排风方式。实验室常用的局部排风设施有排风罩、通风柜、药品柜、气瓶柜等，目前用得最多的是通风柜。

对洁净度、温湿度、压力梯度有特定要求的各类功能实验室，应采用独立的新风、回风、排风系统。通风柜的排风系统应独立设置，不宜共用风道，更不能借用消防风道。通风柜的安装位置应便于通风管道的连接。为了防止污染环境或损害风机，无论是局部通风还是全面通风，有害物质都应经过净化、除尘或回收处理后方能向大气排放。

通风柜是实验室中最常用的局部排风设备，也是实验室内环境的主要安全设施，其功能强、种类多、使用范围广、排风效果好。目前常用的通风柜有台式和落地式等款型，实验室可根据需要配备。通风柜只有在正确使用的前提下才能提供有效保护，因此正确操作很重要。通风柜有较强的可变性通风量，它设有轻气、中气、重气通风口及导流板。轻气通风口设在通风柜的顶部，中气通风口设在导流板的中部，重气通风口设在导流板的下部与工作台面之间，利用移动玻璃门的进气气流的推动作用，将有害气体强行排入导流板内，在导流板内进行提速排放。通风柜的补气进气口设在前挡板上，当移动门完全封闭时可起到补气的功能。导流槽设置在背板和导流板的夹层之间，将通风橱内的有毒气体排入导流槽后，进行风速提速作用。通风柜顶部、底部和导流板后方的狭缝用于排出污染气体。这些狭缝通道需要一直保持一定的障碍，便于污染气体的排放。工作时尽量关上通风柜，移动玻璃视窗，防止柜内受污染的空气流出通风橱而污染实验室空气。通风柜的风速一般在 0.5～1.0m/s，风速太低效果不好，风速太高会造成气流紊乱，影响正常通风效果。通风柜内的化学反应不可处于长时间无人照看的状态，所有危害材料必须用标签清楚、精确地标识。通风柜内不可同时放置能产生电火花的仪器和可燃化学品，插座等必须安装在玻璃移动门外侧。

通风柜不是贮藏柜，有物品堆放会减少空气流通和降低通风柜的抽气效率。通风柜内工作区域应保持清洁，不可将危险化学品长时间存放在通风柜内。有挥发性的试剂应储存在有专门通风设备的贮藏柜中，危险化学品只可存放在相应的安全柜内。在工作过程中，切不可将头伸进通风柜内。对于有爆炸或爆炸可能性的实验，需要在柜门内设置适当的遮挡物。实验过程中，实验人员必须始终穿戴合适的个体防护装备。

5.2 化学实验室电气设备的配置和安全

化学实验室中的电气设备与普通办公室或其他实验室有明显区别。电气装置的配置、仪器的安装与使用都应有特殊的要求和规范。化学实验室的设备故障、电气着火、人身触电大多是由电气设备的配置不当和实验人员对电器的使用不当引起的。因此，化学实验室的电气配置和电器使用安全非常重要。

5.2.1 实验室配电系统

实验室的配电系统是根据实验仪器和设备的具体要求，经过专业的设计人员综合多方面因素设计完成的，与普通建筑有很大区别。这是由于实验室仪器设备对电路的要求比较复杂，并不是通常人们所认为的那样，只要满足最大电压和最大功率的要求就可以。对配电系统的设计，不但要考虑现有的仪器设备情况，还要考虑实验室未来几年的发展规划，充分考虑配电系统的预留问题及日后的电路维护等问题。为了保证电力的可靠保障，还应考虑不间断电源或双线路设计。不间断电源的容量应符合实际所需并保证具有一定的可扩增区间以满足未来发展需要。

一般情况下，每一间实验室内都要有三相交流电源和单相交流电源，同时要设置总电源控制开关，以便实验室无人时，能选择性地切断室内电源。室内固定装置的用电设备(如烘箱、恒温箱、冰箱等)，如果只是需要在实验过程中使用，在实验结束时就可停止使用的，可连接在该实验室的总电源上；若实验停止后仍需运转的，则应有专用供电电源。每间实验室的实验台面上都要设置一定数量的电源插座，三相插座至少要有1个，单相插座则可以设2~4个。这些插座应有开关控制和保险设备，防止由于发生短路而影响整个实验室正常供电的情况。插座可设置在实验桌上或桌子边上，但应远离水池、煤气、氢气等。另外，在实验室的四面墙壁上，应配合室内实验桌、通风柜、烘箱等布置，适量安装单相和三相插座，具体安装位置以使用方便为原则。

化学实验室因有腐蚀性气体，配电导线以采用铜芯线较合适。至于敷线方式，以穿管暗敷设较为理想。暗敷设不仅可以保护导线，还可使室内整洁、不易积尘，同时也使检修更换方便。一般来说，由于化学实验室使用的电气设备容量较小，在实验室正式使用以后，有可能会出现供电容量不够大的情况。因此，在进行实验室供电设计时，必须要在供电容量方面留有余地。

5.2.2 实验室电器设备的安全配置

(1)电器的接入原则

高校实验室一般有许多用电设备，总功率往往大到几千瓦以上。有的设备要求220V，有的要求380V供电，因此不但要考虑供电压，还需考虑电源负荷的大小，同时要做好防雷处理。

(2)电器的接地保护

安全保护接地线是避免发生触电伤亡事故的一种有效手段。保护接地的工作原理为：当带金属外壳的用电设备发生漏电时，强大的漏电电流会通过保护接地线形成回路，启动漏电开关或火线上的熔断器，切断电源，从而避免发生触电伤亡事故。

(3)电器的防静电保护

静电是在一定的物体中或其表面上存在的电荷。一般3~4kV的静电电压就会使人产生不同程度电击的感觉。化学实验室的设备大多有电子元器件，对静电非常敏感，容易受静电的影响而发生性能的下降和不稳定，从而引发各种故障。静电不仅会造成设备运行过程中出现随机故障，缩短电子设备的使用寿命，而且还会破坏仪器内部元件，导致误操作，严重的会烧毁有关电子元器件和整个电路板，引发火灾，造成设备损坏和人员伤害(图5-1)。

图5-1 实验室的防静电接地

(4)电器的触电防护

电器的触电防护通常需要注意以下几方面：不用潮湿的手接触电器；电源裸露部分

应有绝缘装置(如电线接头处应裹上绝缘胶布)；所有电器的金属外壳都应保护接地；实验时，应先连接好电路后才接通电源。实验结束时，先切断电源再拆线路；修理或安装电器时，应先切断电源；如有人触电，应迅速切断电源，然后再进行抢救；室内若有氢气、煤气等易燃易爆气体时，应避免产生电火花；如遇电线起火，应立即切断电源，用沙或二氧化碳、四氯化碳灭火器灭火，禁止用水或泡沫灭火器等导电液体灭火。

5.3 化学实验室消防安全

5.3.1 消防基础知识

(1)燃烧的条件

可燃物与氧化剂作用发生的放热反应，通常伴有火焰、发光和发烟的现象，称为燃烧。燃烧的充分条件是：可燃物、氧化剂、温度和未受抑制的链式反应，同时具备这4个条件称为有焰燃烧。

(2)火灾的定义和分类

我们把在时间和空间上失去控制的燃烧所造成的灾害，称为火灾。根据国家规定的(GB/T 4968—2008)火灾分类，火灾现场根据可燃物的类型和燃烧特性，可分为A、B、C、D、E、F 6类(表5-1)。

表5-1 火灾的类型

火灾类型	定 义	实 例
A类火灾	不可熔化的固体物质火灾	木材、毛、麻等引发的火灾
B类火灾	液体火灾和可熔化的固体物质火灾	汽油、煤油、乙醇、沥青、石蜡等引发的火灾
C类火灾	气体火灾	煤气、天然气、甲烷、氢气等引发的火灾
D类火灾	金属火灾	钾、钠、镁、铝镁合金等引发的火灾
E类火灾	带电火灾	物体带电燃烧引发的火灾
F类火灾	烹饪器具内的烹饪物引发的火灾	动植物油脂燃烧引起的火灾

(3)发生火灾时造成热传播的途径

发生火灾时所造成的热传播有热传导、热对流、热辐射3种途径。热传导是指热量通过直接接触的物体，从温度高的部位传递到温度较低的部位的过程；热对流是指热量通过流动介质，由空间的一处传播到另一处的现象；热辐射是指以电磁波形式传递热量的现象。在这3种传导途径中，热对流是影响初期火灾发展的最主要方式。影响热对流的主要因素为温差、通风孔洞的面积以及通风孔洞所在的高度。当火灾处于发展阶段时，热辐射成为热传播的主要方式，热辐射传播的热量与火焰温度的四次方成正比。

5.3.2 火灾的预防

(1)排除发生火灾爆炸事故的物质条件

排除发生火灾爆炸事故的物质条件，即控制可燃物、防止形成火灾和爆炸的介质。在易燃易爆化学物品生产、储存、运输、使用等工作中，防止泄漏、扩散或与空气形成爆炸性混合气体；在可能积聚可燃气体、蒸汽、粉尘的场所，设通风除尘装置；在房屋装修装饰过程中，尽量避免使用可燃易燃材料，建筑物内尽量少堆放或不堆放可燃易燃物品等。

(2)控制和消除一切点火源

控制和消除一切点火源，主要有以下方法：

①消除明火　如危险场所严禁携带烟火，不得使用明火作业和用电炉加热等；

②消除电器火花　如必须使用有中国电工“工”字标志和国家3C产品强制认证“CCC”标志的合格电器产品。电器在不使用时应当断电并拔下电源插头，电源线路应穿管保护，电源插座应当固定，严禁私拉乱接电线，在易燃易爆场所选用防爆型或封闭式电器设备和开关等；

③防止静电火花　如严禁穿化纤衣服进入易燃易爆场所，保持设备静电接地良好等；

④防止雷击　如安装必要的防雷设施，在无人时关闭室内电源的空气开关，拔下不使用的电器插头，避免雷击或雷电感应打火等；

⑤防止摩擦撞击打火　如在易燃易爆场所严禁使用铁制工具、穿带钉鞋等；

⑥避免暴晒、高温烘烤、故障发热或化学反应发热等。

(3)控制火势蔓延的途径

控制火势蔓延的主要途径有：

①在易燃易爆化学物品贮存仓库之间、油罐之间留出适当的防火间距；

②设置防油堤、防液堤、防火水封井、防火墙；

③在建筑物内设防火分区、防火门窗等。

(4)限制爆炸波的冲击、扩散

限制爆炸波的冲击、扩散的主要措施有：

①在有可燃气体、液体蒸汽和粉尘的实验室设泄压门窗、轻质屋顶；

②在有放热、产生气体、形成高压的反应器上安装安全阀、防爆片；

③在燃油、燃气、燃煤类的燃烧室外壁或底部设置防爆门窗、防爆球阀；

④在易燃物料的反应器、反应塔、高压容器顶部装设放空管等。

5.3.3 火灾预警和报警

火灾自动报警系统是建筑物内的重要消防设施，是现代消防不可缺少的安全技术措施。火灾自动报警系统能在火灾初期，将燃烧产生的烟雾量、热量、光辐射等物理量，通过火灾探测器转变成电信号，传输到火灾报警控制器，并同时显示出火灾发生的部位、时间等，使人们能够及时发现火灾，采取有效措施进行扑救，最大限度地减少因火灾造成的生命和财产的损失。火灾自动报警系统由火灾触发器件、火灾警报装置、火灾报警控制器和消防联动控制系统等组成。火灾自动报警系统可以和自动喷水灭火系统，室内消火栓系统，防、排烟系统，通风系统，防火门等相关设备联动，自动或手动发出指令以启动消防设备。

5.3.4 常用灭火器设备及使用方法

5.3.4.1 消火栓系统

消火栓系统是一种使用广泛的消防系统，绝大多数公众聚集场所都设有这种消防系统。消火栓系统按安装位置可分为室内消火栓系统和室外消火栓系统。

(1)室内消火栓系统

图 5-2 室内消火栓系统

室内消火栓系统是建筑物内一种最基本的消防灭火设备，主要由室内消火栓、消防水箱、消防水泵、消防水泵房等组成(图 5-2)。

室内消火栓设在消火栓箱内，是一种箱状固定式消防装置，具有给水、灭火、控制和报警灯功能。它由箱体、消火栓按钮、消火栓接口、水带、水枪、消防软管卷盘及电器设备等消防器材组成。室内消火栓按安装方式不同，可分为明装式、暗装式和半暗装式 3 种类型。室内消火栓应设在走道、楼梯口、消防电梯等明显、易于取用的地点附近。消火栓栓口离地面或操作基面高度宜为 1.1m，栓口与消火栓内边缘的距离不应影响消防水带的连接，其出水方向宜向下或与设置消火栓的墙面呈 90°角。室内消火栓安装时应保证同层任何位置两个消火栓的水枪充实水柱同时到达，水枪的充实水柱经计算确定。同一建筑物内应采用统一规格的消火栓、水枪、水带，每根水带的长度不应超过 25m。消火栓箱内的消火栓按钮具有向报警控制器报警和直接启动消防水泵的功能。现场人员可通过击碎按钮上的玻璃，按下按钮向控制器报警并启动消防水泵。

当有灾情发生时，根据消火栓箱门的开启方式，用钥匙开启箱门或击碎门玻璃，扭动锁头打开。如果消火栓没有“紧急按钮”，应将其下的拉环向外拉出，再按顺时针方向转动旋钮。打开箱门后，取下水枪，按动水泵启动按钮，旋转消火栓手轮，铺设水带进行射水灭火。

维护和保养室内消火栓应注意以下 6 点：定期检查消火栓是否完好，有无生锈、漏水现象；检查接口垫圈是否完整无缺，消火栓阀杆上应加注润滑油；定期进行放水检查，以确保火灾发生时能及时打开放水；消火栓使用后，要把水带洗净晾干，按盘卷或折叠方式放入箱内，再把水枪卡在枪夹内，装好箱锁，关好箱门；定期检查卷盘、水枪、水带是否损坏，阀门、卷盘转动是否灵活，发现问题要及时检修；定期检查消火栓箱门是否损坏，门锁是否开启灵活，拉环铅封是否损坏，水带盘转杆架是否完好，箱体是否锈死。

除了室内消火栓，消防水箱和消防水泵也是常见的消防设施。消防水箱一般设在建筑物的最高部位，是保证扑救初期火灾用水量的可靠供水设施。消防水箱储水量根据实验面积计算确定。消防水泵为室内消火栓的核心系统，消防水泵的配置必须考虑水泵的压力、电源的配置等因素，以保证有火灾时，随时可以供。

(2)室外消火栓系统

室外消火栓与城镇自来水管网连接，它既可以消防车取水，又可以连接水带、水枪，直接出水灭火，一般由专业人员负责检查使用。室外消火栓可分为地上消火栓和地下消火栓两种。地上消火栓适用于气候温暖的地区，而地下消火栓则适用于气候寒冷的地区。

地上消火栓主要由弯座、阀座、排水阀、法兰接管启闭杆、车体和接口等组成。在使用地上消火栓时，把消火栓钥匙扳手的扳头套在启闭杆上端的轴心头之后，按逆时针方向转动消火栓钥匙，阀门即可开启，水由出口流出。按顺时针方向转动消火栓锁匙时，阀门便关闭，水不再从出水口流出。

地上消火栓进行的日常维护和保养工作主要有以下几项：每月和重大节日之前，应对消火栓进行一次检查；及时清除启闭杆端周围的杂物；将专用消火栓钥匙套于杆头检查是否合适，并转动启闭杆，加注润滑油；用纱布擦除出水口螺纹上的积锈，检查门盖内橡胶垫圈是否完好；打开消火栓，检查供水情况，要放净锈水后再关闭，并观察有无漏水现象，发现问题及时检修。

地下消火栓和地上消火栓的作用相同，都是为消防车及水枪提供高压力供水，不同的是，地下消火栓安装在地面下。正是因为这一点，地下消火栓不易冻结，也不易被损坏。地下消火栓的使用可参照地上消火栓进行。但由于地下消火栓目标不明显，故应在地下消火栓附近设立明显标志。使用时，打开消火栓井盖，拧开闷盖，接上消火栓与吸水管的连接口或接水带，用专用扳手打开阀塞即可出水，使用后要恢复原状。

5.3.4.2 灭火器

(1)常见的灭火器

灭火器是火灾初期最有效地终止火灾的消防装置。灭火器的种类很多，分类也很多，不同的灭火器用于扑灭不同类型的火灾。

常见的灭火器主要有3种，分别是干粉灭火器、二氧化碳灭火器和泡沫灭火器。这3种灭火器中的灭火剂的成分不同，灭火原理、使用方法、灭火对象等各方面都有较大的差异。

①干粉灭火器

a. 灭火原理。干粉灭火器的灭火剂主要由活性灭火组分、疏水成分、惰性填料等组成。灭火组分是干粉灭火剂的核心，常见的灭火剂组分有磷酸铵盐、碳酸氢钠、氯化钠、氯化钾等。灭火组分是燃烧反应的非活性物质，当其进入燃烧区域火焰中时，能捕捉并终止燃烧反应产生的自由基，降低燃烧反应的速率。当火焰中干粉浓度足够高，与火焰接触面积足够大，自由基中止速率大于燃烧反应生成的速率时，链式燃烧反应被终止，火焰被熄灭。现有常见的干粉灭火器主要有两种：ABC 干粉灭火器(灭火剂的主要成分是磷酸铵盐)和 BC 干粉灭火器(灭火剂的主要成分是碳酸氢盐)。这两类灭火器由于内含灭火剂的不同，可适用于不同类型的火源。

b. 适用范围。ABC 干粉灭火器可用于扑救 A、B、C、E、F 类火灾，而 BC 干粉灭火器可扑灭 B 类火灾、C 类火灾、E 类火灾、F 类火灾。干粉灭火器灭火效率高、速度快，一般在数秒至十几秒之内可将初起小火扑灭。干粉灭火剂对人畜低毒，对环境造成的危害小。但是，对于自身能够释放或提供氧源的化合物火灾，如钠、镁、镁铝合金等金属火灾，以及一般固体的深层火或潜伏火及大面积火灾现场，干粉灭火器达不到满意的灭火效果。

c. 使用方法。普通干粉灭火器体积小，使用方便，具体使用方法如下：右手拖着压把，左手拖着灭火器底部，取下灭火器，带入火灾现场；除掉铅封，拔掉保险销；左手握着喷管，右手提着压把，站在上风口方向距离火焰 2m 的地方，右手用力压下压把；左手拿着喷管左右摆动，喷射火的底部的燃烧物，使干粉覆盖整个燃烧区。

推车式干粉灭火器与普通干粉灭火器相比，灭火剂量大，具有移动方便、操作简单、灭火效果好的特点。具体使用方法如下：将干粉车拉或推到现场，右手抓着喷粉枪，左手顺势展开喷粉胶管，直至平直；在灭火前除掉铅封，拔出保险销；用手掌使劲按下供气阀门，左手持喷粉枪管托，右手把持枪把，用手指扣动喷粉开关开始灭火；对准火焰喷射，不断靠前左右摆动喷粉枪，喷射火的底部把干粉笼罩在燃烧区，直至把火扑灭为止。

②二氧化碳灭火器

a. 灭火原理。二氧化碳是一种不燃烧、不助燃的惰性气体，密度约为空气的 1.5 倍。在常压下，1kg 的液态二氧化碳可产生约 0.5m^3 的气体。二氧化碳的灭火原理主要是窒息灭火。灭火时将二氧化碳释放到起火空间，增加了燃烧区上方二氧化碳的浓度，致使氧气含量降低，当空气中二氧化碳的浓度达到 30%～35%，或氧气含量低于 12% 时，大多数燃烧就会停止。二氧化碳灭火时还有一定的冷却作用，二氧化碳从储存容器中喷出时，液体迅速气化成气体，从周围吸收部分热量，起到冷却的作用。

b. 适用范围。二氧化碳灭火器可扑灭 B 类火灾、C 类火灾、E 类火灾、F 类火灾。

二氧化碳灭火器灭火速度快、无腐蚀性、灭火不留痕迹，特别适用于扑救重要文件、贵重仪器、带电设备(600V 以下)的火灾。二氧化碳灭火器不能扑救内部引燃的物质、自燃分解的物质火灾及 D 类火灾，因为有些活泼金属可以夺取二氧化碳中的氧从而使燃烧继续进行。

c. 使用方法。二氧化碳灭火器的使用方法与干粉灭火器类似，具体如下：用右手握着压把，提着灭火器到现场；在灭火前除掉铅封、拔掉保险销；站在距火源 2m 的地方，左手拿着喇叭筒，右手用力压下压把；对着火源根部喷射，并不断推前，直至把火焰扑灭。

③泡沫灭火剂　凡是能与水混溶，并可通过化学反应或机械方法产生泡沫的灭火剂均称为泡沫灭火剂。泡沫灭火剂一般由发泡剂、泡沫稳定剂、降黏剂、抗冻剂、助溶剂、防腐剂及水组成。按泡沫产生的机理可将其分为化学泡沫灭火剂和空气泡沫灭火剂。

化学泡沫灭火剂是通过两种药剂的水溶液发生化学反应产生灭火泡沫。空气泡沫灭火剂是通过泡沫灭火剂的水溶液与空气在泡沫产生器中进行机械混合搅拌而生成的，泡沫中所含的气体一般为空气。空气泡沫灭火器可分为蛋白泡沫灭火器、氟蛋白泡沫灭火器、水成膜泡沫灭火器和抗溶性泡沫灭火剂等。

a. 灭火原理。泡沫灭火剂喷出后在燃烧物表面形成泡沫覆盖层，使燃烧物表面与空气隔离，达到窒息灭火的目的。泡沫封闭了燃烧物表面后，可以遮断火焰对燃烧物的热射，阻止燃烧物的蒸发或热解挥发，使可燃气体难以进入燃烧区。另外，泡沫析出的液体对燃烧表面有冷却作用，泡沫受热蒸发产生的水蒸气还有稀释燃烧区氧气浓度的作用。

b. 适用范围。蛋白泡沫灭火器、氟蛋白泡沫灭火器、水成膜泡沫灭火器适用于扑救 A 类火灾和 B 类中的非水溶性可燃液体的火灾，不适用于扑救 D 类火灾、E 类火灾以及遇水发生燃烧爆炸的物质的火灾。抗溶性泡沫灭火器主要应用于扑救 B 类中乙醇、甲醇、丙酮等一般水溶性可燃液体的火灾，不宜用于扑救低沸点的醛以及有机酸、胺类等液体的火灾。

c. 使用方法。泡沫灭火器使用方法与干粉灭火器和二氧化碳灭火器有所不同，使用时需要将灭火器颠倒过来，使灭火器内的灭火剂发生化学反应。具体步骤如下：右手拖着压把，左手拖着灭火器底部，轻轻取下灭火器，右手提着灭火器到现场；右手捂住喷嘴，左手执筒底边缘，把灭火器颠倒过来呈垂直状态，用劲上下晃动几下，然后放开喷嘴；右手抓筒耳，左手抓筒底边缘，把喷嘴朝向燃烧区，站在离火源 8m 的地方喷射，并不断前进，兜围着火焰喷射，直至把火扑灭；灭火后，把灭火器平放在地上，喷嘴朝下。泡沫灭火器在使用时要注意不可用于扑灭带电设备的火灾，抗溶性泡沫灭火器以外的泡沫灭火器不能用于扑灭水溶性液体(如甲醇、乙醇等)火灾。

（2）灭火器的选择

配置灭火器应根据配置场所的危险等级和可能发生的火灾类型等因素，确定灭火器的类型。选择灭火器进行灭火时，应根据火灾类型选择合适的灭火器。选择不合适的灭火器不仅有可能灭不了火，还有可能发生爆炸伤人事故。如 BC 干粉灭火器不能扑灭 A 类火灾，二氧化碳灭火器不能用于扑救 D 类火灾。虽然有几种类型的灭火器均适用于扑灭同一种类的火灾，但其灭火能力、灭火剂用量的多少以及灭火速度等方面有明显的差异。因此，在选择灭火器时应考虑灭火器的灭火效能和通用性。为了保护贵重仪器设备与场所免受不必要的污渍损失，灭火器的选择还应考虑其对被保护物品的污损程度。例如，在专用的计算机机房内，要考虑被保护的对象是计算机等精密仪表设备，若使用干粉灭火器灭火，肯定能灭火，但其灭火后所残留的灭火剂对电子元器件则会造成一定的腐蚀作用和粉尘污染，而且也难以清洁。此类场所发生火灾时应选用洁净气体灭火器灭火，灭火后不仅不会遗留任何残迹，而且对贵重、精密设备也没有污损、腐蚀作用。

（3）灭火器的放置和配置要求

灭火器一般设置在走廊、通道、门厅、房间出入口和楼梯等明显的地点，周围不得堆放其他物品，且不应影响紧急情况下人员的疏散。在有视线障碍的位置摆放灭火器时，应在醒目的地方设置指示灭火器位置的发光标志，减少灭火人员寻找灭火器的时间，保证其及时有效地将火扑灭在初期阶段。

灭火器的铭牌应朝外，器头宜向上，方便人们直接观察到灭火器的主要性能指标。手提式灭火器宜设置在挂钩、托架上或灭火器箱内。设置在室外的灭火器应有防湿、防寒、防晒等保护措施。

灭火器设置点的环境温度对灭火器的喷射性能和安全性能均有显著影响。大部分灭火器的使用范围在 5~50℃。若环境温度过低，灭火器的喷射性能将显著降低；若环境温度过高，灭火器的内压将急剧上升，增加灭火器爆炸伤人的危险。因此，放置灭火器时，要注意放置环境的温度，以免影响灭火器的性能。

一个计算单元内配置的灭火器数量不得少于 2 具，每个设置点的灭火器数量不宜多于 5 具。根据消防实战经验和实际需要，在已安装消火栓系统、固定灭火系统的场所，可根据具体情况适量减配灭火器。设有消火栓的场所，可减配 30% 的灭火器，设有灭火系统的场所，可减配 50% 的灭火器，设有消火栓和灭火系统的场所，可减配 70% 的灭火器。

（4）灭火器的检查

按照国家对消防产品的强制标准，现在所使用的灭火器都有一个盘式压力指示表。在对灭火器进行检查时，当压力表指针指向黄色区域时，表示灭火器罐内压力偏高；当压力表指针指向绿色区域时，表示灭火器罐内压力正常；当压力表指针指向红色区域时，表示灭火器罐内压力不足，对罐内压力不足的失效灭火器需要及时进行充灌或更换。在检查时我们还需要注意灭火器的罐体是否破损生锈，皮管、喷头等配件是否完好，灭火器的出厂日期及充灌日期是否在保质期内、配置位置是否合理、是否便于取用等问题。另外，在检查时还需要特别注意的是，当灭火器长期失效完全没有压力时压力表指针会自动回到绿色区域，这样的灭火器需要立即更换。一般情况下，灭火器在出厂5年内、压力表指示正常情况下不需要进行充灌或更换，出厂超过5年以上的灭火器，无论压力表指示是否正常，每年均需充灌一次或进行检查和更换。

5.3.5 其他灭火设备

(1)灭火毯

灭火毯也称消防被、灭火被、防火毯、消防毯、阻燃毯、逃生毯，是由耐火纤维等材料经过特殊处理编织而成的织物，是一种质地非常柔软的消防器具。灭火毯按基材不同可以分为纯棉灭火毯、石棉灭火毯、玻璃纤维灭火毯、高硅氧灭火毯、碳素纤维灭火毯、陶瓷纤维灭火毯等。灭火毯主要是通过覆盖火源，阻隔空气，以达到灭火的目的。在遇到火灾初始阶段时，灭火毯能以最快速度隔氧灭火，控制灾情蔓延。灭火毯的使用方法如下：在起火初期，快速取出灭火毯，双手握住两根黑色拉带，将灭火毯轻轻抖开，作为盾牌状拿在手中；将灭火毯轻轻地覆盖在火焰上，同时切断电源或气源；灭火毯持续覆盖在着火物体上，并采取积极灭火措施直至着火物体完全熄灭；待着火物体熄灭，并于灭火毯冷却后，将毯子裹成一团，作为不可燃垃圾处理。

灭火毯具有良好的热能力和红外加热效应，在火灾初期可以作为及时逃生用的防护物品。将毯子裹于全身，由于毯子本身具有防火、隔热的特性，在逃生过程中，人的身体能够得到很好的保护。

(2)消防沙箱

消防沙箱是用于扑灭油类火灾和不能用水灭火的火灾消防工具(图5-3)。消防沙箱中装有比普通黄沙密度更大，透气性更小的专用消防沙。火灾发生时，可用铁锹将消

图5-3　灭火毯和消防沙箱

防沙子覆盖在油类火源上，达到灭火目的。消防沙主要用于扑灭油类火灾，一般配置在油库、食堂厨房等不能用水扑灭的特殊场所。在化学实验室泄漏库房、实验室等区域，由于常有特殊化学试剂、液体试剂等不能用水扑灭的潜在火源，因此也需配置消防沙箱。

5.3.6 火灾事故处置

提高全社会抗御火灾事故的能力，要求我们不仅要做好火灾的预防工作，还要学会处置火灾事故的方法，从而最大限度地控制火灾事故的扩大、减少或降低火灾事故造成的危害。

5.3.6.1 火灾报警

《中华人民共和国消防法》(以下简称《消防法》)第四十四条规定：“任何人发现火灾都应当立即报警。任何单位、个人都应当无偿为报警提供便利，不得阻拦报警。严禁谎报火警。”报告火警是每个公民应尽的义务。“报警早、损失小”，几乎所有的大火都与报警滞后、处置不当密切相关。起火十几分钟内能否将火灾扑灭，是一个关键。

①火灾报警的方法　一是向单位和周围的人群报警，包括大声呼喊报警、使用电话报警、警铃报警、广播报警等；二是向公安消防队报警，拨打火警电话“119”。

②火灾报警的内容　在向公安消防队报警拨打电话时，必须讲清楚以下内容：发生火灾的详细地址和具体位置，包括街道名、门牌号、楼栋号，农村发生火灾要讲清县、乡镇、村庄名称，大型企业要讲清分厂、车间或部门，高层建筑要讲明第几层楼等，总之，地址要讲得明确、具体；报告起火物的性质，是否是化学物质起火等，以便消防部门根据情况派出相应的灭火车辆；火势情况，如只见冒烟、有火光、火势猛烈，有多少房间起火等；留下报警人的姓名及所用电话号码，最好留下手机号码，以便消防部门及时电话联系，了解火场情况，报告火警之后，还应派人到路口接应消防车。

消防报警是严肃的，严禁谎报火警和阻拦报警，谎报火警和阻拦报警都是违法行为。《消防法》第六十二条规定，谎报火警的；阻碍消防车、消防艇执行任务的；阻碍消防救援机构的工作人员依法执行职务的，依照《中华人民共和国治安管理处罚法》的规定处罚。《消防法》第六十三条规定，在火灾发生后阻拦报警，或者负有报告职责的人员不及时报警的；扰乱火灾现场秩序，或者拒不执行火灾现场指挥员指挥，影响灭火救援的；故意破坏或者伪造火灾现场的，处警告或者五百元以下罚款；情节严重的，处五日以下拘留。

5.3.6.2 初起火灾的处置

火灾发生后，在公安消防人员赶到前，积极做好相应的处置工作，对于火灾灭火有重要作用。

①初起火灾扑救的基本原则　救人第一，集中兵力；先控制，后消灭；先重点，

后一般。

②初起火灾扑救的指挥程序和要点　及时报警；及时组织扑救和疏散；及时组织安全警戒；当公安消防队赶到火灾现场后进行指挥权的移交。

5.3.6.3　火灾现场安全疏散与逃生

(1)人员的安全疏散与逃生自救

火灾发生后，人员的安全疏散与逃生自救最为重要。在此过程中要注意以下几点。

①稳定情绪，保持冷静，维护好现场秩序。

②在能见度差的情况下，采用拉绳、拉衣襟、喊话、应急照明等方式引导疏散。

③当烟雾较浓、视线不清时不要奔跑，左手用湿毛巾捂住口鼻等方式做好防烟保护，右手向右前方顺势探查，靠消防通道右侧摸索紧急疏散指示标志，顺着紧急疏散指示标志引导的疏散逃生路线，以半蹲、低姿的姿势安全迅速撤离；

④当楼房着火时，要利用现场的有利条件快速疏散，在疏散过程中，需要注意以下几点：注意观察所在楼房、楼道和区域的消防疏散逃生通道；准确判断火势情况，在烟雾较浓时要低姿蹲逃；在逃生的出路被火封住时，要淋湿身体并尽量用湿棉被、湿毛毯等不燃烧、难燃烧的物品披裹身体冲出；在楼梯被烧断时，可通过屋顶、阳台、落水管等逃生，用床单结绳滑下；被困火场时可向背火的窗外扔东西求救；被困在顶楼时，可从屋顶天窗进入楼顶，尽一切可能求救并等待救援；发生火灾时，不能乘电梯，以免被困在电梯内无法逃生；三楼以上在无防护的情况下不能跳楼；如果身上着火，要快速扑打，一定不能奔跑，可就地打滚、跳入水中，或用衣物、被盖覆盖灭火；要维持好火灾现场的秩序，防止疏散出的人员因眷恋抢救亲人或财物而返回火场，再入“火口”。

(2)物资的疏散

①应紧急疏散的物资　主要有易燃易爆、有毒有害的化学药品、汽油桶、柴油桶、爆炸品、气瓶、有毒物品；价值昂贵的物资；“怕水”物资如糖、电石等。

②组织疏散的要求　一是编组；二是先疏散受水、火、烟威胁最大的物资；三是疏散出的物资应堆放在上风方向，并由专人看护；四是应用苫布对怕水的物资进行保护。

5.4　化学实验室安全装备

安全装备的配置是化学实验室安全、有序运行的基本保证。这些基本的安全设备主要包括火灾相关的安全设备、化学实验安全设备以及个人防护设备等。这些安全装备的配置可以有效地保证在有安全事故出现时，能及时补救和减少事故对实验人员和实验设备的损害。

(1)紧急喷淋装备

人体皮肤对腐蚀类化学品等很敏感，许多有毒化学品可以通过皮肤吸收造成人体伤害。大多数情况下，只要化学品与皮肤接触，就应该立刻用大量的水清洗(如果是浓硫酸碰到皮肤，应立即用干布擦去后用水冲洗)。如果皮肤受损面积较小，可直接用水龙头或手持软管冲洗，当身体受损面较大时，需使用紧急喷淋装置。紧急喷淋装置可以提供大量的水冲洗全身，适用于身体较大面积被化学品侵害的情况。此外，紧急喷淋装置大部分都配有洗眼器，也就是专门针对眼睛的喷淋装置，可在第一时间快速冲洗眼部，减少眼睛所受的伤害。紧急喷淋装置上应标有明显的标识，以提示和指引使用者使用(图 5-4)。

紧急喷淋装置应在使用或贮存有大量潜在危害物质的场所以及实验室等地配置。对于化学实验室，应保证每层楼都有相当数量的喷淋装置。紧急喷淋水流覆盖范围直径 60cm，水流速度应适当，水温也应在合适的范围内，以免伤害使用人。另外，紧急喷淋装置必须安装在远离确定有危害的区域，避免使用人被化学品二次伤害。通往紧急喷淋的通道上不能有障碍、绊倒危害，紧急喷淋装置不能被锁在某房间内，电器设施和电路必须与紧急喷淋保持安全距离。紧急喷淋装置每年至少需要开启运行一次，对管线进行清理、检修和维护。紧急喷淋装置使用培训内容包括喷淋装置的位置、使用方法、冲洗时间、冲洗后寻求医疗帮助等。紧急喷淋装置产生的污水应排入废水收集池。

(2)急救箱

急救箱(图 5-4)是实验室一旦发生事故后能够第一时间给受害人提供有效帮助的安全装备。急救箱具有轻便、易携带、配置全等优点，在紧急情况发生时能发挥重要的作用。急救箱的配置一般包括下列物品：酒精棉、手套、口罩、消毒纱布、绷带、三

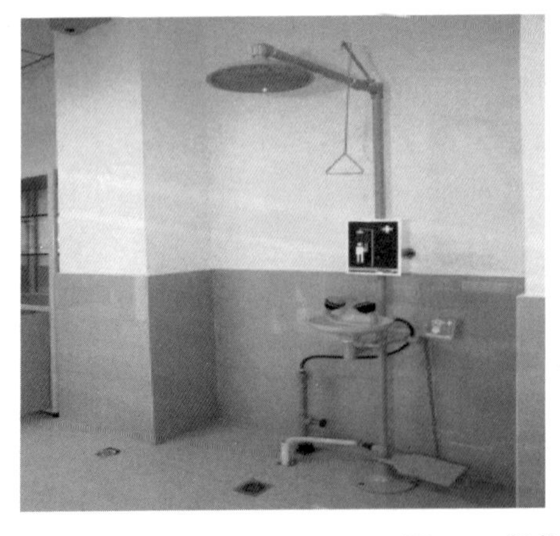

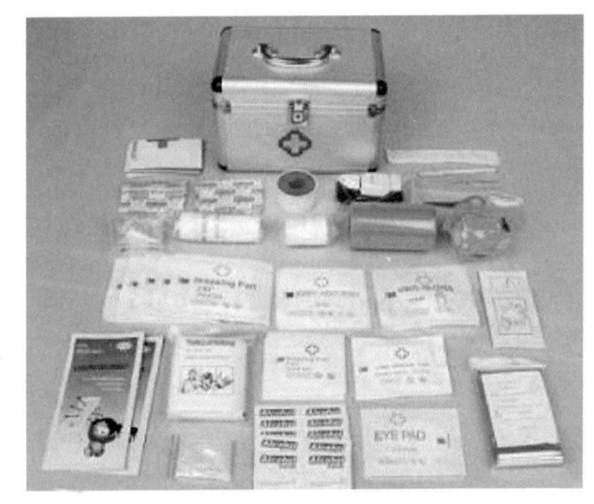

图 5-4　紧急喷淋装备和急救箱

角巾、安全扣针、胶布、创可贴、医用剪刀、钳子、手电筒、棉花棒、冰袋、碘酒、3%过氧化氢、饱和硼酸溶液、1%醋酸溶液、5%碳酸氢钾溶液、75%酒精、凡士林等。急救箱中的物品应经常更新，注意药品在有效期内。

5.5 实验室废弃物安全

5.5.1 实验室废弃物的分类

实验室废弃物的分类方法有很多种，最常见的分类方式有以下两种：

（1）按实验室废弃物的性质分类

①化学性实验废弃物　包括无机废弃物和有机废弃物。无机废弃物含有各种无机化学品，有强酸、强碱、各种盐类、重金属、氯化物等。有机废弃物含有各种有机化学品，包括油脂类(油漆、松节油等)、有机溶剂(氯仿、二甲基亚砜等)、有毒化合物(农药和毒鼠强等)。

②生物性实验废弃物　包括检验或实验的废弃标本，如各种动物(包括人类)的组织、血液、组织液、排泄物(大小便)、分泌物、腹泻和呕吐物等。检验用品如被生物样本污染的实验耗材、细胞培养基和细菌培养液等。开展生物性研究的实验室会产生大量含有害微生物的实验废弃物，如未经恰当的灭菌处理而直接外排，会造成环境污染甚至人体健康的损害等严重后果。生物实验室的通风设备设计不完善或实验过程个人安全防护不到位，也会使致病微生物或生物毒素通过空气扩散传播，带来污染，造成严重不良后果。

③放射性实验废弃物　包括放射性标记物、放射性标准溶液、放射性实验的废液和被放射性物质沾染的实验材料等，如1311，废弃的钴60(^{60}Co)。

（2）按实验室污染物的形态分类

①废气　实验室产生的废气包括试剂和样品的挥发物、实验过程的中间产物、泄漏和排空的标准气和载气等。通常实验室中直接产生有毒有害气体的实验都要求在通风橱内进行。这固然是保证实验室内空气质量、保护实验人员健康安全的有效措施，但是通风橱排风口若无专业过滤回收装置，会造成大气的污染和破坏。

依据对人体危害的不同，可以将废气分为两类：第一类是刺激性的有毒气体，它们通常对人的眼睛和呼吸道黏膜有很强的刺激作用，如氯气、氨气、二氧化硫及氟氧化物等；第二类是可以直接造成人体缺氧性休克的窒息性气体，如一氧化碳、硫化氢、甲烷、乙烯等。

②废液　实验室产生的废液包括多余的样品、标准曲线制作及样品分析残液、失效的贮藏液和洗液、大量洗涤水等。几乎所有的实验室常规分析项目都不同程度地存

在着产生废液的问题。

这些废液成分包罗万象，包括最常见的无机物、有机物、重金属离子、有害微生物和细胞培养基及相对少见的氯化物、细菌毒素、各种药物残留等。

③废渣　实验室产生的废渣包括多余的固体样品、实验产物、消耗或破损的实验用品(如玻璃器皿、纱布和样品管等)、残留或失效的化学试剂等。这些固体废弃物成分复杂，涵盖各类化学与生物废弃物，尤其是一些过期失效的化学试剂，若处理不慎，很容易导致严重的污染事故。

5.5.2　化学性实验废弃物及其容器

对化学性实验废弃物的科学分类是其后续有效处理的前提，化学品使用单位提供合适的容器是对化学性实验废弃物进行合理收集的有效保障。

(1)化学性实验废弃物的分类

根据化学性实验废弃物的理化性质，可将其分为有害废弃物(危险化学物质)、废气、有机废液、无机废液、有机固体废弃物及无机固体废弃物等。

有害废弃物是指具有以下特性的废弃物：

①易燃性　闪点在60℃以下的物质，如氢气。

②腐蚀性　强酸、强碱，认定标准为pH大于12.5或小于2.0的物质。

③毒性　如含铅、氯的化合物、石棉、有机氯溶剂等。

④反应性　强酸、强碱、强氧化剂、强还原剂。

⑤放射性　具有放射性的物质，如钴60。

对于这类有害废弃物必须分别收集贮存于专门的容器中，并粘贴上醒目的标签，置于指定地点，及时处理，不可长时间存放，否则可能成为安全隐患。

化学性实验废弃物按其危险性还可分为两大类：

①第Ⅰ类　特别危险的废弃物；在废弃物集中地需要进一步处理的废弃物；危险药物；危险物品，如压缩性气体、水反应性材料(如电石、金属钠)、可自燃的物质(如镁合金、白磷或黄磷)、环氧联苯、农药类、二噁英类和各种其他毒物。

②第Ⅱ类　涉及多数化学性废弃物，如常用的酸、碱、有机溶剂、有毒金属、矿物油。危险物品包括腐蚀性废料(如乙酸等)、可燃气体(如乙炔、硫化氢等)、助燃剂(如氯酸钾、硝酸钾等)、易燃物品(如薄膜、乌洛托品等)、毒性物质(如苯胺、四氯化碳等)、其他物品(如过氧化苯酰、硝化棉等)。

(2)化学性实验废弃物的容器

迄今为止，我国多数教学科研机构并未对化学性实验废弃物进行严格细致的分类。目前可提供的废弃物容器类型和规格均较少，因此这方面的工作有待加强。以循环经济和绿色化学的理念为方向，政府有关部门正在着手制定一系列规程，以指导和规范各类机构对化学性实验废弃物的收集及处置行为。

目前，国外高校均设有化学品管理办公室，为各种化学性实验废弃物的收集提供容器。这些化学性实验废弃物包括油脂类(松节油、润滑油、重油等)、含卤素有机溶剂、不含卤素有机溶剂、酸碱废液、金属离子溶液、氯化物、胶片定影剂和显影剂以及凝胶废弃物。化学品管理办公室根据要求提供不同类型的化学性实验废弃物容器，常用的是25L规格，其制作材料有塑料、碳钢及塑料衬里金属。

标准化学性实验废弃物容器应符合以下要求：坚固；内壁材料不能与化学性实验废弃物反应；每一个化学性实验废弃物容器的外表面都贴有两个标签，分别标明化学性实验废弃物的“名称”和“危险性”。实验人员须确保两份标签不脱落遗失。同时，实验人员须将一个塑料制的化学性实验废弃物日志夹与化学性实验废弃物容器附带在一起，同时移交给专业的化学性实验废弃物处理部门。

标准化学性实验废弃物容器须由化学品管理办公室提供。如有需求，随时联系该办公室，索取废弃物容器。化学性实验废弃物处理机构只接受收集在标准化学性实验废弃物容器中的化学性实验废弃物。对于体积较小的化学性实验废弃物(如数量<4L/月)，化学性实验废弃物容器要专门安排。化学品管理办公室按要求将标准化学性实验废弃物容器交付给化学性实验废弃物制造者。依照以下信息进行交接手续的办理：姓名、系别、废弃物类型、所需废弃物容器数目、地点及联系电话。

盛装化学性实验废弃物的容器应置于实验室内的合适位置，不得随意堆放在走廊或实验室门口，以免发生意外事故。当化学性实验废弃物容器装满3/4时就应与化学品管理办公室联系，及时运走。若化学性实验废弃物容器运送到无人值班的库房，应先与化学品管理办公室取得联系，及时获得可用库房。

5.5.3 化学性实验废弃物收集和存放

由于化学性实验废弃物的性状和危险性不同，数量不等，其收集和存放应遵循一些基本原则，以防止在这两个环节发生安全事故。

(1)化学性实验废弃物收集原则

为防止化学性实验废弃物对实验室和室外环境的污染，化学性实验废弃物的一般收集原则是：分类收集，妥善存放；定期交由专业机构分别集中处理(无害化或回收有价物质)。在实际工作中，应选择合适的方法检测，尽可能减少化学性实验废弃物量及其污染。化学性实验废弃物排放应符合国家有关环境排放标准。

(2)化学性实验废弃物收集和存放方法

化学性实验废弃物处置不当，不仅会污染环境，而且可能造成危险。因此，操作人员需了解一些常见化学性实验废弃物的收集和存放方法。

根据性状，化学性实验废弃物可分为固体废弃物、液体废弃物和气体废弃物。固体废弃物可用塑料瓶、塑料袋、塑料桶或纸箱密封保存；液体废弃物可收集于塑料桶、无色或棕色玻璃瓶中密封保存；气体废弃物可吸收至合适的溶剂中，用棕色玻璃瓶密封保存，并在通风管道的终端安装吸附材料，禁止有毒有害气体直接排放到大气。盛装废弃物的容器应存放于通风、避光、低温、干燥的专用房间或仓库。

化学性实验废弃物容器外壁应牢固粘贴含有废弃物名称、浓度、产生时间和产生该物的实验者姓名及其联系方式等信息的清晰可读的标签。实验者有责任对其制造的化学性实验废弃物进行组成检测，提供明确的信息。若有不明废弃物，实验室负责人应及时与所在单位的职能部门联系，寻求更专业的帮助。

目前，国内多数机构实验室化学性实验废弃物的收集比较粗略，不利于其后续处理。以下主要介绍国外高校化学性实验废弃物容器及其收集方法。

①酸类废弃物容器　无机酸类废弃物容器用于盛放无机酸，有机酸应装进有机酸废弃物容器中，如有机酸的产量较低（<4L/月），则可收集在非卤溶剂或卤代溶剂废弃物容器中。

②碱类废弃物容器　贮存氢氧化钠、氢氧化钾、氨水等碱性废弃物。

③金属溶液类废弃物容器　含金属（离子或沉淀）的溶液，应当在此容器中处理，但汞、六价铬除外。化学性实验废弃物处理机构将为盛放这些金属溶液的废弃物容器提供专门的流程。如金属离子溶液中此类金属的含量低（无机汞<100mg/L，有机汞<50mg/L），可不予分离。酸碱中金属离子或沉淀都可在此容器中进行处理。金属汞不能收集在此废弃物容器中，须打电话至化学品管理办公室，请求对汞进行专门收集。

④氢氟酸类废弃物容器　若现场没有此类容器，且此废料量又少（小于无机酸废料总体积的30%），那么可在无机酸废弃物容器中处理。

⑤含有硼和六价铬的溶液　对于含有硼和六价铬的废液，一定要放入特定的容器中，而且实验室要为它们设计专用的排放管道。

⑥氯化物类废弃物容器　此类容器中的废弃物务必保存在强碱性条件下，以免有氢氨酸气体溢出。

⑦油脂类废弃物容器　贮存泵油、润滑油、液态烷烃、矿物油等废弃物。

⑧卤代溶剂类废弃物容器　含卤的有机溶剂（如氯仿、苯甲氯、二氢甲烷等）和其他含卤的有机化合物都应收集在这种容器内。

⑨非卤代溶剂类废弃物容器　非卤代溶剂类是指不含卤的有机溶剂和其他化合物，如丙酮，它们需要用此类容器收集。

⑩废胶片定影剂废弃物容器　贮存电影胶片和照相胶片生产及使用处理过程中所用定影剂而产生的废弃物。

⑪胶片显影剂类废弃物容器　胶片显影剂类废弃物容器用于胶片处理过程中产生的显影剂废弃物。

⑫凝胶状废弃物容器　这种容器用来盛装凝胶废弃物，如聚丙烯酰胺或琼脂糖凝胶。另外也可以用来盛装少量的其他已污染的原料和生化药品。

(3)化学性实验废弃物的混合

化学性实验废弃物的混合需按其主要成分分门别类，遵循以下原则：

①含氯化物的废弃物要严格控制，全部倒入指定的废弃物容器中。

②含有汞和六价铬的废液也要全部倒入指定的废弃物容器中。

③对于沉淀或含金属元素溶液的废弃物，应根据不同的pH值倒入专用的酸或碱的废弃物容器中。对于pH值为中性的废料，则应倒入相应的碱性废弃物容器中。

④对于含有卤代物的废弃物，即使只含有少量的卤代物，也须全部倒入专用的卤代物废弃物容器中。

⑤若一周内废弃的定影剂、显影剂和冲印剂不超过5L，则可以将所有废料倒入冲印剂废弃物容器中。

⑥测试兼容性的步骤。不同化学性实验废弃物收集于同一容器前，须做兼容性测试，同时应遵循以下步骤：测试兼容性必须由有经验的实验员在通风橱中完成；必须保证通风橱能顺利通风，通风橱的窗框高度至少应低于肩的水平；吸取50mL化学性实验废弃物样品到大口的烧杯中；将一支温度计插入大口烧杯中；缓慢加入新的化学性实验废弃物，容积比例应控制在指定的比例范围内；如在5min内有气泡产生、冒烟或有明显的升温(超过10℃)，应立即停止混合。这些实验现象都表明化学性实验废弃物之间不兼容。必须将化学性实验废弃物倒入不同的容器中，并且应该将其不兼容的情况记录在《化学性实验废弃物日志》中。若5~10min内观测不到反应现象，就说明化学性实验废弃物能共存(兼容)，可以将新产生的化学性实验废弃物倒入相应的化学性实验废弃物容器中。

⑦其他情况。对于可以明显区分的液相，如水相与有机相，则应该分别倒入相应的或是相近的化学性实验废弃物容器中。

(4)化学性实验废弃物收集和存放注意事项

除遵守以上化学性实验废弃物分类收集和存放的规程外，还需注意以下事项：

①若用旧试剂瓶收集液体废弃物，旧试剂瓶中的残余试剂不得与化学性实验废弃物发生化学反应。下列废液不得相互混合：过氧化物与有机物。氯化物、硫化物、次氯酸盐与酸。盐酸、氢氟酸等挥发性酸与非挥发性酸。浓硫酸、磺酸、羟基酸、聚磷酸等酸类与其他的酸。

②化学性实验废弃物容器应有外包装箱；盛有化学性实验液体废弃物的玻璃容器应避免相互碰撞，否则可能破损，造成液体泄漏事故。

③酸存放时，应远离活泼金属(如钠、钾、镁等)、氧化性酸或易燃有机物、相混后会产生有毒物质(如氧化物、硫化物等)；碱存放时，应远离酸及一些性质活泼的物质；易燃物应避光保存，并远离一切有氧化作用的酸，或能产生火花火焰的物质，且贮存量不可太多，需及时处理。

④化学性实验废弃物不得贮放在通风橱、试剂柜、实验室内的过道旁或烘箱附近、走廊等处；不得随意丢弃于垃圾桶；贮放化学性实验废弃物的地点不得对周围环境有影响或成为安全隐患。

⑤在实验室内，化学性实验废弃物不宜贮放时间过长，尽可能在一或两周内处理；特殊废弃物应立即处理。对于毒性大的废液，如硫醇、胺等能发出臭味的废液，能产生氯、硫化氢、磷化氢等有毒气体的废液，燃烧性强的二硫化碳之类的废液等，必须及时、妥善处置。

⑥化学性实验废弃物搬运时应轻拿轻放；尤其是对于含有过氧化物、硝酸甘油之类的爆炸性物质的废液，须更加谨慎。

5.5.4 化学性实验废弃物处置要求

化学性实验废弃物处置是实验人员日常工作的重要内容，必须高度重视，切实按照有关规程进行并落实到位。

5.5.4.1 化学性实验废弃物产生者的责任

产生化学性实验废弃物的实验人员应向化学品管理办公室索取合适的废弃物容器，将废弃物安全地盛放于废弃物容器中。应及时、准确地填写《化学性实验废弃物日志》。在实验室中将化学性实验废弃物分门别类，存放于不同化学性实验废弃物容器中。将收集的化学性实验废弃物及时送至化学品管理办公室指定的地点。

5.5.4.2 一般化学性实验废弃物的处置

实验室一般不对化学性实验废弃物进行现场的无害化处理。实验人员应根据前述的化学性实验废弃物的分类、收集原则和存放方法做好实验室每天所产生的化学性实验废弃物的清理工作，定期交由专业部门做后续的无害化处理。在实验室处置化学性实验废弃物的过程中，须遵守以下要求。

①在搬运包装前务必要做化学性实验废弃物之间的兼容性测试。

②在通过兼容性测试后，任何一种新的化学性实验废弃物都应该放入相应的容器中。

③为防止溢漏，每次装入新的化学性实验废弃物前都应该检查容器内的液面高度，并且在送至化学品管理办公室前都不可装满，只能盛装容器容积的70%~80%。

④应用漏斗和碟子盛装容器，以防止溢出。

⑤每装入一种新的化学性实验废弃物，都应该立即在《化学性实验废弃物日志》中标明。

对于化学性实验废弃物中含有高反应活性化合物、能与水反应的化合物以及具有强化还原性的物质时，它们不得与其他任何化学性实验废弃物相混合。这类化学性废弃物必须用不同的容器分类且密闭存放，并采用专门程序进行处理，具体处理方法详见特殊化学性实验废弃物及其处置。

5.5.4.3 特殊化学性实验废弃物及其处置

(1)特殊化学性实验废弃物的类型

一般实验活动涉及的特殊化学性实验废弃物包括以下5类：反应活性较高的化学品；遇水反应的化学品；不能通过兼容性测试的废弃物；废弃的化学品；过期的化学品。

(2)特殊化学性实验废弃物的处置

尽可能将化学品存放在原容器中，若原容器不足，则可把其封装在塑料袋或能与之兼容的坚固容器中。处理封装好容器后，每个容器(内装按规定收集的特殊化学性实验废弃物)都必须附带一个《特殊化学性实验废弃物复核身份证明表》。填写时一定要用永久性不褪色黑笔。

①可过氧化的化学品　当多种化学品暴露在空气中时，它们能够形成具有强爆炸性的过氧化物。过氧化物对热、摩擦、撞击和光均相当敏感，属于实验室非常危险的化学品。因此，必须小心谨慎，防止在这些化学品中形成过氧化物。

防止过氧化物的形成取决于仔细、分类地控制可过氧化的化学品。大多数可过氧化的化学品中添加有抑制剂，以延缓过氧化物的形成。通常，这些抑制剂一直有效，直到第一次打开容器为止。

为预防可过氧化的化合物中生成过氧化物的风险，须采取以下两个步骤：

a. 注明日期。为可过氧化的化学品注明接收日期和第一次开瓶日期，可过氧化的化合物名称，接收日期，开瓶日期，开瓶后6个月内处置或测试。

b. 处置已开瓶的可过氧化的化学品。通过化学性实验废弃物管理部门，在以下所列的时限内处置已开瓶的可过氧化的化学品：有严重危害的过氧化物须在3个月内处置，包括二乙烯基乙炔、钾金属、钾酰胺(氨基钾)、氨基钠、1,1-二氯乙烯等；高危害的过氧化物须在6个月内处置，包括异丙基苯、环已胺、环戊烷、2-乙氧基乙醇、甲基异丁酮、四氢呋喃等。

过氧化物形成的一个明显标志就是液体中的结晶现象。然而，在没有明显结晶的情况下，危险的过氧化物也具有危害性。在容器瓶盖和螺纹处可形成过氧化物结晶体。这些化学品应尽可能通过化学性实验废弃物管理部门进行统一处置。

②苦味酸和其他多硝基化合物　苦味酸是实验室一种常用试剂，是一种相对安全的化合物。为了使其保持稳定，通常市售的苦味酸中添加了10%的水。当苦味酸失水干透或形成某些金属盐时，它会变得易爆。为了安全地存放苦味酸，应采取下列步骤：

a. 不得将苦味酸存放在带金属盖的容器中或与任何金属接触。

b. 经常检查苦味酸，以确保它保持湿润。根据需要加水；存放在阴凉处；不得将苦味酸放置在干燥器中。

c. 不要试图打开旧的或干的苦味酸的瓶子。尽可能将这些化学品送化学性实验废弃物管理部门。对于使用其他多硝基化合物，实验人员须了解有关搬运和存放这种化合物的详细信息，必要时应向化学性实验废弃物管理机构做专门咨询。

③叠氮类化合物　包括叠氮钠、叠氮钾、叠氮有机物等，其使用和废弃处置须特别谨慎。如叠氮钠尽管不存在内在的不稳定性，但若受到污染或不正确使用时，也可形成极易爆炸的叠氮重金属。如果通过下水道排放叠氮钠溶液，则可在管道内形成叠氮铅或铜。请注意，不得将叠氮钠迅速加热或存放在有金属化合物的容器内。

现在，国家已经对易制毒、易制爆化学品实行严格的审批登记制度，若涉及这一类废弃物数量较多时，应特别注意遵守相关规章制度。对于易爆品，如实验室常用的苦味酸、叠氮类和多硝基化合物，没有资质的实验室不允许使用，也就不存在处置问题。

5.5.5 特殊化学性实验废弃物复核身份证明表的处理

对于特殊化学性实验废弃物信息的记录，实验人员应做好以下工作。

①与化学品管理办公室联系。填写《特殊化学性实验废弃物废弃的(或过期的)登记表》，此表系那些废弃的或过期的化学药品所专用。填写《特殊化学性实验废弃物(非兼容性的废弃物)登记表》，此表专用于那些反应活性较高、水反应性的、无兼容性的化学性实验废弃物。

②将填好的表送至化学品管理办公室。

③化学品管理办公室复阅已有的档案资料，并向危险废弃物处理公司提供信息。对于以特殊化学性实验废弃物方式处置花费较大的废弃物，环保部门将单独安排处理。

④依照环保部门的建议，危险废弃物处理公司将通知化学品管理办公室，由其制定待处理特殊化学性实验废弃物收集计划，并通知特殊化学性实验废弃物产生者。

⑤特殊化学性实验废弃物复核身份证明表可向化学品管理办公室索取，或从所在单位职能部门的网站下载。

可以通过标准的化学性实验废弃物容器进行安全处置的化学性实验废弃物，不能以特殊化学性实验废弃物服务方式处理，这些废弃物类别列于《一般化学性实验废弃物的处置》规程中。

本章小结

本章从化学实验室的安全设计、化学实验室电气设备的配置和安全、化学实验室消防安全、化学实验室安全装备及废弃物处理等方面，介绍了化学实验室在建设过程中的基本规范和要求。

思考题与习题

1. 实验开始前应该做好哪些准备(　　)。

A. 必须认真预习，理清实验思路

B. 应仔细检查仪器是否有破损，掌握正确使用仪器的要点，弄清水、电、气的管线开关和标记，

保持清醒头脑，避免违规操作

C. 了解实验中使用的药品的性能和有可能引起的危害及相应的注意事项

D. 以上都是

2. 使用易燃易爆的化学药品，不正确的操作是(　　)。

A. 可以用明火加热　　B. 在通风橱中进行操作

C. 不可猛烈撞击　　D. 加热时使用水浴或油浴

3. 实验室的废弃化学试剂和实验产生的有毒有害废液、废物，可以（　　）。

A. 集中分类存放，贴好标签，待送中转站集中处理

B. 向下水口倾倒

C. 随垃圾丢弃

D. 堆放在过道上

4. 化学实验室常见的安全隐患有哪些？

5. 向废液回收桶内倒废液时，哪些类型的废液不能混合？

第6章　生物安全

学习目标

1. 提高学生对生物安全重要性与必要性的认识，帮助其获得必要的生物安全知识，识别出生活中有违生物安全的行为。

2. 提高学生对生物安全管理重要性的认识，加强其对生物安全的防护意识。

3. 树立生物安全意识，提升生命科学的基本素养。

学习重点

1. 生物安全相关知识。

2. 生物危害的来源与分类。

3. 生物安全实验室分级与设备要求。

4. 生物安全管理相关知识。

学习建议

1. 在开展基础课与专业课相关实验项目时，理论联系实践，从生物安全角度去观察、分析、理解相关实验室和实验内容的安全性。

2. 密切联系生活，了解并查阅历年生物安全事件，剖析其发生的原因，理解并掌握所学内容。

生物安全是国家和民族安全的重要内容，是全人类共同关注的问题，也是构建人类命运共同体必须要面对的问题。防范各种动植物、微生物与人工改造的生物体对人类健康和自然环境可能造成的不安全因素是生物安全的核心内容。

6.1　生物安全相关概念

1886年，德国科学家罗伯特·科赫(Robert Koch)(图6-1)发表霍乱病的实验室感染报告，这是全世界首次与实验室生物安全有关的报告。

随着科技、全球贸易和交通的不断发展，震惊世界的生物安全事件引发的感染性疾病时有发生。据世界卫生组织(World Health Organization，WHO)统计，1940—2015年间，全球共发现335种感染性疾病，部分疾病信息见表6-1所列。人们逐渐意识到，

图 6-1　德国细菌学家 Robert Koch 及以其名字命名的罗伯特·科赫研究所

表 6-1　近几十年全球出现的重要病毒性传染病

疾病名称	病原体	首次发现年份
寨卡热	寨卡病毒	1947
基孔肯亚热	基孔肯亚病毒	1952
香港流感	甲型 H2N3 流感病毒	1958
阿根廷出血热	鸠宁病毒	1958
猴痘	猴痘病毒	1958
玻利维亚出血热	马秋博病毒	1958
马尔堡出血热	马尔堡病毒	1967
拉沙热	拉沙病毒	1969
婴幼儿腹泻	轮状病毒	1973
传染性红斑和急性关节病	细小病毒 B19	1975
埃博拉出血热	埃博拉病毒	1976
丁型肝炎	丁型肝炎病毒	1977
肾综合征出血热	汉坦病毒	1977
成人 T 淋巴细胞白血病	人类 T 淋巴细胞白血病病毒型	1980
毛细胞白血病	人类 T 淋巴细胞白血病病毒 1 型	1982
新型克雅氏病	朊病毒	1982
艾滋病(AIDS)	人免疫缺陷病毒 HIV	1983
婴幼儿急疹	人疱疹病毒 6 型	1986
巴西出血热	萨比亚病毒	1994
高致病性禽流感	禽流感病毒 H5N1	1997

（续）

疾病名称	病原体	首次发现年份
脑膜炎或呼吸系统感染	尼帕病毒	1998
病毒性脑炎	西尼罗病毒	1999
重症急性呼吸综合征(SARS)	新型冠状病毒 SARS virus	2003
甲型 H1N1 流感	新甲型 H1N1 流感病毒	2009
发热伴血小板减少综合征	新型布尼亚病毒	2010
重症肺炎	中东呼吸综合征冠状病毒 MERS-CoV	2012
流感、重症肺炎	人感染 H7N9 禽流感病毒	2013

研究成果在造福人类的同时，实验室感染事件对人类健康造成极大威胁。

6.1.1 生物安全

狭义的生物安全(biosafety)是指防范现代生物技术的开发和应用所产生的负面影响，即对生物多样性、生态环境及人体健康可能造成的风险。广义的生物安全还包括对重大新突发传染病、动植物疫情、外来生物入侵、生物遗传资源和人类遗传资源的流失、实验室生物安全、微生物耐药性、生物恐怖袭击、生物武器威胁等的有效预防和控制措施。生物安全涉及的相关术语及注解见表 6-2 所列。

表 6-2 生物安全相关术语及注解

术语	注 解
生物因子	微生物及生物活性物质
风险	危险发生的概率及其后果严重性的综合
风险评估	评估风险大小，以及确定是否可容许的全过程
风险控制	为降低风险而采取的综合措施
危险	可能导致死亡、伤害或疾病、财产损失、工作环境破坏或这些情况组合的根源或状态
危险识别	识别存在的危险并确定其特性的过程
事故	造成死亡、疾病、伤害、损坏或其他损失的意外情况
事件	导致或可能导致事故的情况
气溶胶	固体和(或)液体微小粒子悬浮于气体介质中形成的相对稳定的分散体系。其中的气体介质称为连续相，通常为空气；微粒称为分散相，其成分复杂，大小不一，其粒径一般为 0.001~100μm，是气溶胶研究的对象；微粒为液体的称为液体气溶胶
高效空气过滤器	通常滤除≥0.3μm 微粒，滤除效率符合相关要求的过滤器，其中效率不低于 99.9%为 A 类，不低于 99.99%为 B 类，不低于 99.999%为 C 类高效过滤器
缓冲间	设置在被污染概率不同的实验室区域间的密闭室，需要时，设置机械送风/排风系统，其门具有互锁功能，不能同时处于开启状态
气锁	具备机械送风/排风系统、整体消毒条件、化学喷淋(适用时)和压力可监控的气密室，其门具有互锁功能，不能同时处于开启状态
定向气流	从污染概率小区域流向污染概率高区域的受控制的气流

(续)

术语	注 解
实验室防护区	实验室的物理分区，该区域内生物风险相对较大，需对实验室的平面设计、围护结构的密闭性、气流，以及人员进入、个体防护等进行控制的区域
生物安全柜	生物安全实验室中极为重要的设备，是具备气流控制及高效空气过滤装置的操作柜，可以有效降低实验过程中产生的生物性气溶胶对操作者和环境污染的风险
个人防护装备	人们在实验室进行科研活动过程中，用于防止个体受到生物性、化学性或物理性等危险因子伤害的器材和用品

实验室生物安全是指防范危险性生物因素对实验室人员的影响、向实验室外扩散并导致危害的综合措施，包括物理防护、标准化操作规程(standards operating procedure, SOP)和规范化实验室管理。物理防护主要包括一级屏障(primary barrier)和二级屏障(secondary barrier)。一级屏障主要指由实验室内生物安全设备(图6-2)和个人防护装备(如防护服、帽、安全眼镜、面部防护罩等，图6-3)构筑的隔离操作人员和操作对象直接接触的屏障。二级屏障指通过实验室设施与设备形成实验室内环境与实验室外环境间防止生物性因素释放到环境中的屏障。实验室设施与设备包括：实验室的建筑材料、建筑结构、装修、水电安全、通风系统及净化装置、给水排水系统、电和气供应、消防设备、消毒和灭菌设备、废弃物处置设备等。标准化操作规程是指从取样到具体各种实验行为、从实验准备的消毒灭菌处理到实验结束后的废弃物处置都建立一套标准化操作流程。规范化实验室管理是在建立物理屏障和标准化操作规程的基础上，建立一套完整的保障实验质量和安全运行的管理措施，是落实国家安全管理法律、法规的基本保证。

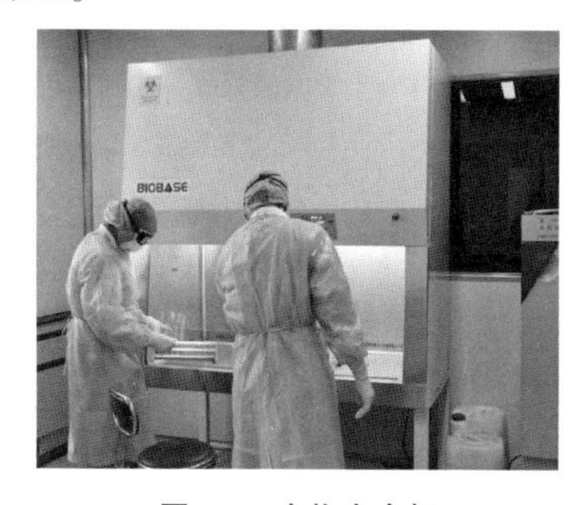

图6-2 生物安全柜

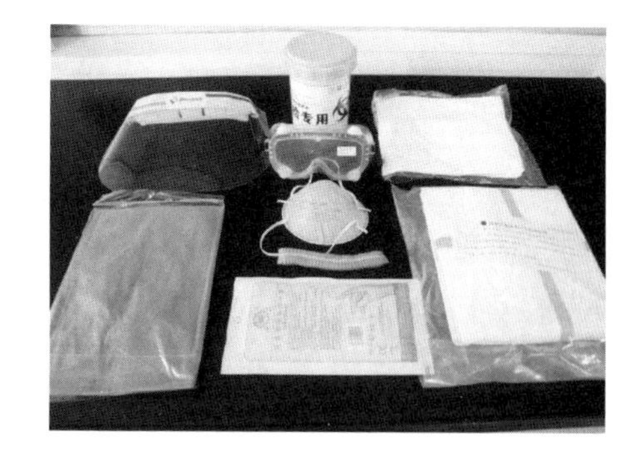

图6-3 个人防护装备

6.1.2 生物危害

生物危害(biohazard)是指各种生物因素(biological agent)对人体健康、生态环境和社会稳定造成的危害或潜在危害，其国际通用标识如图6-4所示。该标识由退休环境健康工程师查尔斯·鲍德温(Charles Baldwin)设计，用作警告、提醒可能接触到生物性危

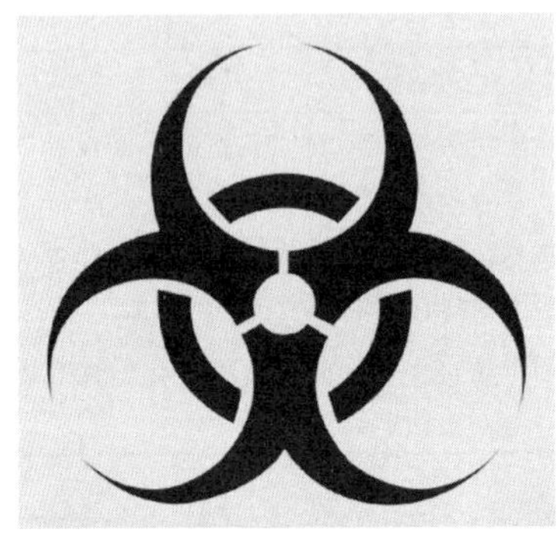

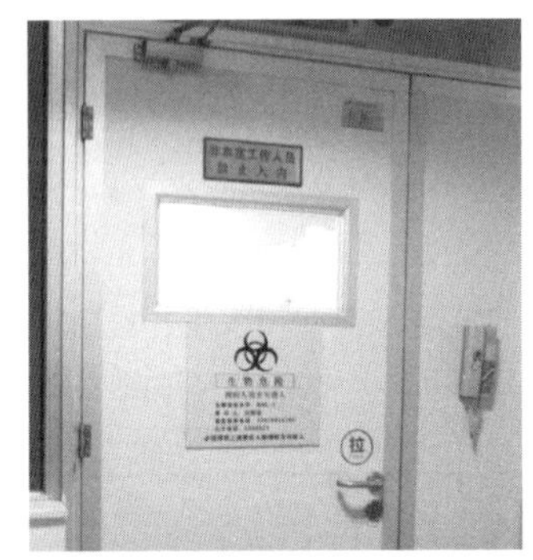

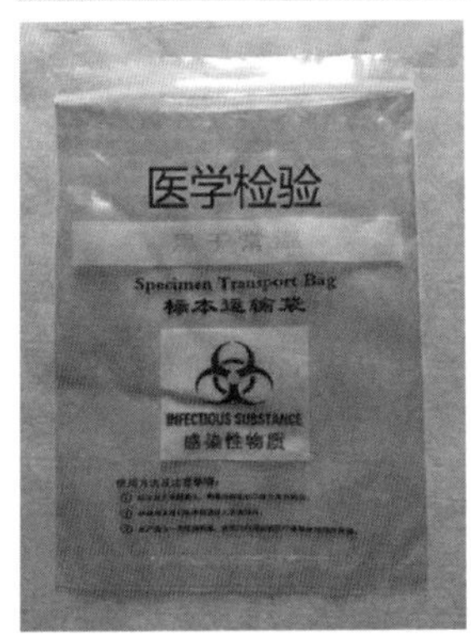

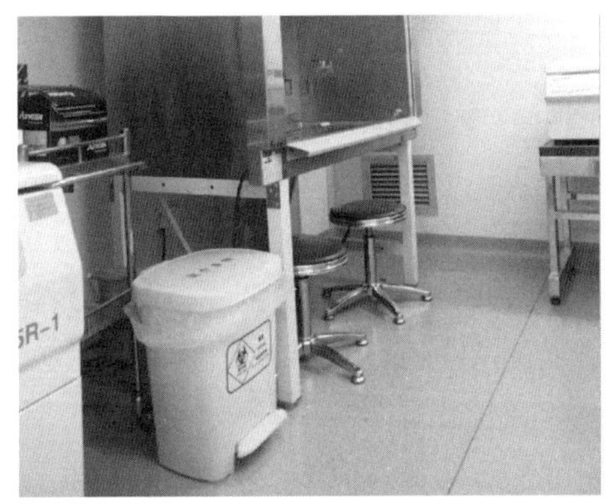

图 6-4　国际通用生物危害标识及其应用

害物质的人采取相应的防护措施。二级及以上的生物安全防护级别实验室应在其门上张贴醒目的国际通用生物危害标识。

6.1.2.1　生物危害的来源

有害生物因子是指病原微生物、高等动植物的毒素和过敏原、微生物代谢产物的毒素和过敏原、转基因或基因编辑生物体、合成的生物活性物质(包括病毒)和有害生物制剂等。实验室生物危害是指在实验室进行感染性致病因子的科学研究过程中，对实验室人员造成的危害和对环境的污染。生物危害的来源主要有以下几个方面：

(1)人和动物来源的各种致病微生物

人类历史上一共经历 3 次鼠疫(黑死病)大流行，鼠疫杆菌(图 6-5、图 6-6)从非洲侵入中东，而后到达欧洲(图 6-7)，全球先后死于鼠疫者达数千万人；1817 年至今，霍乱(图 6-8、图 6-9)总计暴发了 7 次，仅仅是中国的死亡人数就达到了 1 300 万人(图 6-10)，全球死亡人数保守估计为 1.4 亿人，随着公共卫生条件和污水处理环节的改善，霍乱已在发达国家绝迹；1933 年猪瘟(俗称烂肠瘟)在中国传播流行，造成 920 万头猪死亡(图 6-11)；1957 年，脊髓灰质炎(俗称小儿麻痹症)在中国爆发，466 人死亡，其中大数为儿童(图 6-12、图 6-13)；1996 年疯牛病(又称牛海绵状脑病)祸害英国，直接经济损失在 156 亿美元以上(图 6-14、图 6-15)；1997 年，中国香港发生禽流感事件，宰杀了140万只鸡(图6-16)，仅赔偿鸡农、鸡贩的损失就达14亿港元，同时造成18人感染、6人死亡；2003年SARS疫情在中国大规模暴发，中国大陆共确诊5 327例，死亡349人，随后波及32个国家和地区，世界范围内共发病8 422例，造成919人死亡，病死率11%(表6-3)；2013年初，中国暴发了H7N9高致病性禽流感，据WHO统计，截至2015年2月23日，世界范围内共有571人实验室确认感染H7N9病毒，212例死亡，中国感染人数为568人。每次致病微生物引起的感染性疾病都会给人民生命健康，社会经济和稳定均带来了严重影响。

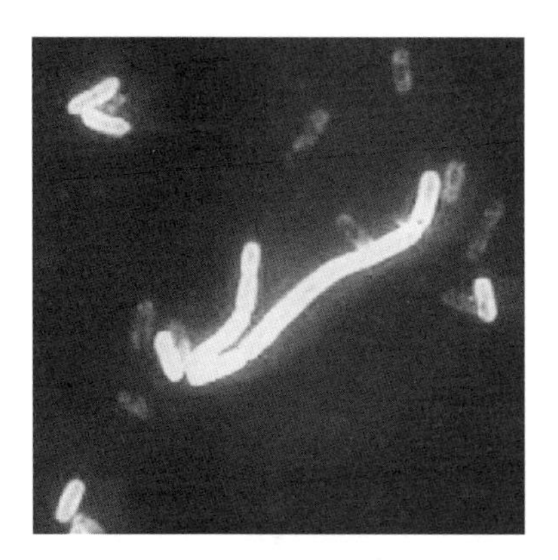

图6-5 放大200倍的耶尔辛氏鼠疫杆菌及其发现者亚历山大·耶尔辛纪念邮票

图6-6 奥地利维也纳鼠疫纪念柱

图6-7 捷克克鲁姆洛夫鼠疫纪念柱

(碑文和浮雕警示人们：不要忘记上帝给这座城市带来的惩罚)

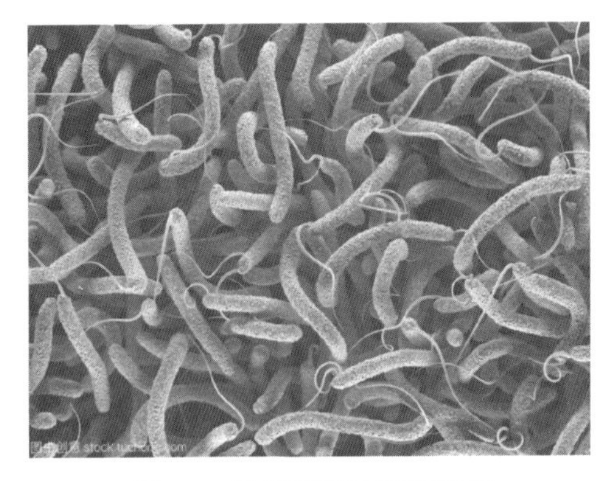

图 6-8　显微镜下的霍乱弧菌

图 6-9　霍乱中患病的孩子

霍亂流行

市區軍營均有發現

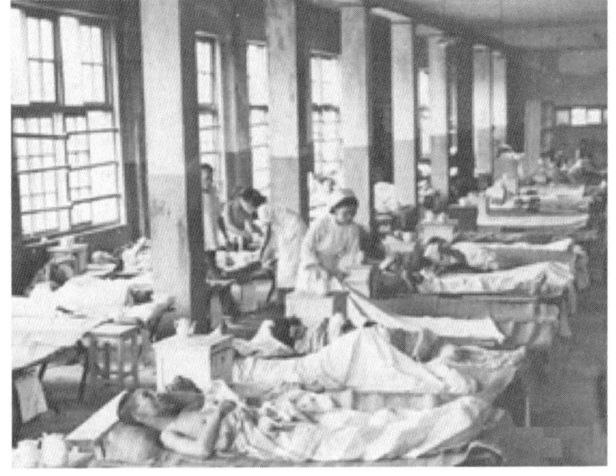

图 6-10　1942 年报道的上海霍乱疫情及上海中山医院隔离病房收治的霍乱患者

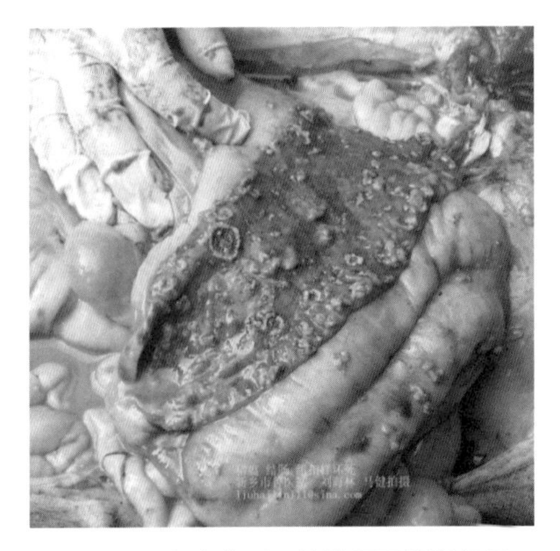

图 6-11　患猪瘟而死的猪坏死结肠组织

图 6-12 因脊髓灰质炎而右腿萎缩的男性

图 6-13 古埃及第十八王朝时(1403—1365BC)出土的石板画，画出小儿麻痹病人的姿态

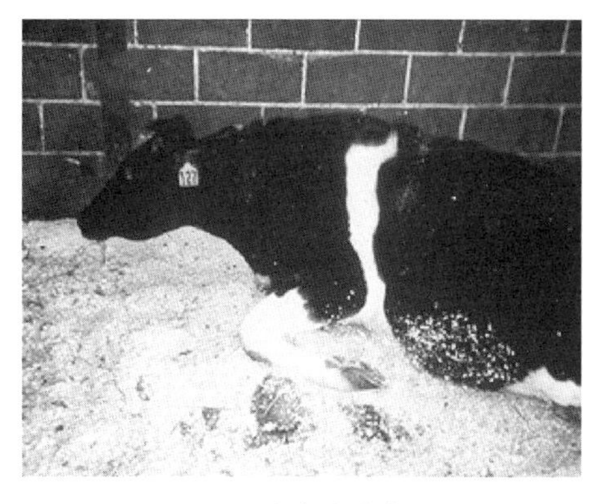

图 6-14 感染疯牛病的牛无法站立

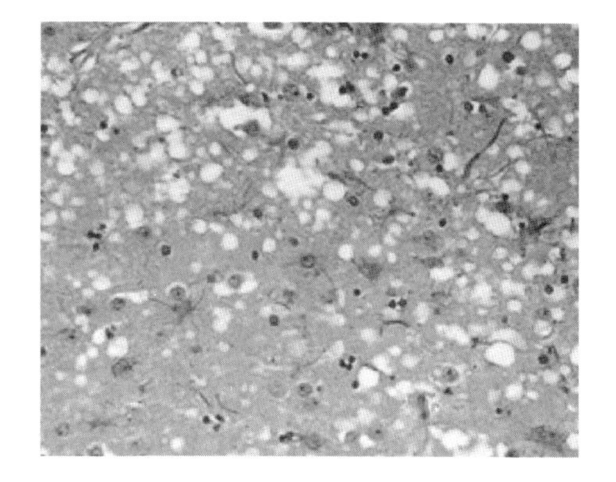

图 6-15 疯牛病牛脑组织切片

图 6-16 禽流感导致大量畜禽死亡

表 6-3　2002 年 11 月 1 日至 2003 年 7 月 31 日期间 SARS 病例总结

国家/地区	病例（人）	死亡（人）	病死率（%）	感染的医护人员	首宗日期	最后一宗日期
中国大陆	5 327	349	6.6	1 002(19%)	2002-11-16	2003-06-03
中国香港	1 755	299	17.0	386(22%)	2003-02-15	2003-05-31
加拿大	250	38	15.2	109(43%)	2003-02-23	2003-06-12
中国台湾	346	37	10.7	68(20%)	2003-02-25	2003-06-15
新加坡	238	33	13.9	97(41%)	2003-02-25	2003-05-05
越南	63	5	7.9	36(57%)	2003-02-23	2003-04-14
美国	27	0	0	0(0%)	2003-02-24	2003-07-13
菲律宾	14	2	14.3	4(29%)	2003-02-25	2003-05-05
泰国	9	2	22.2	1(11%)	2003-03-11	2003-05-27
德国	9	0	0	1(11%)	2003-03-09	2003-05-06
蒙古国	9	0	0	0(0%)	2003-03-31	2003-05-06
法国	7	1	14.3	2(29%)	2003-03-21	2003-05-03
澳大利亚	6	0	0	0(0%)	2003-02-26	2003-04-01
瑞典	5	0	0	0(0%)	2003-03-28	2003-04-23
意大利	4	0	0	0(0%)	2003-03-12	2003-04-20
英国	4	0	0	0(0%)	2003-03-01	2003-04-01
印度	3	0	0	0(0%)	2003-04-25	2003-05-06
韩国	3	0	0	0(0%)	2003-04-25	2003-05-10
印度尼西亚	2	0	0	0(0%)	2003-04-06	2003-04-17
南非	1	1	100	0(0%)	2003-04-03	2003-04-03
科威特	1	0	0	0(0%)	2003-04-09	2003-04-09
中国澳门	1	0	0	0(0%)	2003-05-05	2003-05-05
新西兰	1	0	0	0(0%)	2003-04-20	2003-04-20
爱尔兰	1	0	0	0(0%)	2003-02-27	2003-02-27
罗马尼亚	1	0	0	0(0%)	2003-03-19	2003-03-19
俄罗斯	1	0	0	0(0%)	2003-05-05	2003-05-05
西班牙	1	0	0	0(0%)	2003-03-26	2003-03-26
瑞士	1	0	0	0(0%)	2003-03-09	2003-03-09
全球	8 096	774	9.56	1 706(21%)	2002-11-16	2003-07-13

注：以上数据为 WHO 基于截至 2003 年 12 月 31 日的数据统计而来。

(2)外来生物的入侵

当外来物种在自然或半自然的生态系统或环境中建立了种群，进而改变或威胁本地生物多样性时，就成为外来入侵种。外来生物的入侵通过有意识引进(如水葫芦、福寿螺，图6-17、图6-18)、无意识引进(如红火蚁，图6-19)和自然入侵(如豚草，图6-20)3种方式。历史上，不少引进的外来生物使当地人得益，如玉米、辣椒、番茄和西葫芦等，但也有许多引进后“演变”为入侵物种，导致当地农作物和牲畜死亡，破坏了生态系统的结构和功能，从而严重危害环境生物安全，也称为“生物污染”。生态环境部2020年6月2日在北京发布《2019中国生态环境状况公报》显示，全国已发现660多种外来入侵物种，其中215种已入侵国家级自然保护区。71种对自然生态系统已造成或具有潜在威胁并被列入《中国外来入侵物种名单》。随着国际贸易、旅游和科技交流的增加，人员交往频繁，很有可能把原来我国没有的传染病传入我国。

图6-17 水葫芦

(注：水葫芦原产于南美洲，20世纪初作为观赏植物引入我国，后作为猪饲料推广种植，致使大量水生生物因缺氧和阳光不足而死亡，破坏水中生态平衡)

图6-18 福寿螺虫卵

(注：福寿螺原产于南美洲亚马孙河流域。20世纪80年代初作为食用螺引入中国。福寿螺除啮食水稻等水生植物造成减产外，还传播疾病)

图6-19 红火蚁及伪装成土堆的红火蚁群

(注：红火蚁原产于南美洲，随修建道路无意识引进)

图 6-20　豚草及围剿“植物杀手”豚草图

(3)现代生物技术产物来源的潜在危害

1994 年 1 月，美国先锋种子公司将巴西坚果中编码 2S albumin 蛋白(富含甲硫氨酸和半胱氨酸的蛋白质)的基因转入大豆中。研究结果表明转基因大豆中的含硫氨基酸的确提高了。但是，研究结果也表明对巴西坚果过敏的人同样会对这种大豆过敏(图 6-21)，蛋白质 2S albumin 可能正是巴西坚果中的主要过敏原。因此，先锋种子公司立即终止了这项研究计划。此事成为人们质疑转基因安全的一个重要依据，而使得转基因生物的安全性评价成为人们日益关注的焦点。

(4)生物恐怖事件

生物恐怖事件是生物恐怖指恐怖主义分子基于某种政治目的，利用可在人与动物

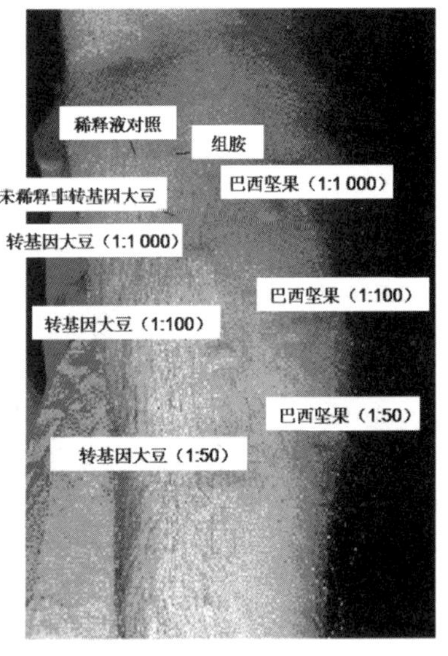

图 6-21　转基因大豆及其提取物的皮肤过敏检测图

之间传染或人畜共患的感染媒介物，如细菌、病毒、原生动物、真菌，将其制成各种生物战剂，发动攻击，造成烈性传染病的暴发、流行，导致人群发病和死亡，以达到引起人心恐慌、社会动乱的目的而进行的罪恶活动。其中，危害性和毒性最大、传染性最强的生物战剂是由鼠疫杆菌、天花病毒、炭疽杆菌等制造成的。1940 年 10 月 27 日，日军 731 部队在宁波开明街投放 2kg 污染鼠疫杆菌的面粉和麦粒，直接造成 106 人死亡，疫区内共 115 户 137 间民居被焚毁(图 6-22)，整个细菌战造成 1 554 人罹难。1984 年，美国罗杰尼希教生物恐怖攻击事件中罗杰尼希教成员向俄勒冈州沃斯科县达尔斯地区餐馆(图 6-23)投放鼠伤寒沙门菌而干扰选举，导致 751 人食物中毒。2001 年，美国“9・11”事件后又遭受了炭疽恐怖事件，于当年 9 月 18 日起，在佛罗里达、纽约、新泽西州陆续出现了通过邮递白色粉末，引发的 22 例炭疽病例和感染者，其中 5 人死亡(图 6-24、图 6-25)。

時事公報

全體市民一齊起來撲滅鼠疫

中南大藥房

图 6-22 《时事公报》刊登的宁波鼠疫疫情及开明街鼠疫场遗址纪念碑

图 6-23 1984 年美国罗杰尼希教生物恐怖攻击事件中受到影响的 4 家餐馆和沃斯科县法院

图 6-24　美国联邦调查局调查佛罗里达州发生的炭疽事件

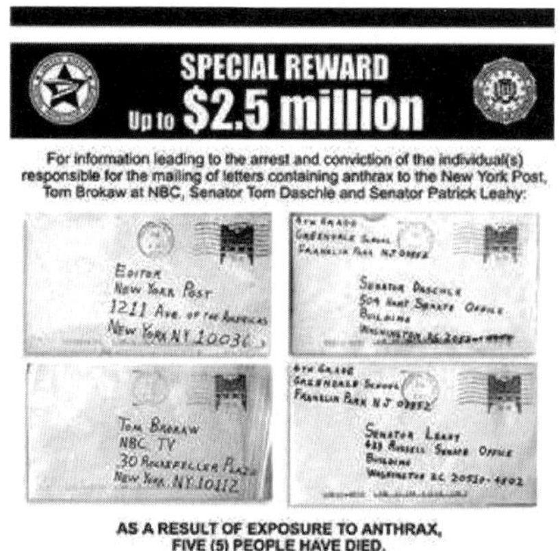

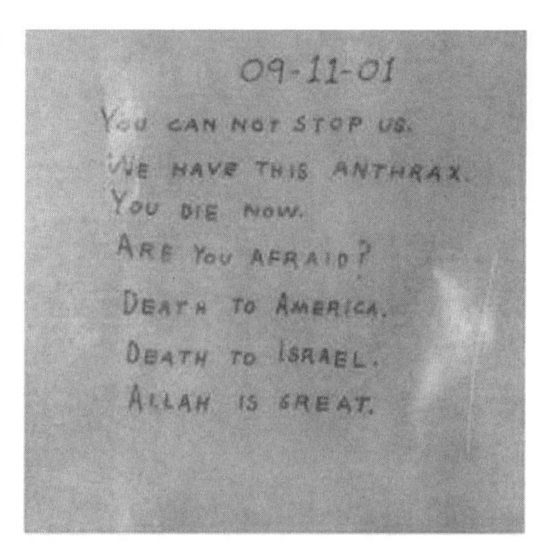

图 6-25　美国 250 万美元悬赏炭疽袭击者线索及恐怖信件内容

6.1.2.2　生物危害分级

根据生物因子对个体和群体的危害程度将生物危害分为 4 级。

(1)危害等级 Ⅰ

由对人体、动植物或环境危害较低，不具有对健康成人、动植物致病的致病因子所造成的危害(低个体危害，低群体危害)。

(2)危害等级 Ⅱ

由对人体、动植物或环境具有中等危害或具有潜在危险，对健康成人、动物和环境不会造成严重危害的致病因子所造成的危害(中等个体危害、有限群体危害)，但有有效的预防和治疗措施。

(3)危害等级 Ⅲ

由对人体、动植物或环境具有高度危害性，通过直接接触或气溶胶传播使人染上严重的甚至致命的疾病，或对动植物和环境具有高度危害的致病因子所造成的危害(高个体危害、低群体危害)，通常有预防和治疗措施。

(4)危害等级Ⅳ

由对人体、动植物或环境具有高度危害性，通过气溶胶途径传播或传播途径不明，或未知的、高度危险的致病因子所造成的危害(高个体危害、高群体危害)，没有预防和治疗措施。

6.1.3 生物风险

生物风险(biological risk)是指生物因子将要或可能形成的危害，是伤害概率和严重性的综合。生物危害是生物风险评估的重要内容。伤害概率是依据病原体的传染性、致病作用、病原体数量及可能的流行范围和流行程度，或者有毒有害化合物的剂量与毒性作用，或者放射性核素的种类、剂量、辐射部位与范围等，来进行较客观地评估。生物危害的严重性包括伤害的严重性和由此引起的社会关注程度(如致病、致残、后遗症、致死等)和人数进行评估。而社会的严重性往往难以评估，要依据对生物因子的认知程度、有效预防和处置能力来确定。对新出现的致病严重的生物因子，容易引起社会恐慌。

6.2 生物安全的级别分类

6.2.1 病原微生物危害程度分类

我国《病原微生物实验室生物安全管理条例》(2004 年)中，根据病原微生物的传染性及感染后对个体或者群体的危害程度，将病原微生物分为以下 4 类：

①第一类　是指能够引起人类或者动物感染非常严重疾病，且针对病症尚未研制出任何有效疫苗或治疗方法的微生物，如黄热病病毒、埃博拉病毒、拉沙病毒(图 6-26)、马尔堡病毒等。

②第二类　是指能够引起人类或者动物严重疾病，比较容易直接或者间接在人与人、动物与人、动物与动物间传播的，针对其症状尚有抑制方法的微生物，如鼠疫杆菌、炭疽芽孢杆菌、高致病性禽流感病毒、狂犬病病毒、人免疫缺陷病毒、结核分枝杆菌、SARS 病毒等。

③第三类　是指能够引起人类或者动物疾病，但一般情况对人、动物或者环境不构成严重危害，传播风险有限，实验室感染后很少引起严重疾病，并且具备有效治疗和预防措施的微生物，如流感病毒、乙型肝炎病毒、麻疹病毒、钩端螺旋体(图 6-27)、沙门菌等，针对这类微生物引起的病症已经有有效的预防和治疗措施。

④第四类　是指在通常情况下不会引起人类或者动物疾病的微生物，如生物制品

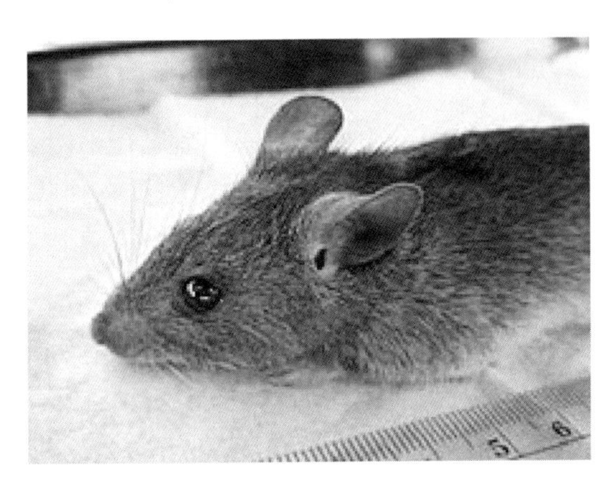

图 6-26 多乳鼠——拉沙病毒天然宿主

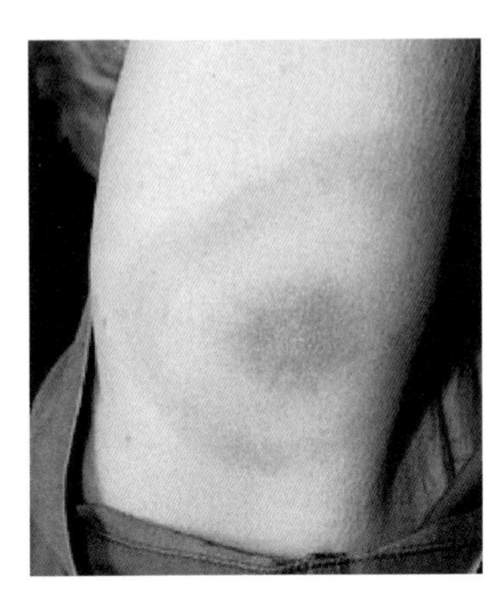

图 6-27 携带螺旋体蜱虫叮咬导致的游走性红斑

用菌苗，疫苗生产用的各种减毒、弱毒菌种（如枯草杆菌、大肠杆菌等）、毒种（如水痘）等。

通常所说的高致病性病原微生物是指第一类和第二类病原微生物。有些国家对病原微生物的危害程度分类与我国反之，如加拿大、澳大利亚和新西兰等。很多致病微生物会引起人畜共患病，现已证实的人畜共患病约有 200 种，常见的可引发此类病症的病原体相关信息见表 6-4 所列。

表 6-4 常见的人畜共患病原体及其易感动物

病原体	易感动物	传播及危害
狂犬病毒（rabies virus）	犬、猫、猴、人等	接触性传播，散发出现
汉坦病毒（Hantaan virus）	犬、猫、人	消化道、呼吸道、接触、虫媒，急性感染，造成人和动物死亡
淋巴细胞性脉络丛脑膜炎病毒（lymphocytic choriomeningitis virus，LCMV）	小鼠、豚鼠、仓鼠、人	垂直传播，人感染表现流感样或无菌性脑膜炎
猴疱疹病毒（simiae herpesvirus）	猴、人	上呼吸道疾病、接触，潜伏期长、死亡率高
沙门菌（*Salmonella*）	人和所有动物	水源、接触传播，发病急、死亡快，隐性感染长期带菌
志贺菌（*Shigella*）	猴、人	肠道感染，急性者高热、呕吐，慢性者痢疾
分枝杆菌（*Mycobacterium*）	牛、大象、人	飞沫或皮肤损伤侵入易感机体，多种组织器官的结核病
弓形虫（*Toxoplasma gondii*）	人和所有动物	病原污染食物，肠道等器官病变
布鲁氏杆菌（*Brucella*）	猪、犬、人、羊等	消化道、伤口感染，生殖道感染、丧失生育能力
禽流感病毒（avian influenza virus，VIA）	禽、人	呼吸道、接触，呼吸道疾病，威胁生命
猪流感病毒（swine influenza virus，SIV）	猪、人	呼吸道、接触，急性、传染性呼吸器官疾病

6.3 生物安全设备

在生物安全实验室开展有危害或潜在危害病原体相关实验活动时，使用安全设施并结合规范的操作将有助于降低危险，同时需要一些防止、减少实验操作中感染性气溶胶、溅出物、废弃物等对实验室环境及人员造成感染的仪器设备。

6.3.1 超净台

超净台是一种通用型局部净化设备，是一种正压柜，气流从顶部或底部经过过滤器后从操作区正面流向工作台面，被样品污染的气流排出柜外，没有循环气流(图6-28)。超净台仅保护样品不受污染，适用于普通实验室或BSL-1实验室。

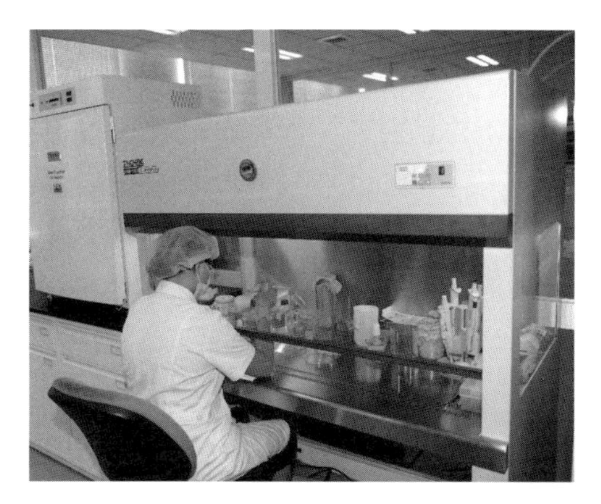

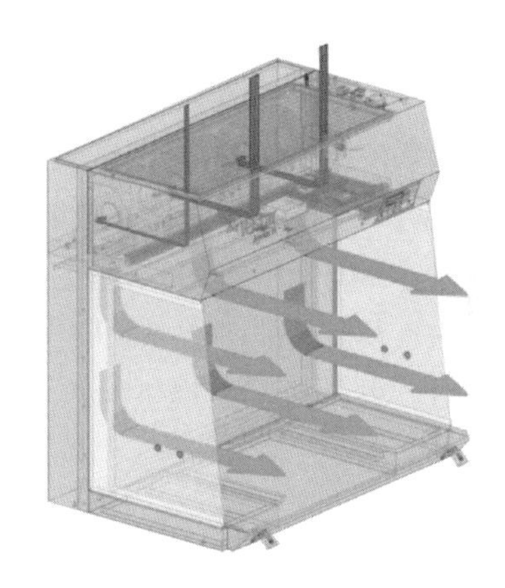

图6-28 超净台及其工作原理图

6.3.2 通风橱

通风橱是实验室，特别是化学实验室的一种大型设备(图6-29)。用途是减少实验者和有害气体的接触。完全隔绝则需要使用手套箱。通风橱是保护人员防止有毒化学烟气危害的一级屏障。在化学实验过程失败，化学烟雾、尘埃和有毒气体产生时有效排出有害气体，保护工作人员和实验室环境。

6.3.3 生物安全柜

生物安全柜(biological safety cabinet，BSC)是为操作原代培养物、菌毒株以及诊断性标本等具有感染性的实验材料时，用来保护操作者本人、实验室环境以及实验材料，使其避免暴露于上述操作过程中可能产生的感染性气溶胶和溅出物而设计的，是生物安全实验室常见的物理隔离设备，异于化学实验室内的通风柜，或者是层流柜。

根据欧盟BS EN 12469：2000《生物技术微生物安全柜性能要求》标准、美国NSF/

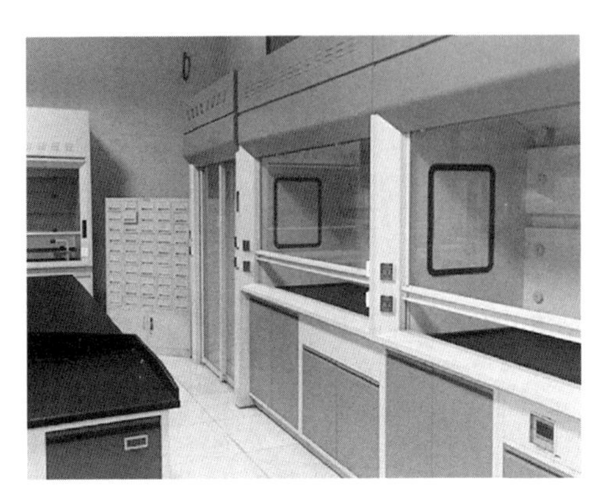

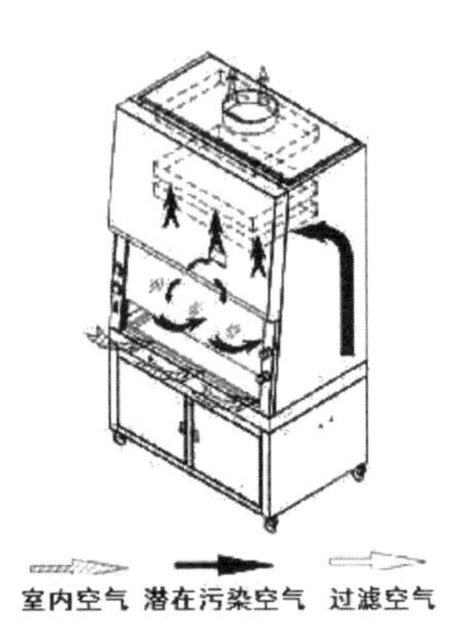

图 6-29 通风橱及其工作原理图

ANSI 49—2002《class Ⅱ(层流)生物安全研究柜》标准和我国《生物安全柜》标准(JG 170—2005)中结构设计以及保护对象和程度的不同，生物安全柜分为以下 3 个级别。

(1) Ⅰ级生物安全柜

Ⅰ级生物安全柜用于保护人员和环境，不保护样品，能满足操作危害程度为二、三、四类致病因子要求的生物安全柜。Ⅰ级生物安全柜的工作窗开口向内吸入的负压气流用以保护人员的安全，排出气流经高效过滤器过滤是为了保护环境不受污染(图 6-30)，具体参数见表 6-5 所列。Ⅰ级生物安全柜本身无风机，依赖外接通风管中的风机带动气流，由于不能对试验品或产品提供保护，目前已较少使用。

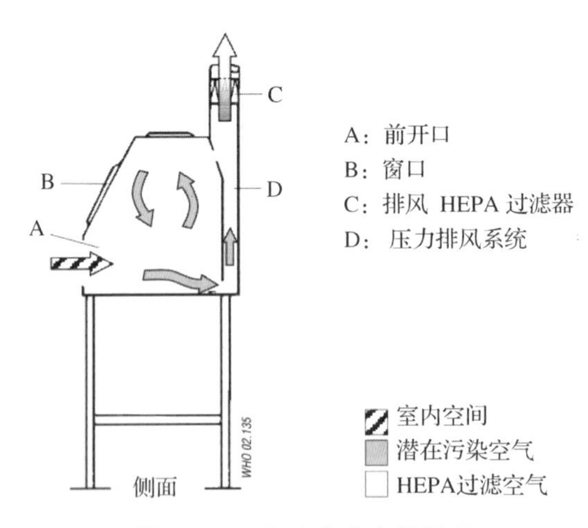

图 6-30 Ⅰ级生物安全柜原理

(2) Ⅱ级生物安全柜

Ⅱ级生物安全柜用于对人员、受试样本及环境进行保护且能满足操作危害程度为二、三、四类的致病因子要求的生物安全柜。Ⅱ级生物安全柜在Ⅰ级生物安全柜基础上通过高效过滤器过滤的垂直气流用以保护受试样本，是目前应用最为广泛的柜型。

根据入口气流风速、排气方式和循环方式Ⅱ级生物安全柜可分为4个级别：A1型、A2型、B1型和B2型。

A1型生物安全柜前窗气流速度最小量或测量平均值应至少为0.38m/s。70%气体通过HEPA过滤器再循环至工作区，30%的气体通过排气口过滤排除。安全柜内的污染部位有正压区域，并且这些正压区域没有被负压区域包围(图6-31、表6-5)。

A2型安全柜前窗气流速度最小量或测量平均值应至少为0.5m/s。70%气体通过HEPA过滤器再循环至工作区，30%的气体通过排气口过滤排除，负压环绕污染区域的设计，阻止了柜内物质的泄漏(图6-32、表6-5)。

B型生物安全柜均为连接排气系统的安全柜。连接安全柜排气导管的风机连接紧急供应电源，目的在断电下仍可保持安全柜负压，以免危险气体泄漏出实验室，其前窗气流速度最小量或测量平均值应至少为0.5m/s(100fpm)。此类安全柜需要有与建筑物排风系统相连接的排风接口。B1型70%气体通过排气口HEPA过滤器排除，30%的气体通过供气口HEPA过滤器再循环至工作区(图6-33、表6-5)。B2型为100%全排型安全柜，无内部循环气流(图6-34、表6-5)。

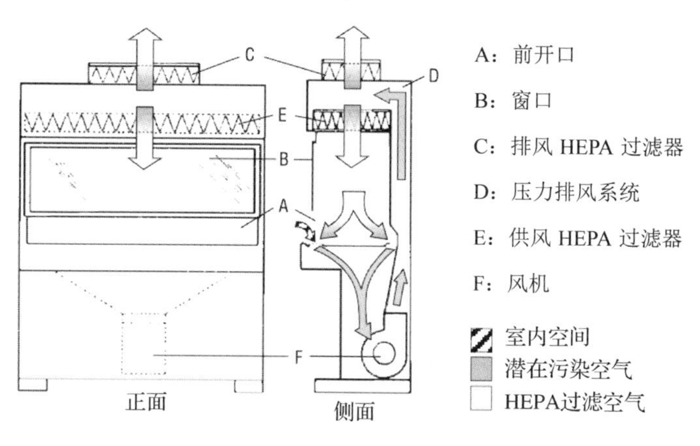

图6-31 Ⅱ级A1生物安全柜原理

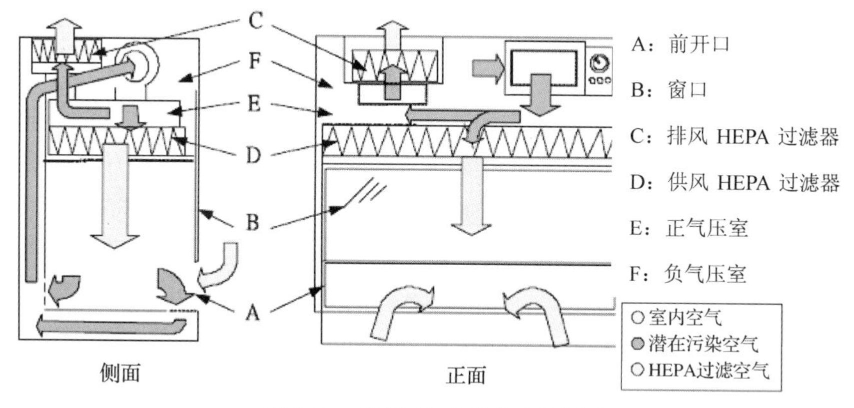

图6-32 Ⅱ级A2生物安全柜原理

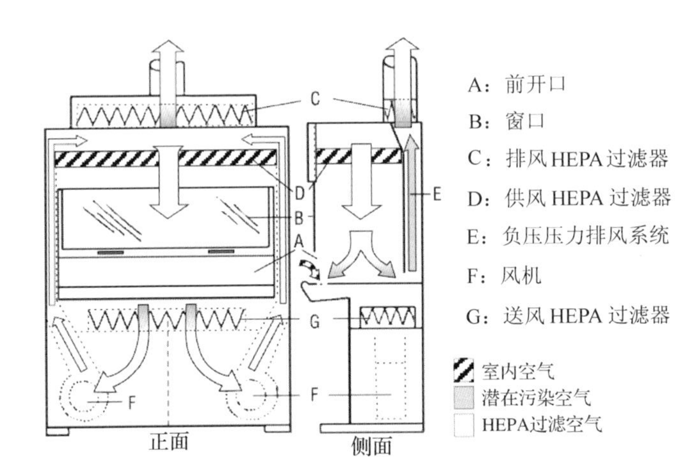

图 6-33　Ⅱ级 B1 生物安全柜原理

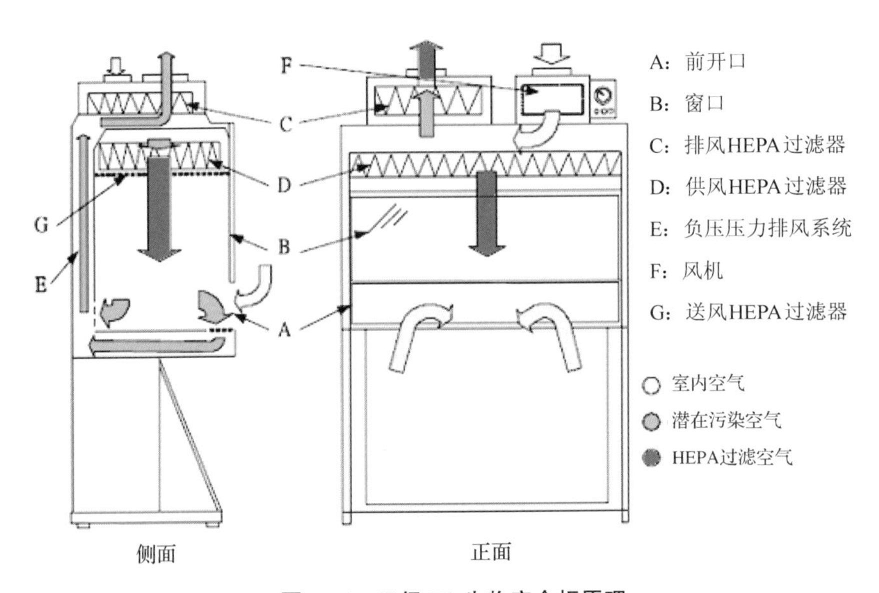

图 6-34　Ⅱ级 B2 生物安全柜原理

（3）Ⅲ级生物安全柜

Ⅲ级生物安全柜是为 P4 实验室设计的，是最高安全防护等级的安全柜。柜体完全气密，100%全排放式，所有气体不参与循环，工作人员通过连接在柜体的手套进行操作，俗称手套箱，试验品通过双门的传递箱进出安全柜以确保不受污染，适用于高风险的生物试验(图 6-35、表 6-5)。此级安全柜需要有与建筑物排风系统相连接的排风接口。

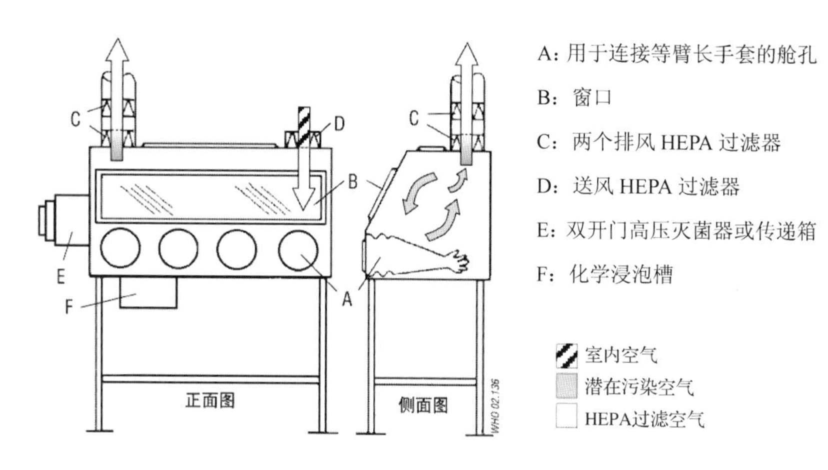

图 6-35　Ⅲ级生物安全柜原理图

表 6-5　不同级别及类型的生物安全柜主要参数

级别	类型	排风	循环空气比例（%）	柜内气流	工作窗口进风平均风速（m/s）	保护对象
Ⅰ级	—	可向室内排风	0	乱流	≥0.40	使用者和环境
Ⅱ级	A1 型	可向室内排风	70	单向流	≥0.40	使用者、受试样本和环境
	A2 型	可向室内排风	70	单向流	≥0.50	
	B1 型	不可向室内排风	30	单向流	≥0.50	
	B2 型	不可向室内排风	0	单向流	≥0.50	
Ⅲ级	—	不可向室内排风	0	单向流或乱流	无工作窗口进风，当一只手套筒取下时手套口风速≥0.70	主要是使用者和环境，有时兼顾受试样本

注：本表引自《生物安全柜》（JG 170—2005）。

6.3.4　灭菌器

微生物广泛存在于周围环境中，其中有些又是病原微生物，从预防感染出发，微生物操作者必须严格执行无菌操作，对所用的物品和工作环境进行消毒灭菌，确保医疗与科研正常进行。消毒灭菌主要是通过理化因素使微生物的主要代谢发生障碍，或菌体蛋白质变性凝固，或破坏其遗传物质，导致微生物死亡。

灭菌器泛指能达到灭菌要求的一切设备，即能在一定时间内杀灭一切微生物（包括细菌芽孢），达到无菌保证水平的设备。《消毒技术规范》（2012 年）中指出灭菌的保证水平为 10^{-6}，即一件物品经灭菌处理后仍然有微生物存活的概率为 10^{-6}。灭菌器是生物安全实验室中的重要设备之一，现已被广泛应用于医疗、教学及科研单位。目前，灭菌方法包括物理灭菌和化学灭菌，前者主要采用热力灭菌、辐射灭菌等方法，后者主要利用环氧乙烷、过氧化氢、甲醛、戊二醛、过氧乙酸等化学灭菌剂，在规定的条件下，以化学灭菌剂合适的浓度和有效的作用时间下，达到灭菌的目的。

6.3.4.1 物理灭菌器

(1)热力灭菌器

利用热力灭活微生物达到防治疾病传播的处理方式，是最老且有效的消毒方法，利用高温可以使菌体变性或凝固，酶失去活性，从而使细菌死亡。热力灭菌包括湿热灭菌法和干热灭菌法。其中的高压蒸汽灭菌法由于热力对细菌的良好穿透力，是当前杀菌能力最强的热力灭菌方法，高压蒸汽灭菌器也是所有灭菌器中历史最久、应用最广、价格最便宜的灭菌设备之一(图 6-36)。干热灭菌器则主要用于不易被蒸汽穿透、易被湿热破坏、能耐受较高温度的物品(图 6-37)。

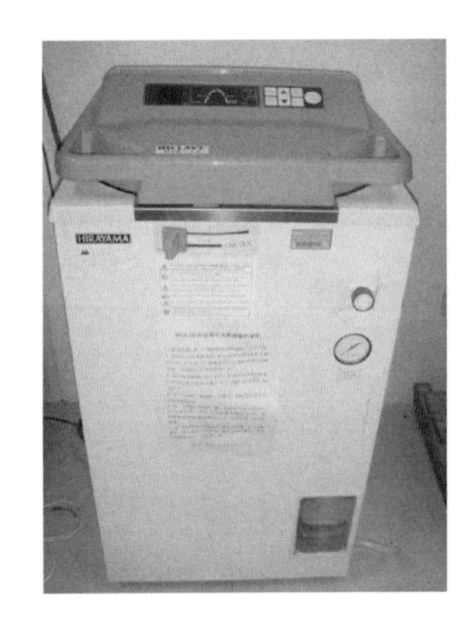

图 6-36 手提式高压灭菌器和立式高压灭菌器

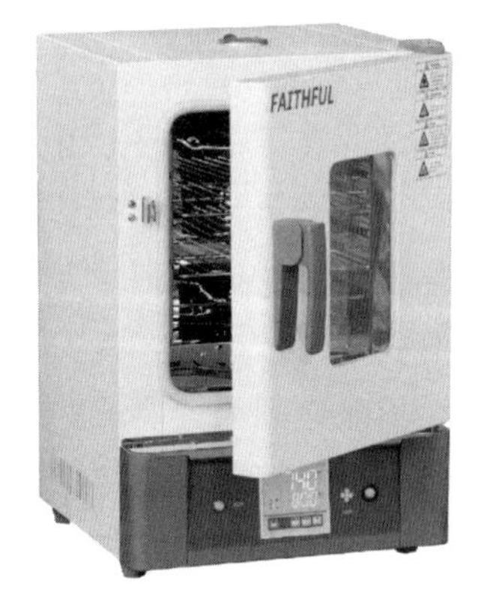

图 6-37 干热灭菌器

(2)辐射灭菌器

利用电离辐射杀灭病原体，如采用放射性同位素放射的 γ 射线杀灭微生物和芽孢。国际通用的辐射灭菌剂量一般为 25 000Gy(1Gy = 1J/kg)。主要适用于热敏物料和制剂的灭菌，如微生物、抗生素、激素、生物制品、中药材、中药方剂、医疗器械、药用包装材料以及高分子材料的灭菌。辐射灭菌器主要包括紫外灯(图 6-38)、红外线接种环灭菌器(图 6-39)等。

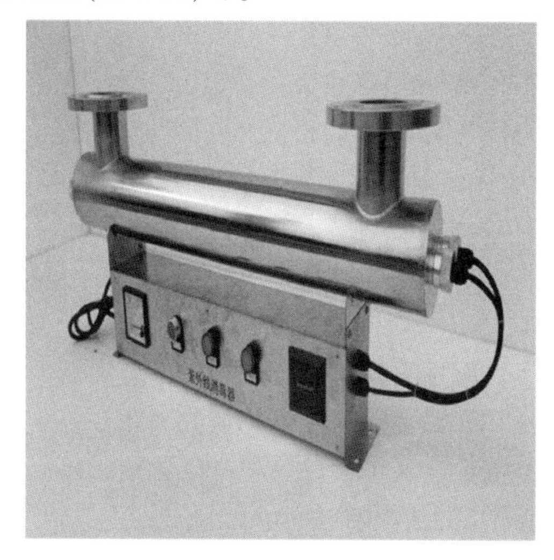

图 6-38 紫外线灭菌器

图 6-39 红外线灭菌器

(3)除菌滤器

除菌滤器简称滤菌器，用于除去混杂在不耐热液体(如血清、腹水、培养液、某些药物等)中的细菌。种类很多，孔径非常小，能阻挡细菌通过(图 6-40、图 6-41)。

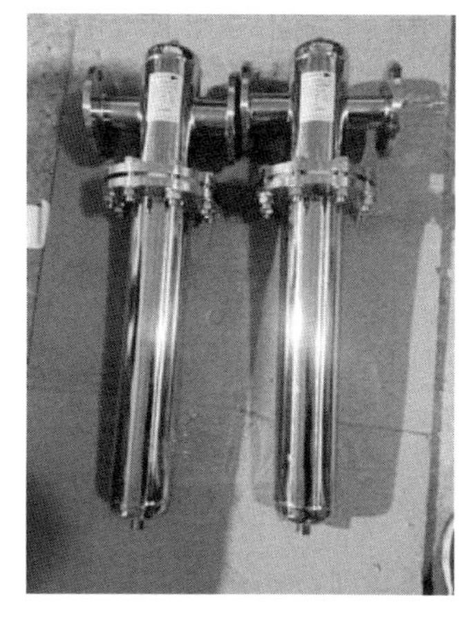

图 6-40 负压除菌滤器

图 6-41 培养液除菌滤器

6.3.4.2 化学灭菌器

(1)环氧乙烷灭菌器

环氧乙烷灭菌器属于化学灭菌设备，是一次性使用无菌医疗器械生产企业的关键设备(图 6-42)。通过在一定的温度、湿度和压力条件下，使用环氧乙烷气体实施熏蒸灭菌。环氧乙烷为易燃易爆的有毒气体，因此，该灭菌器安装操作和使用管理均有其特殊要求。

(2)甲醛灭菌器

甲醛灭菌器通过压力和温度的控制，激发乙醇和甲醛成为化学混合气体，并通过水蒸气压力变换增加混合气体的穿透力，通过温度控制增强混合气体的灭菌能力(图 6-43)。一般甲醛灭菌器的工作温度是 60℃或者 78℃，灭菌剂的配方为 3%乙醇+2%甲醛水溶液+95%蒸馏水。

(3)过氧化氢等离子体灭菌器

在低温(约 45℃)、低湿(相对温度约 10%)、短时间(少于 75min)的条件下，过氧化氢等离子体灭菌器即可完成全部灭菌过程，而且灭菌对象范围广，如金属制品、非耐热制品、非耐湿制品等(图 6-44)。但不适用于液体、粉末类物体的灭菌，对于单端封闭的细管类制品灭菌则需采取附加工序。由于过氧化氢是一种高氧化剂，所以对某些被灭菌物体表面有一定氧化作用，但会造成功能性影响。

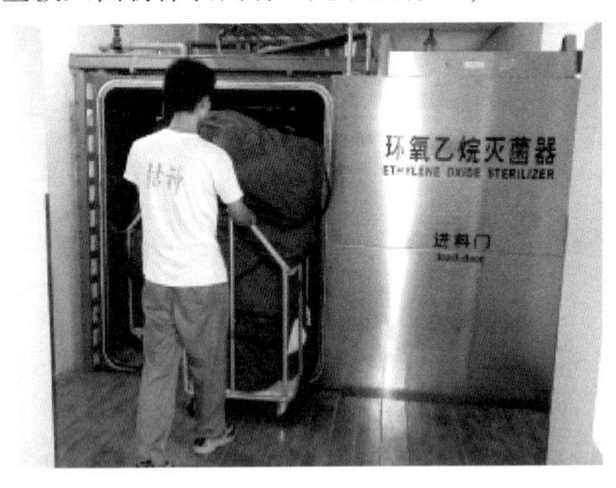

图 6-42 环氧乙烷灭菌器

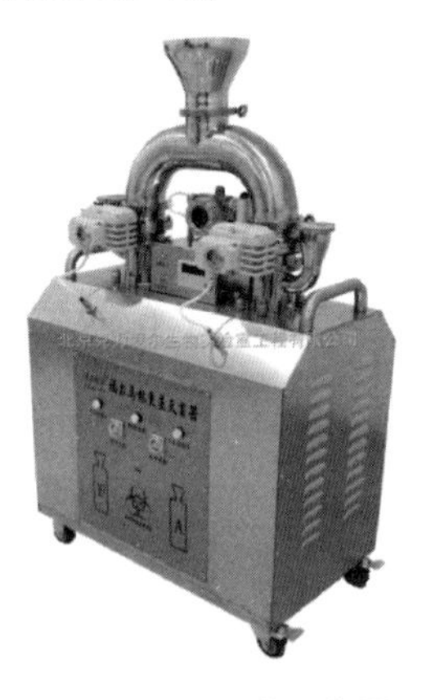

图 6-43 甲醛灭菌器

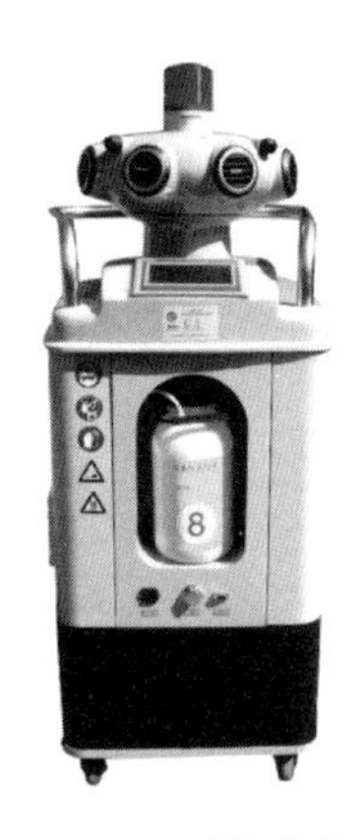

图 6-44 过氧化氢等离子体灭菌器

6.4 生物安全的管理

自 1874 年人类建立第一间开放式公共实验室到现在近 150 年时间中，生物安全问题一直伴随左右。19 世纪末已有关于实验室中发生霍乱、破伤风和伤寒感染等的报道。

实验室感染大部分是由细菌引起，其次为病毒和立克次氏体。布鲁氏菌病、伤寒与Q型流感(羊流感)等是最常见的由实验室病原微生物引起的疾病。2011年东北农业大学由于未能严格要求学生遵守操作规程和进行有效的防护，发生了严重的人兽共患病感染事件，致使27名学生、1名教师感染布鲁氏菌病(图6-45)。相继发生的因实验室病毒泄漏而造成人员感染事件，已使得实验室生物安全隐患变成了现实危害，而这些隐患不仅仅是实验室的局部问题，已涉及环境安全(如危害物泄漏与排放等)和社会安全(如危险品逸出与丢失等)，引起了世界范围内的广泛关注。

中华人民共和国中央人民政府
The Central People's Government of the People's Republic of China
www.GOV.cn
网站首页 | 今日中国 | 中国概况 | 法律法规 | 公文公报 | 政务互动 | 政府建设 | 工作动态 | 人事任免 | 新闻发布
当前位置：首页>> 今日中国>> 中国要闻

东北农大多学生感染布病 高校实验室安全谁监管?

中央政府门户网站 www.gov.cn 2011年09月06日 07时23分 来源：人民日报

【字体：大 中 小】【E-mail推荐 发送 】 打印本页 关闭窗口

今年3月至5月，黑龙江省东北农业大学（以下简称东北农大）27名学生和1名教师，相继确诊感染了布鲁氏菌病（以下简称布病）。9月5日，该校召开新闻发布会，通报该校动物医学学院27名学生及1名教师因使用4只未检疫山羊进行实验而感染布鲁氏菌病的情况，并表示深深歉意。

目前，除2名学生因骨关节少量积液、医院建议住院观察或门诊随访外，已有25名师生临床治愈、1名学生好转，可以出院。现已有18名师生出院，并回到学校开始正常的学习、工作。同时，已有17名学生就事故善后问题与学校签署了相关协议。仍有10名学生尚未与学校达成共识。

图6-45　2011东北农业大学28名师生感染布鲁氏菌病后续报道

6.4.1 生物安全相关法律法规

20世纪50~60年代，欧美国家开始关注实验室的生物安全问题，这也引起了WHO的重视。20世纪70年代，美国成立了环境保护局(Environmental Protection Agency，EPA)和职业安全和保健管理局(Occupational Safety and Health Administration，OSHA)，旨在限制临床实验室必须严格使用和处理有毒或生物危害物质，不能影响环境。为最大程度减少伤害事故的发生，各个研究领域都对实验室的防护条件建设和规范化操作程序作了相应要求。80年代初，美国出版了《基于危害程度的病原微生物分类》(*Classification of Etiological Agents on the Basis of Hazard*)，首次提出将病原微生物和实验室活物分为4个等级。1983年，美国国立卫生研究院(National Institutes of Health，NIH)和疾病预防控制中心(Centers for Disease Control，CDC)出版了《微生物和生物医学实验室生物安全手册》(*Biosafety in Microbiological and Biomedical Laboratories Manual*)，将实验室操作、实验室设计和安全设备组合成1~4级实验室生物安全防护等级。2009年发布了第五版，该准则目前已被国际公认为"金标准"，很多国家将其作为制定本国生物安全标准的参考。随后，世界卫生组织(WHO)出版了《实验室生物安全手册》(*Laboratory Biosafety Manual*)。至此，生物安全实验室的建设和操作有了基本统一的标准。

我国政府十分重视生物安全工作，至今已颁布了近百部法律、法规、标准和指南。如《中国医学微生物菌种保藏管理办法》(1985 年)、《中国微生物菌种保藏管理条例》(1986 年)、《中华人民共和国国境卫生检疫法》(1986 年)、《实验动物管理条例》(1988 年发布，2011 年、2013 年和 2017 年进行 3 次修订)、《中华人民共和国传染病防治法》(1989 年发布，2004 年修订)、《结核病防治管理办法》(1991 年)、《中华人民共和国陆生野生动物管理条例》(1992 年发布，2011 年和 2016 年分别进行 2 次修订)、《中华人民共和国进出境动植物检疫法》(1996 年)、《血液制品管理条例》(1996 年发布，2016 年修订)、《血站管理办法》(1998 年)、《农业转基因生物安全评价管理办法》(2002 年发布，2004 年和 2016 年修订)等。

2003 年，SARS 疫情暴发后，中国政府先后颁布了《突发公共卫生事件应急条例》(2003 年发布，2011 年修订)、《微生物和生物医学实验室生物安全管理条例》(2002 年)、《医疗废物管理条例》(2003 年发布，2011 年修订)、《病原微生物实验室生物安全管理条例》(2004 年)、《实验室生物安全通用要求》(GB 19489—2008)、《CNAL 实验室生物安全认可准则》(2005 年)、《可感染人类的高致病性病原微生物菌(毒)种或样本运输管理规定》(2005 年)、《人间传染的病原微生物名录》(2006 年)、《生物安全实验室建筑技术规范》(GB 50346—2011)等 20 多部相关法律、法规、标准和指南，对生物安全实验室的建设管理做了详细规定，有力推动了全球实验室安全管理和实验室生物安全认可工作朝科学化、制度化、规范化方向发展，对有效进行实验室的生物安全管理提供了法律保障。2015 年，WHO 在“预防传染病研发行动蓝图”计划中公布了 8 种最致命的病毒，包括 EBOV、马尔堡病毒、SARS 病毒、MERS 病毒、拉沙热病毒、尼帕病毒、裂谷热和克里米亚刚果出血热病毒。中国政府组织专家展开针对这些病毒的相关研究，同时进一步发布并修订了生物安全相关法律、法规、标准和指南，如 2019 年发布了《中华人民共和国人类遗传资源管理条例》。2020 年年初，在全球范围暴发了新冠肺炎疫情，中国政府把生物安全纳入了国家安全体系，《中华人民共和国生物安全法(草案)》进入二审阶段，系统规划国家生物安全风险防控和治理体系建设，旨在全面提升国家生物安全治理能力。

6.4.2 生物安全管理机构

(1)单位第一负责人或生物安全主管领导

原则上单位第一负责人应当为单位生物安全工作的第一责任人，也可由主要负责人主管单位生物安全工作。针对某一具体实验室，至少有以下职责：负责实验室的建立，组织本单位生物安全委员会，按照国家有关规定，对实验室进行管理；负责实验室各类人员的职能确认，并对他们进行授权；各类人员在其授权范围内，行使权限；

负责实验室各种资源的配置，包括人员、设备设施、各种材料等。

(2)生物安全委员会

生物安全实验室应成立生物安全委员会，其职责有：按照国家生物安全相关法律、法规、标准和指南有关规定，负责策划本单位生物安全管理体系，管理和实施本单位的实验室生物安全工作；对实验室所操作生物因子的生物风险进行评估，审查和批准在实验室开展的实验项目；制定实验室生物安全管理规章制度；审查操作程序，监督和检查有关法规和操作规程的执行情况，定期进行评估；审查突发事故应急预案，对实验室事故进行评估，提出处理和改进意见；对实验室人员实施必要的监督等，提供生物安全相关技术和政策咨询以及人员培训工作。

(3)实验室主任与其他各类人员

实验室主任对实验室安全运行全面负责，是实验室生物安全的第一责任人，同时，对实验室内部组织机构设置、职能分配进行具体策划；负责实验室设备的设置，防护设备的选定，内务管理；负责与外部的沟通，包括上级的检查、与政府监管机构的联络、沟通；对实验室各类事故的处理、报告。

可根据实验室防护级别的不同和规模大小，设置实验室其他各类人员。例如，BSL-2 实验室至少应设置以下不同职责的人员：实验室常设安全负责人、技术负责人，实验项目安全负责人、项目负责人、技术负责人和实验人员(前三者可为同一人)以及实验室常设仪器设备管理责任人、设备设施运转管理员、试剂样品管理员、文件管理员等。

6.4.3 管理制度

实验室应当制定科学、严格的生物安全管理制度，并使其能够安全、有效地执行。管理制度至少应包括：实验室人员培训制度，实验室准入制度，实验室设施设备的监测、检测和维护制度，健康医疗监督制度，实验室去污染与实验废弃物消毒、灭菌制度，菌(毒)种与样本管理制度，事故和职业性疾病报告制度，生物安全工作自查制度，实验室资料档案管理制度，安全保卫防盗、防火制度等。

6.4.4 管理内容

实验室应当建立完善的生物安全管理体系进行规范化管理。生物安全管理体系中具体管理内容可根据包括《病原微生物实验室生物安全管理条例》《实验室生物安全通用要求》(GB 19489—2008)、《人间传染的病原微生物名录》《动物病原微生物分类名录》等在内的有关生物安全的国家法律、法规、标准和指南的规定和要求而制定。其中，《实验室生物安全通用要求》规定的实验室管理内容有：组织和管理、管理责任、个人责任、安全管理体系文件、文件控制、安全计划、安全检查、不符合项的识别和控制、纠正措施、预防措施、持续改进、内部审核、管理评审、实验室人员管理、实验室材料管理、实验室活动管理、实验室内务管理、实验室设施设备管理、废弃物处置、危险材料运输、应急措施、消防安全、事故报告。

对于BSL-2或以上的实验室，生物安全管理体系文件至少包括4个层次：生物安全管理手册；生物安全程序文件(图6-46)；生物风险评估报告，生物安全手册(包括应急预案)，年度安全计划，以及各种操作的标准操作规程；记录表格。实验室所有实验活动都必须按照管理体系的规定安全、有效地进行。

图6-46 内蒙古自治区综合疾病预防控制中心质量手册和程序文件

与生物安全相关的各类活动记录档案应包括：生物安全实验室记录、生物安全手册、生物安全管理制度、人员培训考核记录、健康监护档案、事故报告、分析处理记录，废物处置记录。菌(毒)种和样本收集、运输、保存、领用、销毁等记录、生物安全柜记录、消毒、灭菌效果监测记录等。生物安全实验室的记录、资料保存不得少于20年。资料档案原则上不外借，如因工作需要复制档案资料者需经批准，超过保存期限的档案资料、记录，应通过生物安全领导小组的讨论、鉴定，批准是否实施销毁，销毁应至少2人实施，做好销毁记录。

本章小结

本章主要介绍了生物安全、生物危害和生物风险等概念及其相关知识；生物安全的级别分类、各级生物安全实验室的开展工作范围及防护要求；生物安全设备工作原理和适用范围；生物安全管理相关法律法规、管理机构的组成、管理制度和管理内容等知识。

思考题与习题

1. 实验室生物安全的重要性有哪些？
2. 什么是生物危害其来源有哪些？
3. 生物安全实验室基本的安全设备有哪些？
4. 生物安全实验室规范化管理的要求与内容有哪些？

第 7 章　辐射安全

学习目标

1. 掌握辐射的主要类型与电离辐射产生的生物危害。
2. 理解电离辐射对人体产生危害与应采取的防护措施。
3. 掌握如何减少实验室中的辐射伤害。
4. 掌握常见的防辐射食物。

学习重点

1. 辐射类型与电离辐射产生的生物危害。
2. 电离辐射对人体产生的危害与防护措施。
3. 减少实验室中的辐射伤害的方法和手段。

学习建议

1. 做好辐射类型与电离辐射产生生物危害的预习。
2. 查阅资料了解电离辐射会对人体产生的危害与具体防护措施。

自然界中有着各种辐射源，其存在于我们的生活、学习与工作环境中，人类生存离不开辐射，广泛使用的核能与无线电技术在给人类生活带来极大便利的同时，也产生了新的辐射污染，对我们造成伤害。辐射是指能量以波或粒子的形式从其源发散到空间，包括热、声、光、电磁等辐射形式。自然界的一切物体，只要温度在绝对温度0℃以上，都会以电磁波和粒子的形式不停向外传送能量。辐射按能量高低与放射性粒子能否引起传播介质电离通常可分为电离辐射与非电离辐射(图 7-1)。

对实验室工作人员危害最大的是电离辐射。对于电离辐射来讲，辐射事故是指放射源丢失、被盗、失控，或放射性同位素和射线装置失控，导致人员受到意外的异常照射。对于非电离辐射来讲，危害人体机理主要是热效应、非热效应和累积效应；损伤程度与电磁波的波长和功率有关。辐射造成人体的伤害主要有：短时间大剂量的照射会导致人体组织、器官的损伤或病变；长时间低剂量的照射有可能产生遗传效应。

因此，本章主要介绍电离辐射带来的安全问题，同时也对非电离辐射安全问题予以简单说明。

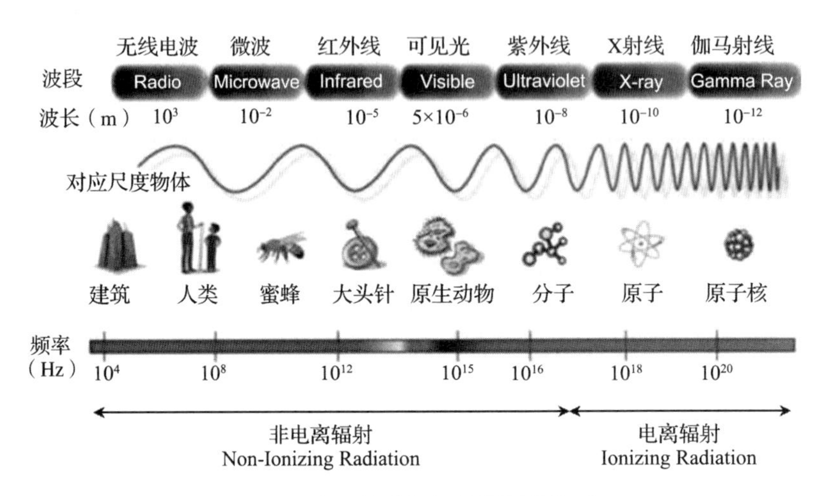

图 7-1　电子波谱与辐射类型的关系

7.1　辐射的种类

7.1.1　电离辐射

电离辐射又称放射性辐射，由具有放射性的物质发出，拥有足够高能量的辐射能把原子电离。一般来说，电离是指电子被电离辐射从电子壳层中击出，使原子带正电。由于细胞约由数万亿个原子组成，因此电离会引发癌症，电离辐射引起癌症的概率取决于辐射剂量率及接受辐射生物的感应性。其中，α、β、γ 射线及中子辐射均可加速至足够高能量电离原子。

现代人类所受到的电离辐射有两类，一类是天然电离辐射；另一类是人工电离辐射。在实验室中，实验人员接触到的主要是人工电离辐射。

7.1.1.1　天然电离辐射

天然电离辐射的来源主要有 3 个：

(1)宇宙辐射

宇宙辐射来自星际空间(图 7-2)与太阳(图 7-3)，其由能量范围很宽的贯穿辐射组成。大气对宇宙辐射有吸收作用，使海拔低处的辐射量比海拔高处要低。如在赤道海平面处测得的射线平均剂量率为 0.23Sv/年；而在 3 000m 高处的平均剂量率为 0.56Sv/年。

(2)陆地辐射

地层中的岩石和土壤中含有少量的放射性元素。不同岩石的放射性元素含量有很大

图 7-2 宇宙辐射

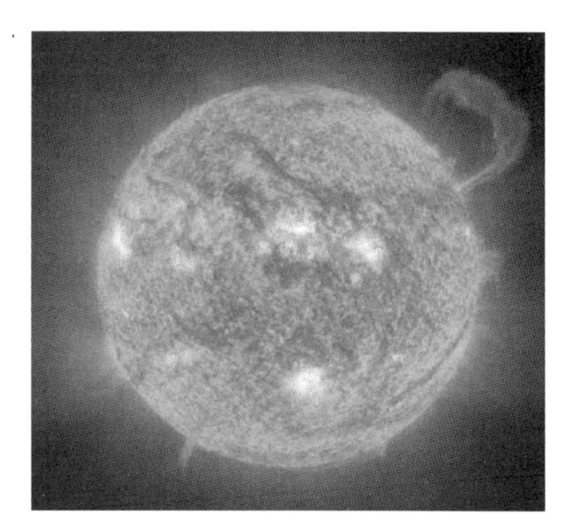

图 7-3 太阳辐射

图 7-4 花岗岩

图 7-5 石灰岩

变化。花岗岩(图 7-4)地区的放射性元素浓度明显高于砂岩与石灰岩(图 7-5)地带。

(3)体内辐射

人体中含有的微量放射性元素^{14}C与^{40}K在软组织中产生的剂量率分别为 10Sv/年与 0.2Sv/年。

7.1.1.2 人工电离辐射

人体电离辐射是指由人工放射源所产生的辐射，人工放射源主要有放射性同位素、原子反应堆、核试验等。其中，X 射线与紫外线伤害作用也很强，因此也归为电离辐射。一般实验室中主要的人工电离辐射有放射性同位素(α 射线、β 射线与 γ 射线)、X 射线与紫外线等，其穿透力强弱如图 7-6 所示。

(1)同位素放射源

同位素放射源有密封源和非密封源两种类型。实验室中常用的为密封源，是把放射性同位素密封在特殊包壳里的同位素放射源。包壳应有足够的强度，能够使人不受放射性照射或污染。密封源的种类很多，按射线类别分，有 α 源、β 源、γ 源等，典型

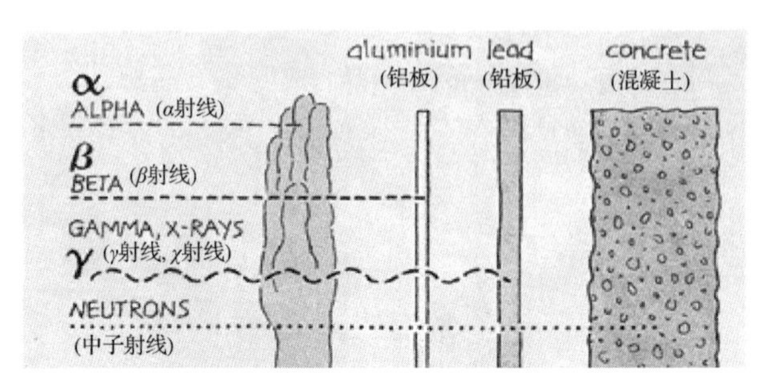

图 7-6　人工电离辐射作用强弱分析

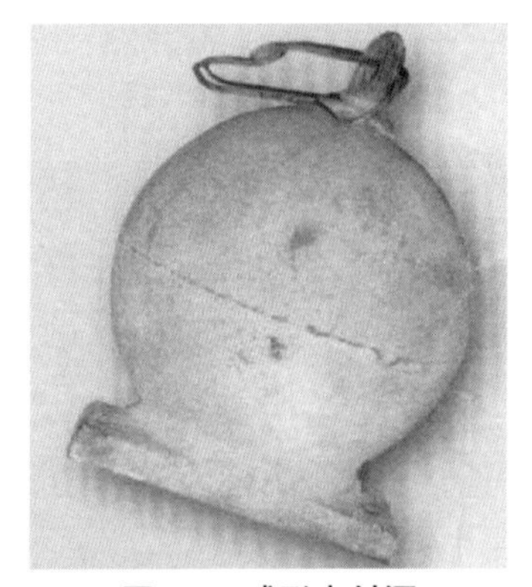

图 7-7　球形密封源

图 7-8　桶形密封源

放射源的外形如图 7-7 与图 7-8 所示。

(2) X 射线

高速电子轰击靶物质时，会产生 X 射线。X 射线的波长范围在 0.01～10nm，属于波长较短的电磁波。实验室中，不仅 X 光机能产生 X 射线，电子显微镜、阴极射线管与电视显像管等利用高速电子流的科学仪器也能产生 X 射线。由于 X 射线波长短，能量高，因此具有很强的穿透力与杀伤力。

(3) 紫外线

紫外线的波长范围为 7.6～400nm，其电磁波谱介于 X 射线与可见光间的频带。自然界中的紫外线主要源于太阳辐射。炽热物体当温度达到 1 200℃以上时，辐射光谱中都可出现紫外线。物体温度越高，紫外线波长越短，强度越大。在实验室中，紫外线主要源于火焰、高温炉、电弧与紫外线灯等。

在实验室、医院和工厂中，人们利用电离辐射从事科研、治疗和生产。除使用各种放射性核素外，还有很多现代分析仪器利用电离辐射为探针进行物化性质的测试分析，其已成为现代科研中不可或缺的手段。对电离辐射的生物效应研究也有百余年历史，医学上对其防护与诊治积累了许多经验。因此，要充分利用该技术手段，就需要了解电离辐射知识。只有掌握必备的辐射安全防护方法，才能最大限度避免其对自身的辐射伤害。

(4)非电离辐射

电离作用会引发非电离辐射，又称电磁辐射，是指电磁辐射中由波长等于或大于紫外线、其光能量又不足以使分子离解的辐射线所形成的辐射，其能量小于电离辐射，一般不产生电离。严格意义来讲，包括家用电器在内的所有电器都会产生电磁辐射，但真正会造成环境污染，影响人类健康的是一些大功率的通信设备，如雷达、电视和广播等发射装置(图7-9)，工业用微波加热器，射频感应和介质加热设备，高压输变电装置，电磁医疗与诊断设备(图7-10)等。由于辐射的本质不同，其对人体的作用机理也不同于电离辐射。

图7-9　雷达发射装置

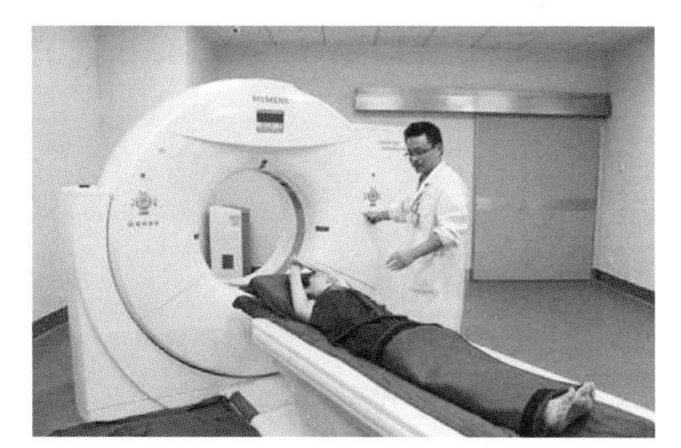

图7-10　电磁医疗诊断设备

7.2　电离辐射强度及其单位

7.2.1　照射量及其单位

照射量是表示放射射线或X射线在空气中引起电离数量的量，其专用单位是伦琴(简写为伦，符号为R)，相当于在每千克空气中产生一种符号离子的电荷为2.58×10^{-4}C。由于一个离子携带的电量为1.602×10^{-19}C，因此1R的照射量相应产生的离子对数量为1.61×10^{15}离子对/kg空气。

在空气中产生1个离子对所需的平均能量是5.4×10^{-18}J。所以1R的照射量相应于空气吸收能量是0.008 69J/kg空气。

准确来说，伦琴只能用于放射射线或X射线对空气的效应，而沉积在人体组织中的能量一般比沉积在空气中的多，这也是人们通常最关心的介质。因此不宜将伦琴作为一种辐射单位，但在某些很局限的范围内仍然采用其表示。为此，有必要引入辐射吸收剂量这一概念。

7.2.2 吸收剂量及其单位

吸收剂量是对所有类型的电离辐射在任何介质中能量沉积的度量。其原有单位是拉德(符号 rad)，定义为 0.01J/kg 的能量沉积。

由于 1R 的照射量在空气中的沉积能量为 0.008 69J/kg，在组织中的沉积能量为 0.009 6J/kg，故 1R 的吸收剂量如下：

$$1\text{R} = 0.869\text{rad}(\text{在空气中}) \tag{7-1}$$

$$1\text{R} = 0.960\text{rad}(\text{在组织中}) \tag{7-2}$$

可见，在许多场合中，以伦琴为单位的照射量和以拉德为单位的吸收剂量，其数值相近。需要注意的是，提到吸收剂量时，往往要指明介质。

在国际单位制中，吸收剂量的单位是戈瑞(Gy)，其定义是 1J/kg 的能量沉积。其中

$$1\text{Gy} = 1\text{J/kg} = 100\text{rad} \tag{7-3}$$

$$1\text{R} = 0.008\ 69\text{Gy} \tag{7-4}$$

7.2.3 剂量当量及其单位

相关研究发现，在生物学系统中，不同类型的辐射产生同样大小的吸收剂量时，并不一定产生同样程度的损伤作用。如 0.01Gy 的快中子吸收剂量产生的生物学损伤与 0.1Gy 的 γ 辐射吸收剂量产生的生物学损伤相同。如果要把不同辐射的剂量相加起来，求出在生物学上有意义的总剂量，则必须考虑这个生物学效应的差别。因此，引入一个能反映特定类型辐射引起损伤能力的品质因数(Q)。品质因数乘吸收剂量所得出的量称为剂量当量，原有单位是雷姆(符号 rem)。

$$\text{剂量当量(rem)} = \text{吸收剂量(Gy)} \times Q \tag{7-5}$$

在国际单位制中，剂量当量的单位是希沃特(Sievert)，简写为希(符号为 Sv)，它与戈瑞的关系是：

$$\text{剂量当量(Sv)} = \text{吸收剂量(Gy)} \times Q \times N \tag{7-6}$$

其中，N 是另一修正系数包括诸如吸收剂量率和分次辐射等因素影响。目前，国际放射防护委员会(International Commission on Radiological Protection, ICRP)指定 N 值为 1。其中

$$1\text{Sv} = 100\text{rem} \tag{7-7}$$

7.2.4 剂量率及其单位

戈瑞和希沃特均表示在任一时间间隔内接受到辐照量的单位。在控制辐射危害时还须知道接受辐照速率，即剂量率。剂量率用 Gy/h 来表示。

$$\text{剂量} = \text{剂量率} \times \text{时间} \tag{7-8}$$

7.3 电离辐射的危害

7.3.1 辐射生物学基础

电离辐射作用于生物体引起生物活性分子的电离与激发是辐射生物效应的基础。生物体或细胞主要由生物大分子(如蛋白质、核酸、酶等)和水组成。电离辐射的能量直接沉积在生物大分子上，引起生物大分子的电离与激发，造成损伤，称为直接作用。直接作用可使DNA单链或双链断裂和解聚，酶的活性降低与丧失，细胞器和细胞膜的破坏等。电离辐射引发水分子的辐解，其辐解产物(H·、·OH、H_2O_2等)作用于生物大分子，引起的物理和化学效应，称为间接作用。辐射会引起DNA、RNA、染色体、蛋白质、细胞等结构和功能发生变化，从而导致随机性效应和确定性效应发生。

7.3.2 辐射照射方式

日常生活中，人们时刻受到辐射照射，近几十年来，人工电离辐射应用广泛，其已成为人类接受辐射照射的主要来源，对人体健康有直接影响。当然，其照射类型与照射方式是关键。辐射的照射方式可分为外照射、内照射与体表沾染。

①外照射　是指辐射源位于人体外对人体造成的辐射照射，包括均匀全身照射、局部受照。

②内照射　是指存在于人体内的放射性核素对人体造成的辐射照射，如存在于空气中的放射性气溶胶或放射性气体呼吸进入、饮用被放射性污染的水，食入被放射性污染的食物等。

③体表沾染　是指放射性核素沾染于人体表面(皮肤或黏膜)。沾染的放射性核素对沾染局部构成外照射源，同时尚可经过体表吸收进入血液构成体内照射。

α射线的质量大且带电荷多，穿透物质的能力弱，射程短，对人体不会造成外照射伤害。但如进入人体则会造成危害性很大的内照射伤害；β射线的穿透能力比α射线强，高能的β粒子在空气中的射程可达几米。因此，其对人体可构成外照射危险。但β射线易被有机玻璃、塑料与其他材料屏蔽，其内照射危害比α射线小；与α射线、β射线相比，γ射线的穿透能力最强。但由于其为不带电的光子，不能直接引起电离。因此，其对人体的内照射危害反而比前两者都小。

7.3.3 电离辐射与细胞的相互作用

细胞主要由水组成，在水中的电离辐射将使其分子发生变化，并形成一种对染色体有害的化学物质，使细胞的结构功能发生变化。在人体内，这些变化显示出放射性病、白内障或在以后较长时期内出现癌等临床症状。

产生电离辐射损伤的过程很复杂，通常认为有以下 4 个阶段：

①初期物理阶段　该阶段约持续 10^{-16}s，使能量沉积在细胞内并引起电离，在水中这个过程可写为：

$$H_2O \longrightarrow H_2O^+ + e^- \quad (7\text{-}9)$$

②物理-化学阶段　这一阶段约持续 10^{-6}s，此时离子与其他水分子相互作用形成一些新的产物。如正离子分解：

$$H_2O^+ \longrightarrow H^+ + OH \quad (7\text{-}10)$$

负离子附着在中性水分子上，使其分解，

$$H_2O + e^- \longrightarrow H_2O^- \quad (7\text{-}11)$$

$$H_2O^- \longrightarrow H + OH^- \quad (7\text{-}12)$$

H 和 OH^- 成为自由基，它们有不成对的电子，在化学上十分活泼。还有一种反应产物是 H_2O_2，其为强氧化剂，其生成过程是：

$$OH + OH \longrightarrow H_2O_2 \quad (7\text{-}13)$$

③化学阶段　该阶段持续几秒钟，在此期间，反应产物与细胞的重要有机分子相互作用。自由基和氧化剂可能破坏构成染色体的复杂分子。如其可能附着在分子上并破坏长分子链中的键。

④生物阶段　这一阶段时间长短从几十分钟到几十年，具体由特定症状而定。如上这些化学变化可能以多种方式影响到单个细胞，可能导致细胞早期衰亡、阻止或延迟细胞分裂或导致细胞永久性变形，且一直可持续到子代细胞。

7.3.4　电离辐射对人体健康的影响

电离辐射对人体的危害是由于单位细胞受到损伤所致，对人体的照射可能会产生各种生物效应。按照生物效应发生的个体不同可分为躯体效应与遗传效应两类。其中，躯体效应是由于人体普通细胞受到细胞损伤引起的，且只影响受照射的人体本身；遗传效应是由于性腺中的细胞受到损伤引起的，遗传效应不仅影响受照射的人体本身，而且能影响受照射人员的后代。按照辐射引起的生物效应发生的可能性，可以分为随机效应和确定性效应。

7.3.4.1　电离辐射的躯体效应

(1)早期效应

电离辐射的早期效应是指在急性照射(几小时内接受较大剂量照射)后几小时到几周内就能出现的效应。在人体的一些器官内，由于细胞死亡、细胞分裂阻碍或细胞分裂延缓等原因，细胞群严重减少，就会发生早期效应。主要由骨髓、肠胃或神经肌的损伤引起的电离辐射，其损伤程度取决于接受剂量的大小。急剧接受 1Gy 以上的吸收剂量几小时后，由于肠的内膜细胞会引起恶心呕吐，称为放射病；吸收剂量超过 2Gy 时，可能在受照射后 10~15d 死亡。

当剂量超过 10Gy 时，存活时间急剧降至 3 ~ 5d，天数抑制保持到达到高得多的剂量为止。在该剂量区间内，辐射剂量引起肠内膜细胞严重减少，肠内膜发生严重损伤，继而是细菌严重感染，该区域称为胃肠致死区。

剂量更高时，存活时间则更短。然而，实验发现即使使用 500Gy 以上的剂量照射动物，也并不会立即导致死亡。

急性超剂量照射后立即呈现出来的另一种效应是红斑，即皮肤变红。皮肤在人体表面比人体多数其他组织更易受到较多辐射，对 β 射线和低能 X 射线更是如此。一次照射约 3Gy 剂量的 X 射线将引起红斑，若剂量大将还会出现色素发生变化，起水疱和溃疡等症状。

实验的照射水平都远低于产生早期效应的水平。只有在不大可能发生的重大核事故中，才可能接受上述那样高的剂量。

(2)晚期效应

20 世纪初期，像放射学专家和他们的病人这样一类人，受过相当高水平的剂量照射，他们患某种癌症的发病率明显比未受照射的人更高。有人详细研究了受原子弹辐射照射的群体，受辐射治疗照射的病人和受职业照射，特别是铀矿照射的人群。研究表明，辐射可诱发癌症。

癌是人体器官内细胞的过度增生现象。由于从受照射到出现癌症前有一个 5 ~ 30 年的长而可变的潜伏期，且辐照诱发的癌症与自发产生的癌症不能区分，就使对癌症增加危险度的估计变得困难。一般认为，对电离辐射而言，可假定任何剂量，不管小到何种程度，都会带来某种危险度，且假定剂量与危害间呈线性关系，将已知剂量水平时的危险度外推即可估计出任何剂量时的危险度。如 10mSv 剂量当量所产生的附加癌症度在 1 万人中有 1 人，则 100mSv 剂量当量所产生的附加癌症度就是 1 000 人中有 1 人。

电离辐射可能引起的另一种晚期效应则是眼睛的白内障。一般认为，引起白内障的阈剂量约为 15Sv，低于该剂量时不会产生白内障。因此，要制定剂量限定值，使终身工作期内眼晶体所受的总剂量低于该值，就能避免辐射造成的白内障。

动物实验表明，辐射照射会减少预计的个体寿命，但并不呈现出任何特殊辐射诱发症状，对受过相当高剂量照射的人群进行观察表明，即使真发生寿命缩短现象，也是极轻微的，肯定小于每希沃特 1 年。

(3)躯体效应危害的典型案例

①加拿大萤石矿　加拿大一处萤石矿由于矿井中氡的浓度较高，1952—1961 年间在该矿井中工作 1 年以上的人，有 51 人死亡。其中肺癌 23 人，较一般男性工人高 28. 8 倍。

②居里夫人　世界上第一位两度获得诺贝尔奖的著名科学家玛丽 · 居里，由于长

期接触放射性物质，而患上恶性白血病逝世；现在，居里夫人的手稿珍藏在法国国立图书馆(图 7-11)。从她的手稿，到各种研究档案、衣服、家具、甚至菜谱，一切物品都带有辐射。这些物质需要经过 1601 年才进入半衰期。因此，物品会一直保存在铅箱里。法国国立图书馆表示，人们可参观居里夫人的手稿，但必须签署免责同意书，穿上防护服，小心谨慎地参观。

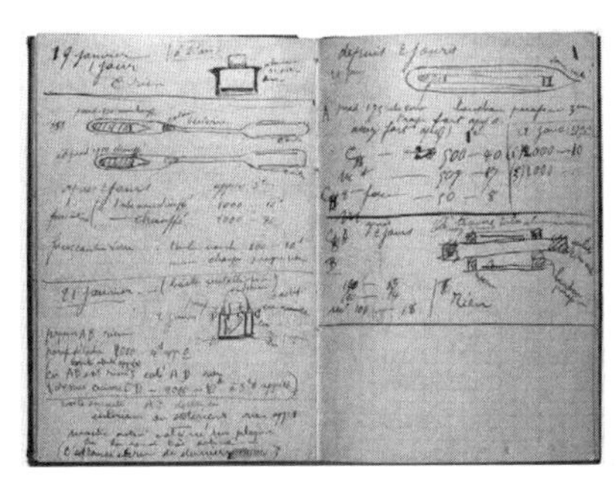

图 7-11　居里夫人与镭

③X 射线技师　1885 年，伦琴发现 X 射线的第 2 年，人们就发现操作 X 射线管的技师的皮肤出现损伤。一些早期从事 X 射线研究的人员，由于对其危害未充分认识，他们中不少人付出了不小的代价。

④某大学实验室放射性污染　2001 年 10 月，某大学一实验室的一名即将退休教授在进行氧化铥辐照效应实验时，违反相关规定，造成实验人员身体损伤和实验室大面积放射性污染事故。

⑤北京电力建设公司射线烧伤事故　1989 年 5 月，北京电力建设公司在调整试验进行射线探伤时，使用已发现输源不畅的设备，导致放射源被拽出，由于平时缺乏应急处理的教育和训练，又无必备的设备，工作人员在慌忙中徒手将此源抛至 3m 以外，后又徒手装入铅罐内，致使手部受到照射，造成急性放射性烧伤。

⑥某施工队探伤检测放射源烧伤事故　2001 年 9 月 2 日凌晨，某施工队在探伤检测时，放射源从仪器中掉出，遗留在工地上。一名工作人员在第二天上班时，发现放射源并拾起，放在手中来回玩耍，观看约 20min 后放入左裤兜；2h 后放入工具箱内，并在工具箱边吃饭、休息，下午下班洗澡时，他发现右大腿有 2cm×2cm 的充血性红斑，随后红斑逐渐扩大并导致溃烂(图 7-12)。

7.3.4.2　电离辐射的遗传效应

(1)遗传效应危害原因分析

电离辐射的遗传效应是生殖细胞受到损伤而体现在其后代活体上的生物效应。卵子受精后发育为胎儿，胎儿具有来自父母双方的两套互补基因。一般认为，基因有两类，一类基因是“显性”的，另一类基因是“隐性”的，显性基因决定了胎儿独特的特性。

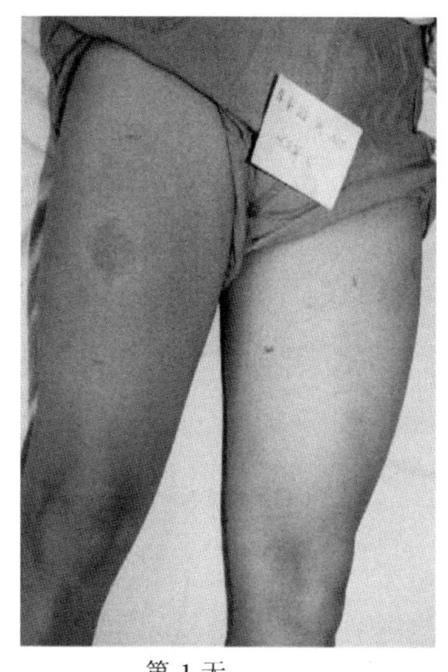
第 1 天

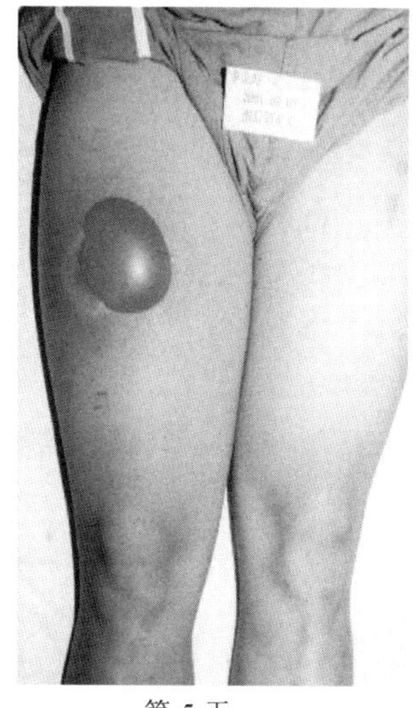
第 5 天

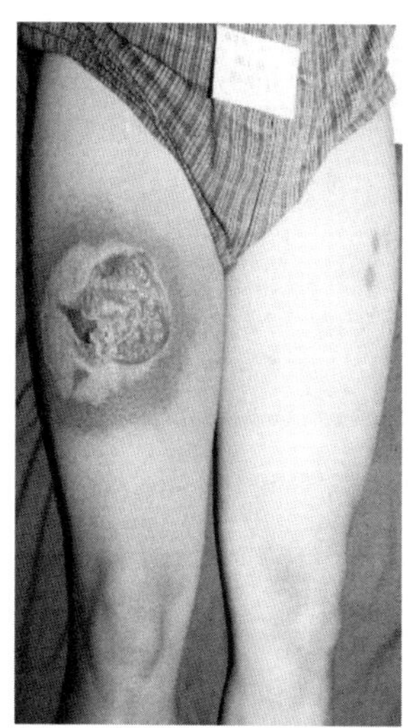
第 20 天

图 7-12　施工队工作人员探伤检测放射源烧伤事故

许多疾病与隐性基因有关，然而只有父母有相同的隐性基因时，才能显现出来。自发的基因突变是世界上很大一部分人患五百多种由遗传效应引起的缺陷或疾病的原因。

电离辐射能诱发与天然突变无法区分的基因突变。已突变的基因一般是隐性的，因此通常假定所有突变都是有害的。但这并不完全是真实情况，由于人类通过一系列突变而获得自己目前的高级状态。这种情况是在漫长岁月里发生的，而在同一时期内从中被排除的有害突变数不胜枚举。

由于电离辐射能使突变率升高。因此其将增加未来后代遗传异常的人数。正因为过分遗传损伤的后果很严重，因此要严格控制实验人员的辐射照射。

生殖腺受电离辐射而引起遗传效应的危险度很不确定。国际放射防护委员会估计，在双亲之一受照射后的最初两代，其严重遗传性疾病约为每毫希沃特每百万人中是 10 人，对所有子孙遗传性疾病的危险度约是该值的 2 倍。

(2) 遗传效应危害的典型案例

2011 年 3 月 11 日，日本福岛核电站核泄漏导致当地动植物发生变异(图 7-13)、1986 年 4 月 26 日，苏联切尔诺贝利核事故(图 7-14)与 2018 年 10 月巴基斯坦一名 X 光放射线技师由于经常接触 X 射线，导致本身基因缺陷，使其后代深受影响，婴儿出生时有 6 条腿等就属于此例(图 7-15)。如按辐射引起的生物效应发生的可能性可分为随机效应和确定性效应。随机效应是指发生概率与受照剂量成正比，而严重程度与剂量无关的辐射效应，主要表现在受照个体的癌症及其后代的遗传效应；确定性效应是指通常情况下存在剂量阈值的辐射效应。接受的剂量超过阈值越多产生效应越严重。人们

图 7-13 日本福岛核电站核泄漏导致当地动植物发生变异

图 7-14 前苏联切尔诺贝利核事故

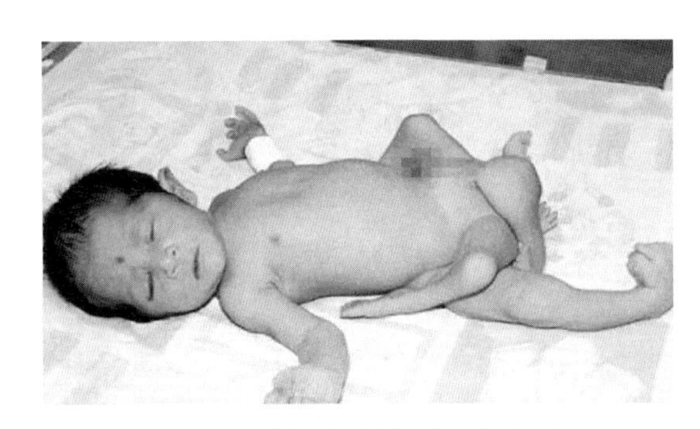

图 7-15 巴基斯坦辐射遗传效应

日常所遇到的照射大多与随机效应有关，但在放射性事故和医疗照射中，发生确定性效应的可能性应该引起足够重视。

7.3.4.3 生活中存在着的“隐形辐射”

科技让现代家庭更加丰富多彩，带来了说不尽的诸多好处，但是同样也带来了一些不好的东西，辐射就是其中之一。只要是家里有电器，微波炉、电磁炉、电冰箱与电视机均会产生辐射(图 7-16)。计算机尤其是其后侧辐射量大，电吹风也属于高辐射家电，特别是在开启和关闭时辐射最大，且功率越大辐射也越大。有些电器即使在待机状态也会产生轻微辐射，所以不用的话最好关闭。手机也会有辐射，虽然手机相比一些电器来说辐射会小一点，但是最好也要时不时地放下，让眼睛放松下。如晚上睡觉时，不要放到枕头边，因为手机对大脑的神经造成很大的伤害，引起头疼、脱发等；手机在充电与接听电话的时候，产生的辐射量会上升为平时的十几倍！微波炉的辐射也比较大，不要在微波炉旋转当中开门、不要在微波炉旁边停留，应在停机后再走近取物。

在日常生活中，我们习惯每天面对手机、计算机，无论是工作、学习、还是娱乐都离不开这些数码设备(图 7-17)，这些产品都有一定辐射。往往会给人们带来一些误解。第一，仙人掌不能防辐射，顶多起到装饰作用；第二，无线路由器有辐射，但对人体伤害微乎其微，因为其辐射剂量非常小，可忽略不计；第三，有些新闻说清洗脸部能防辐射，其实洗脸只是为了去除静电，更好保护皮肤，因为静电有吸灰尘的作用，

图 7-16　存在辐射的家用电器

图 7-17　生活中的辐射误区

附着在皮肤毛孔里，会对人造成困扰。当然我们生活中还有很多东西是带有辐射的，如前面提到的微波炉与冰箱，其产生的是电离辐射，但这些设备对人体的伤害微乎其微，偶尔有些是热辐射，对人体伤害并不大。反而经常玩手机、计算机，对我们的眼睛伤害才最大。

在现在一般家庭的生活里，阳光带来的辐射量远远超过人们得想象，可能比家里所有电器产生的辐射量加起来都要多。现在夏天中午出门如果不采取防护措施的话，很可能皮肤会被晒伤。造成这种现象的主要原因是现在污染严重，大气层对阳光的防护作用大大减弱。对准妈妈来说，只要能避免强烈阳光的直射，就已经防御了生活中的大部分有害辐射。当然如果有特殊的需求，购买防辐射服也有必要。

7.4 电离辐射的防护

《电离辐射防护与辐射源安全基本标准》(以下简称《基本标准》)是我国现行辐射防护应遵守的基本标准。《基本标准》中明确指出，一些带有辐射的实践与设施必须遵守电离辐射防护三原则，对于工作人员、公众、应急照射等情况必须加以约束和限制。

7.4.1 电离辐射防护三原则

国际放射防护委员会(ICRP)1977 年第 26 号出版物中提出防护的三项基本原则，即放射实践的正当化原则、放射防护的最优化原则与个人剂量限制原则。

(1)放射实践的正当化原则

在做任何放射性工作时，都应当进行代价与利益分析；要求任何放射实践对人群与环境可能产生的危害比起个人和社会从中获得的利益来说，应当很小，即效益明显大于付出的全部代价时，所进行的放射性工作才是正当且值得进行。

(2)放射防护的最优化原则

应使放射性和照射量达到尽可能低的水平，避免一些不必要的照射；要求对放射实践选择防护水平时，必须在放射实践带来的利益与所付出健康损害的代价间权衡利弊，以期用最小代价获取最大净利益。

(3)个人剂量限制原则

在放射实践中，不产生过高的个体照射量，保证任何人的危险度不超过某一数值，即必须保证个人所受的放射性剂量不超过规定的相应限值。

7.4.2 辐射剂量限值

(1)职业剂量限值

《基本标准》中规定的工作人员职业照射剂量限值是连续 5 年内的平均剂量不超过 20mSv，任何一年中的有效剂量不超过 50mSv，眼晶体的年剂量当量不超过 150mSv，四肢(手、足)或皮肤的年剂量当量不超过 500mSv。

对于育龄妇女所接受的照射应严格按照职业照射的剂量限值予以控制，对于孕妇在孕期后期的时间内应保证腹部表面的剂量当量限值不超过 2mSv。

16~18 岁青少年如接触放射性物质，其一年内受到的有效剂量不超过 6mSv，眼晶体的年剂量当量不超过 50mSv，四肢(手、足)或皮肤的年剂量当量不超过 150mSv。

(2)公众剂量限值

《基本标准》中指出，公众成员所受到的年有效剂量不超过 1mSv，特殊情况下，如果 5 个连续年的年平均剂量不超过 1mSv/年，则某一单一年份的有效剂量可提高到 5mSv；眼晶体的年剂量当量不超过 15mSv；皮肤的年剂量不超过 50mSv。

(3)应急照射限值

应急照射指在事故情况下，为抢救人员或国家财产，防止事故蔓延扩大，有时需要少数人一次接受较大剂量的照射。《基本标准》中规定：在十分必要时，经过事先周密计划，由领导批准，健康合格的工作人员一次可接受 50mSv 全身照射，但以后所接受的照射应适当减少，以使这次照射前后 10 年平均有效剂量不超过 20mSv。

应急照射情况下当结果或预料结果超过干预水平时，常表示发生了事故等异常状态，这时应对事件的现场和人员做特殊处理，如立即停止操作或对人员进行医学处理等(表 7-1)。

表 7-1　不同辐射计量情况下的干预措施表

照射区域	预期剂量/(mSv/mGy)	一般性措施	严厉措施
		隐蔽、服用稳定性碘	撤离
全身照射	<5	不必要	不必要
	5~100	有必要	有必要
	100~500	必须(特别注意对孕妇、儿童的保护)	国家主管部门根据具体特定条件判断后，可以考虑撤离
	>500	必须，直到撤离前	必须
受到主要照射的肺、甲状腺和其他器官	<250	不必要	不必要
	250~500	有必要	有必要
	500~5 000	必须(特别注意对孕妇、儿童的保护)	国家主管部门根据具体特定条件判断后，可以考虑撤离
	>5 000	必须，直到撤离前	必须

注：①其他器官不包括生殖腺和眼晶体。
②预期剂量单位对于全身为 mSv，对于器官为 mGy。

7.4.3　电离辐射防护方法

非密封的放射性物质会通过呼吸系统、消化系统和完整的皮肤及伤口进入人体。因此内照射的防护，应采取各种有效措施，尽可能隔断放射性物质进入人体内的各种途径，减少放射性核素进入人体和加快排出。

内照射防护的一般措施是包容、隔离、净化、稀释。

①包容　指在操作过程中，将放射性物质密闭起来，如采用通风橱、手套箱等，

均属于此类措施。操作强放射性物质时，应在密闭的热室内用机械手操作。对于工作人员，可采用穿戴工作服、工作帽、工作鞋、口罩、手套、气衣等，以阻止放射性物质进入体内。

②隔离　根据放射性核素的毒性、操作量和操作方式等，将开放型放射工作场所进行分级、分区管理。

③净化　采取物理或化学方法，如吸附、过滤、除尘、吸附共沉淀、离子交换、蒸发、贮存衰变和去污等，降低空气、水中放射性物质浓度，降低物体表面和地面的放射性污染水平。

④稀释　在合理控制下利用干净空气或水，使空气或水中的放射性浓度降低到控制水平以下。

在污染控制中，包容、隔离、净化是主要手段，稀释是一种消极手段。开放型放射工作场所应有良好的通风，释放到大气中污染空气应高效过滤；产生的放射性废水要经过处理，达标后方可排放；放射性固体废物和液体废物可集中收集，放入暂存库，短寿命的放射性核素可通过物理衰变，达标后按一般废物进行处置；长寿命的放射性核素应交给有资质的单位回收处理。

对外照射的防护主要采取以下 3 种方法。

(1)时间防护

对于相同条件下的照射，人体接受的剂量与照射的时间成正比。因此，减少接受照射的时间，就可以明显减少吸收剂量。

(2)距离防护

对于点源，如果不考虑介质的散射和吸收，它在相同方位角的周围空间所产生的直接照射剂量与距离的平方成反比。实际上，只要不是在真空中，介质的散射和吸收总是存在的，因此直接照射剂量随着与源距离的增加而迅速减少。在非点源和存在散射照射的条件下，近距离的情况比较复杂；对于距离较远的地点，其所受的剂量也随着距离的增加而迅速减少。

(3)物质屏蔽

射线与物质发生作用，可以被吸收和散射，即物质对射线有屏蔽作用。对于不同的射线，其屏蔽方法也不同。对于 γ 射线和 X 射线，用原子序数高的物质(如铅)效果较好；对 β 射线则先用低原子序数的材料(如有机玻璃)阻挡，再在其后用高原子序数的物质阻挡激发的 X 射线；对于 α 射线的屏蔽很容易，在体外，它基本不会对人体造成危害，但其内照射危害特别严重(图 7-18)。

除了以上 3 项措施外，在满足需要的情况下，尽量选择活度小、能量低、容易防护的辐射源也十分重要。

ICRP 规定工作人员全身均匀照射的年剂量当量限值为 50mSv，广大居民的年剂量

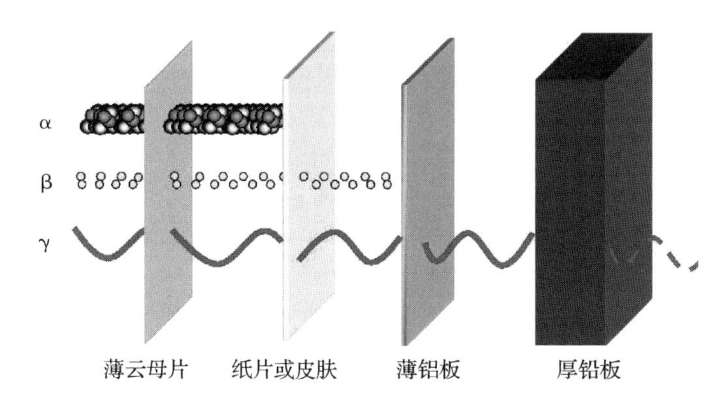

图 7-18 3种射线穿透力对比示意图

当量限值为1mSv。对此，我国放射卫生防护基本标准中，对工作人员的年剂量当量限值采用了ICRP推荐的规定限值。为防止随机效应，规定放射性工作人员受到全身均匀照射时的年剂量当量不应超过50mSv，公众中个人受照射的年剂量当量应低于5mSv。当长期持续受放射性照射时，公众个人在一生中每年全身受照射的年剂量当量限值不应高于1mSv，且以上限值不包括天然本底照射和医疗照射。

个人剂量限值属强制性，须严格遵守。各种民政部门规定的个人剂量限值是不可接受的剂量范围下限，而不是刻意允许接受的剂量上限。即使个人所受剂量未超过规定相应剂量的当量限值，仍必须按最优化原则考虑是否要进一步降低剂量。所规定的个人剂量限值不能作为达到满意防护的标准或设计指标，只能作为以最优化原则控制照射的约束条件之一。

7.4.4 辐射防护管理

(1)放射源分类和编码

根据放射源对人体健康和环境的潜在危害程度，从高到低将放射源分为Ⅰ类、Ⅱ类、Ⅲ类、Ⅳ类、Ⅴ类。Ⅴ类源的下限活度值为该种核素的豁免活度。

密封放射源的具体分类见原环境保护总局公告第62号《放射源分类办法》。

半衰期大于或等于60d的密封放射源实行身份管理，每个放射源具有唯一编码，同一编码不得重复使用。放射源编码由12位数字和字母组成，第1~2位表示生产单位(或生产国)；第3~4位为出厂年份；第5~6位为核素代码；第7~11位为产品序列号，第12位为出厂时放射源类型。如编码为US03Co000014放射源表示为2003年从美国进口的1枚序号为0001Co-60IV类放射源。

(2)非密封源工作场所分级

非密封源工作场所按放射性核素日等效最大操作量的大小分为甲、乙、丙3个等级。工作场所分级见表7-2所列。

放射性核素的日等效操作量等于放射性核素的实际日操作量(Bq)与该核素毒性组别

表 7-2 非密封源工作场所的分级

级别	日等效最大操作量/Bq
甲	$>4\times10^9$
乙	$2\times10^7\sim4\times10^9$
丙	豁免活度值以上至 2×10^7

修正因子的积除以与操作方式有关的修正因子所得的商。

为保证非密封源工作场所室内空气清洁，地面、台面和管道应易于去污，不同级别工作场所室内表面和装备有一定特殊要求(表 7-3)。

表 7-3 不同级别工作场所室内表面和装备的要求

场所级别	地面	表面	通风柜	室内通风	管道	清洗及去污设备
甲	地面与墙壁接缝无缝隙	易清洗	需要	机械通风	特殊要求	需要
乙	易清洗且不易渗透	易清洗	需要	有较好通风	一般要求	需要
丙	易清洗	易清洗	不必	一般自然通风	一般要求	只需清洗设备

对于非密封源工作场所内通风柜的通风速率不小于 1m/s，排气口高度应高于本建筑物的屋脊，并设有净化过滤装置；洗涤用自来水的开关一般采用脚踏式、肘开式或光感应式。

(3)非密封源工作场所的表面污染控制

非密封放射性物质操作过程中，放射性核素会扩散、抛撒污染工作场所和物品。工作人员应严格按照规定操作，保证工作场所的表面放射性污染控制在一定水平内。工作场所的放射性表面污染控制水平见表 7-4 所列。

表 7-4 工作场所的放射性表面污染控制水平 Bq/cm^2

表面类型		α 放射性物质		β 放射性物质
		极毒性	其他	
工作台、设备、墙壁、地面	控制区①	4	40	40
	监督区	0.4	4	4
工作服、手套、工作鞋	控制区 监督区	0.4	0.4	4
手、皮肤、内衣、工作袜		0.04	0.04	0.4

注：①该区内的高污染子区除外。

若发生放射性表面污染，视情况采取相应处理措施：

①小量放射性物质洒落时应及时采取下述去污措施。液态放射性物质，可用吸水纸清除；粉末状放射性物质，可用湿抹布等清除。清除时，按照由外到内原则，必要时可根据放射性物质的化学性质和污染表面性质，选用有效的去污剂做进一步去污，

直至污染区达到本底水平。

②发生严重污染事故时，要保持镇静，依据具体情况采取各种必要的紧急措施，防止污染扩散和减少危害。主要的紧急措施如下：立即通知在场的其他人员；迅速标出污染范围，以免其他人员误入；立即清洗放射性污染；污染的衣服，应脱掉留在污染区；污染区的人员在采取减少危害和防止污染扩散所应采取的必要措施后，应立即离开污染区；事件发生后，应尽快通知防护负责人和主管人员，防护人员应迅速提出全面处理事故的方案并协助主管人员组织实施，处理事故的人员应穿着适当的个人防护装备和携带必要的用具；污染区经去污、检验合格后，在防护人员的同意下方可重新开放。

(4)辐射工作场所的分区

为便于辐射防护管理和职业照射控制，辐射工作场所分为控制区和监督区。

①控制区　是指辐射工作场内需要或可能需要采取专门的防护手段和安全措施的区域，以便在正常工作条件下控制正常照射或防止污染扩展，并预防潜在照射或限制其程度。一般辐射工作场所采用实体边界划定控制区；采用实体边界不现实时，也可采用拉警戒绳或划警戒线等方式。

②监督区　是指未被确定为控制区，通常不需要采取专门防护手段和安全措施，但要不断检查其职业照射条件的任何区域。

(5)辐射警示标识

放射工作场所、射线装置、源容器和放射性废物桶的显著位置应设置电离辐射的标志和警告标志。电离辐射的标志和警告标志如图7-19与图7-20所示。

图7-19　电离辐射的标志

图7-20　电离辐射警告标志

(6)屏蔽

对于有实体屏蔽的放射源和放射装置，如辐射加工装置、探伤房、X诊断机房和加速器机房等，应选择适当材料进行屏蔽，实体屏蔽的墙、窗、门应有足够的防护效果，屏蔽体外30cm的辐射水平不应超过2.5μSv/h。

对于未有实体屏蔽的现场摊上，采用距离屏蔽，辐射水平超过 15μSv/h 区域设为控制区，辐射水平在 2.5~15μSv/h 的区域一般设为监督区。

对于只屏蔽的加速器、X 射线装置和含源设备等，屏蔽材料应有足够的防护效果，人体可达到的设备，外表面 5cm 处的辐射水平不应超过 2.5μSv/h。

对于含源检测仪表，如料位计、密度计、湿度计和核子秤等，含源检测仪表适用场所的防护按表 7-5 进行控制。

表 7-5　不同使用场所对检测仪表外围辐射的剂量控制要求

检测仪表使用场所	不同距离的周围剂量当量率 H 控制值(μSv/h)	
	5cm	100cm
对人员的活动范围不限制	$H<2.5$	$H<0.25$
在距源容器外表面 1m 的区域内很少有人停留	$2.5\leq H<25$	$0.25\leq H<2.5$
在距源容器外表面 3m 的区域内不可能有人进入或放射工作场所设置了监督区	$25\leq H<250$	$2.5\leq H<25$
只能在特定的放射工作场所使用，并按控制区、监督区分区管理	$250\leq H<1\,000$	$25\leq H<100$

注：监督区的边界剂量率为 2.5μSv/h。

(7)安全联锁装置

为保证辐射源安全运行，预防潜在照射发生，有些辐射设施或设备，如辐射加工场、探伤室、加速器治疗机房、γ 刀治疗机房、Co-60 治疗机房、后装机机房和 X 射线荧光分析仪，应设置安全联锁装置。

安全联锁装置一般有门机连锁、光电、拉线、紧急停机开关等。安全联锁装置是预防潜在照射的环节之一。为保证安全联锁装置有效运行，安全联锁装置的设计应考虑纵深防御原则、冗余性原则、多样性原则和独立性原则。任何个人不能人为地破坏安全联锁装置。

(8)防护器材

辐射工作单位应为放射工作人员配备适当的个体防护设备和监测设备。

外照射的个体防护装备有铅防护服、铅帽、铅眼镜、铅围脖、铅围裙、铅三角巾、铅屏风、铅玻璃、中子防护服等；内照射的个体防护装备有隔离服、口罩、帽子、工作鞋、手套、气衣、气盔等。

常用的监测设备有个人剂量报警器、X 和 γ 剂量率仪、中子当量率仪、表面污染仪等。

(9)辐射监测

辐射监测是指为评估和控制辐射或放射性物质的照射，对剂量或污染所完成的测量及对测量结果所做的分析和解释。辐射监测按监测对象分为个人监测、工作场所监测和辐射环境监测。

不同场所监测是对辐射工作场所及邻近地区的辐射水平进行的辐射监测。根据辐射源不同，监测对象主要有X射线、γ射线、中子辐射等外照射水平。工作场所空气中放射性核素浓度，工作场所α、β表面污染。

辐射环境监测是指在辐射源所在场所的边界以外环境中进行的辐射监测。为评判辐射源运行后是否会对环境造成影响，应开展辐射环境本底调查。

辐射工作单位应根据本单位辐射源的实际，制定监测计划，定期开展工作场所辐射水平的自主监测，并委托有资质单位开展辐射防护的外部监测，监测周期一般每年1~2次。

(10)放射性废物管理

放射性废物是指含有放射性物质或被放射性物质污染的，其活度或活度浓度大于审管部门规定的清洁解控水平的，预期不会再利用的任何物理形态的废弃物。

清洁解控水平是由国家审管部门规定的、以放射性浓度、放射性比活度或总活度表示的特定值，当辐射源等于或低于这些值，可解除审管控制。

放射性废物按其放射性活度水平分为豁免废物、低水平放射性废物(第Ⅰ级)、中水平放射性废物(第Ⅱ级)或高水平放射性废物(第Ⅲ级)；按其物理性状分为放射性气载废物、放射性液体废物和放射性固体废物3类。

7.4.5 个人防护用品与个人卫生

个人防护用品主要有工作服(含工作帽)、工作鞋、手套及特殊的防护用品等。其中，特殊防护用品在处理事故或检修情况下使用。

放射性工作人员的工作服，一般采用白色棉织品做成。合成纤维织品具有静电作用，易吸附空气中的放射性微尘而不宜采用。丙级实验室水平的操作穿白大褂(含工作帽)即可；乙级实验室水平的操作宜采用上下身联合工作服；甲级实验室水平的操作时，应将个人衣服(含袜子)全部换成工作服。

一般情况下，医用乳胶手套和塑料手套都能满足操作放射性物质的要求，尺寸选择要合适。手套清洗时，一般应戴在手上进行，不宜脱下来洗。

个人防护用品要经常清洗和更换。经清洗后放射性物质仍超过控制水平的防护用品，就不能再用。清洗过的未明显放射性物质污染个人防护用品的洗涤水，一般可以直接排入本单位的工业下水道；有明显污染的个人防护用品，应在专门地方清洗，洗涤水要根据具体情况做妥善处理。

一切放射性工作用的实验室都应明确规定在放射性场所使用过的工作服、鞋与手套等防护用品的存放地点。未经防护人员测量并同意，绝对不准将个人防护用品穿戴出放射性工作场所或移至非放射区使用。

放射性工作人员的个人卫生主要有两个方面：一是离开工作场所时，应仔细进行污染测量并洗手。在甲乙级工作场所操作的人员，工作完毕应进行淋浴；二是放射性工作场所内严禁进食、饮水、吸烟和存放食物。

7.4.6 防辐射食物

除使用个人防护用品与个人卫生防护外，日常生活中还可通过食物来防辐射(图7-21)。

①海带以及其他碱性食物　海带一直都被人们视作放射性物质的“克星”。这是因为海带里面有一种叫做“海带胶质”的物质，可促使侵入人体的放射性物质从肠道内排出，且海带作为碱性食物，也含有丰富的钙、钾、镁、钠等碱性元素，让身体保持在弱碱性的环境，起到“清洁剂”的作用，帮助排除有害物质。

②动物肝脏、胡萝卜等　维生素A可保护眼睛，且维生素A和β-胡萝卜素，不仅可合成视紫红质，有利于眼睛在暗光下看得更加清楚。含有这两种物质的食物还能帮助抵抗计算机辐射的侵害，同时保护和提高视力。鱼肝油、动物肝脏、鸡肉、蛋黄、西兰花、胡萝卜、菠菜等都适合计算机族们抗辐射食用。但由于β-胡萝卜素属于脂溶性维生素，因此应经过油炒，更加利于吸收。

③番茄、西瓜、红葡萄柚　这些都是红色果蔬，因为它们都富含一种抗氧化维生素——番茄红素。而番茄红素是到现在为止，发现的抗氧化能力最强的类胡萝卜素，而且还被称为“植物黄金”。番茄红素的抗氧化能力是维生素E的100倍，对于清除体内自由基非常有效。同时，还能有效抗辐射，预防心脑血管疾病，帮助人体提高免疫力，延缓衰老。另外，女性多吃番茄红素还能起到美容护肤、减少细纹和色斑的功效。而在番茄、西瓜、红葡萄等这些红色果蔬中，以番茄中的番茄红素含量最高。建议吃番茄的时候最好经过油烹饪，这样有助于吸收。

④十字花科蔬菜、新鲜水果　维生素E和维生素C都属于抗氧化维生素，具有抗氧化活性。人们食用富含维生素E和维生素C的食物，可减轻计算机辐射所导致的过氧化反应，减轻皮肤受到的伤害。如豆类、橄榄油、葵花籽油、十字花科蔬菜、橘子、猕猴桃等食物，都有助于防辐射，因为食用新鲜蔬果可让血液呈碱性，溶解沉淀在细胞里面的毒素，加快尿液排泄，因此抗辐射的功效更显著。

⑤绿茶、绿豆等　绿茶叶中的脂多糖可防辐射，是计算机族用来抗辐射的良方，所以很多白领都习惯泡绿茶饮用。且茶叶中还有丰富的维生素A原，被人体吸收后就会快速地转化为维生素A，起到抗辐射的作用。而绿豆，在民间素有“解百毒”的说法，经过医学研究表明，绿豆的确含有帮助体内排泄毒物，加快新陈代谢的物质，有效抵抗各种形式的污染，当然也包括计算机辐射。

⑥芝麻、麦芽等　硒是抗氧化物质，主要可阻断身体的过氧化反应，起到抗辐射，延缓衰老的作用。在日常生活中，可多吃芝麻、麦芽、黄芪等食物，它们都是含硒量最丰富的食物。而且芝麻不仅含有硒，还有抗氧化作用的维生素E，可以双重起到防辐射的作用。另外，如酵母、蛋类、啤酒、大红虾、龙虾、虎爪鱼、大蒜、蘑菇等也含

（a）海带　（b）胡萝卜　（c）番茄　（d）十字花科蔬菜　（e）绿豆　（f）芝麻

图 7-21　防辐射食品

有比较丰富的硒。

7.5　辐射安全事故及应急处置

7.5.1　辐射事故的分类

辐射事故的类型按其性质分为超剂量照射事故、表面污染事故、丢失放射性物质事故、超临界事故、放射性物质泄漏事故 5 类；按其影响范围分为发生在辐射工作单位管辖区(归辐射工作单位直接管辖的除生活区外的区域)内部的事故和管辖区外部的事故。

7.5.2 辐射事故的分级

《放射性同位素与射线装置安全和防护条例》(国务院令 449 号)规定，根据辐射事故的性质、严重程度、可控性和影响范围等因素，从重到轻将辐射事故分为特别重大辐射事故、重大辐射事故、较大辐射事故与一般辐射事故 4 个等级。

①特别重大辐射事故　是指Ⅰ类、Ⅱ类放射源丢失、被盗、失控造成大范围严重辐射污染后果，或者放射性同位素和射线装置失控导致 3 人以上(含 3 人)急性死亡。

②重大辐射事故　是指Ⅰ类、Ⅱ类放射源丢失、被盗、失控或者放射性同位素和射线装置失控导致 2 人以下(含 2 人)急性死亡或者 10 人以上(含 10 人)急性重度放射病、局部器官残疾。

③较大辐射事故　是指Ⅲ类放射源丢失、被盗、失控或者放射性同位素和射线装置失控导致 9 人以下(含 9 人)急性重度放射病、局部器官残疾。

④一般辐射事故　是指Ⅳ类、Ⅴ类放射源丢失、被盗、失控或者放射性同位素和射线装置失控导致人员受到超过年剂量限值的照射。

7.5.3 辐射事故管理

①事故的预防　辐射工作单位必须贯彻预防为主的方针，加强辐射防护知识和技能的教育与训练，严格事故管理，制定有效的事故处理方案，及时采取有效措施，切实消除不安全因素，防止各类事故的发生和扩大。

②应急预案的制定　可能发生事故的单位必须制定事故应急计划，确保在一旦出现此类事故时可立即采取相应行动。应急计划应报监督部门审批，主管部门备案。平时要组织适当的训练和演习。

③事故的报告　辐射工作单位不论发生何种辐射事故，均应及时按要求填报事故报告表。一个事故可做多种分类和分级时，按其中最高的一级上报和处理。重大事故应在事故发生后 24h 内上报主管部门和监督部门。各单位的领导要对事故报告的及时性、全面性和真实性负责。对于隐瞒不报、虚报、漏报和无故拖延报告的，要追究责任。

④事故档案的建立　辐射工作单位应建立全面、系统和完整的事故档案，认真总结经验教训，防止同类事故再次发生。

7.5.4 辐射事故的应急处置

发生辐射安全事故应立即启动事故安全应急预案，及时报告事故的相关情况。

①立即通知事故区内的所有人员，并撤离无关人员，及时报告给相关部门及负责人。

②撤离有关工作人员，并在辐射安全专家的指导下开展相关紧急处置行动，封锁现场，控制事故源，切断一切可能扩大污染范围的环节，防止事故扩大和蔓延。放射

源丢失，要全力追回，放射源脱出，要将放射源迅速转移至容器内。

③对可能受放射性污染或损伤的人员，立即采取暂时隔离和应急救援措施，在采取有效个人防护措施的情况下，组织人员彻底清除污染并根据需要实施医学检查和医学处理。

④对受照人员要及时估算受照剂量。

⑤污染现场未达到安全水平之前，不得解除封锁，将事故的后果和影响控制在最低限度。

本章小结

本章主要介绍了辐射的类型与电离辐射产生的生物危害，提出电离辐射对人体产生哪些危害与防护措施，讨论了如何减少实验室中的辐射伤害。

思考题与习题

1. 辐射的类型有哪些?
2. 电离辐射强度及其单位有哪些?
3. 电离辐射的照射方式有几种?
4. 电离辐射能产生哪些危害?
5. 电离辐射防护的三原则有哪几种?
6. 电离辐射的防护方法由哪几种?
7. 辐射安全事故的分类与分级方法有哪些?

附：清华大学实验室安全手册(辐射安全)

1. 辐射实验人员管理

- 实验人员必须为年满18周岁的我校教职工。
- 实验人员体检结果必须符合辐射工作的职业要求。上岗前、在岗期间(两年一次)和离岗时都需要到有放射体检资质的医院进行健康体检。
- 实验人员必须经过辐射防护知识和相关法律法规培训且考核合格。上岗前须经培训，取得《辐射安全与防护培训合格证》，在岗期间四年一次复训。
- 进行辐射工作时应正确佩戴个人剂量计。
- 在校生参加辐射工作实行教师负责制。由教师(具有辐射工作人员资格)指导和监督完成辐射工作者可按公众进行管理；独立从事辐射工作按辐射工作人员进行管理。
- 校外有资质人员在校内从事辐射工作，或者本校辐射工作人员在校外从事辐射工作，都须事前到辐射防护办公室备案。
- 辐射工作人员所在院系负责辐射工作人员发放营养保健费作为特殊岗位津贴。

2. 辐射实验场所管理

●新建、改建、扩建的放射性同位素和射线装置实验室，须依法履行环境影响评价和职业卫生评价等手续，获批后方可施工。竣工后须经审管部门验收通过、取得批复并办理《辐射安全许可证》，方可正式投入使用。

●各相关实验室须结合自身实际情况，制定辐射安全管理规定、操作规程和辐射事故应急措施等规章制度，并将制度上墙。各相关实验室门口、设备表面须设电离辐射警告标识。

●各相关实验室须配备相应的辐射监测仪器，制定监测计划，定期或根据需要及时测量记录实验室内部及周围环境剂量。工作人员工作时按要求佩戴个人剂量报警仪。

●所有监测一起须依法校验，保证正常工作。

●实验室内要根据实验内容，配置相应的辐射防护器材，如铅衣、铅帽、铅眼镜、铅屏风、铅砖、有机玻璃等，对工作人员进行有效的防护。

●使用和存放放射性同位素的实验室须采用视频监控、红外入侵报警、保险柜、防盗门和防盗窗等技防措施，确保符合公安部门关于放射性物品库的全部要求。射线装置工作场所应根据实际情况进行实体屏蔽防护，设置安全联锁。

3. 放射性同位素和射线装置管理

●放射性同位素和射线装置购买须通过校辐射防护办公室办理。

●放射性同位素应当单独存放，不得与易燃、易爆、腐蚀性物品等放在一起，其储存场所应当采取有效的防火、防盗、防射线泄漏的安全防护措施，并指定专人负责保管。建立放射性同位素和射线装置的管理台账、使用记录，领用放射性同位素和使用射线装置实行使用登记及书面记录制度。

●放射性同位素保管实行双人双锁制度，严防个人独自获取放射性同位素。除专门装置、教学实验装置等外，零散使用的放射源须在实验结束后收回保险柜内存放，严防丢失。

●定期或根据需要及时对放射性同位素和射线装置的防护情况进行检测，未达到国家要求的须停止使用。

●使用放射性同位素的实验，每次实验结束，须对工作场所和人员进行辐射剂量测量，并作必要记录。

●放射性同位素和射线装置移动到校外工作场所使用，须满足国家相关要求，移出前须向辐射防护办公室报备。

●放射性废物(源)和废弃射线装置须严加管理，不得作为普通废物处理，不得擅自处置，应统一由辐射防护办公室处理。

4. 辐射事故

●发生辐射事故，事故院系须及时向辐射防护办公室报告并立即启动应急预案，采取妥善措施减小和控制事故危害影响，并接受监督部门处理。

●发生放射性同位素(源)失控事故，事故单位须立即报告辐射防护办公室，辐射防护办公室须在2小时内上报北京市环保局、北京市公安局并密切联系查找、侦破，尽快追回丢失的放射性同位素(源)。

●发生人员误照射辐射事故，须立即切断辐射源照射途径，首先考虑人员生命安全，迅速安置受照人员就医，组织控制区内人员撤离，并及时控制影响，防止事故扩大蔓延。

●发生工作场所、地面、设备放射性辐射污染事故，须首先确定污染的核素、范围、水平，并尽快采取相应去污染措施。发生放射性气体、气溶胶或粉尘污染事故，须根据监测数据大小采取相应通风、换气、过滤等净化措施。

●发生辐射事故，可拨打校辐射防护办公室电话。

5. 紫外线

●紫外灯安装要符合规定，安装位置距操作台面60~90cm。

●从事紫外线工作时，需佩戴紫外线吸收类型的安全防护眼镜。

●紫外灯和日光灯开关要有明显的区分标志。

●紫外灯和日光灯不能同时开启。

●不能在开启的紫外灯下工作。

●房间有人时，一定要关闭紫外灯。

●眼镜不直视紫外灯。

●保护实验人员的皮肤免受紫外线可能导致的灼伤。

●屏蔽紫外线的散射光和泄漏的紫外线。

●墙面涂以黑色，以吸收紫外线。

6. 激光

●每个激光设备均需设置名册，列明所有获权人员(包括管理人员、操作人员、调校检查人员、维修保养人员)。所有获权人员必须经过培训、考试并获得上岗资格后才能上岗工作。

●激光器每年进行一次安全检查，激光获权人员每两年进行一次再培训。

●禁止在开放空间内使用激光。

●在所有激光区域内张贴警告标志。如果需要，在实验室门口使用闪烁的报警灯，表示激光正在使用。

●在给激光器通电前，确认该设备预定的安全装置装备得到正确使用，包括：不透明挡板、非反射防火表面、护目镜、面具、门联锁和为防备有毒物质侵害的通风设备。

●操作激光时必须穿戴工作服、护目镜等防护装备；不能裸眼直视激光束。

●在激光束的通路中，不允许使用任何反光材料。

●当激光器工作时，必须有人看管。

●使用脉冲激光器时，在允许靠近电容器前，要确保每个电容器已经放电、短路和接地。

●使用含氯和氟的激光器时，应该将氯和氟储存在通风良好的地方，以最大地降低氯和氟的有害作用。

●医疗激光器的操作人员必须接受过足够的适当的临床指导训练，以保护病人和员工的健康和安全。

使用第2级(class Ⅱ)激光器时应注意：

• 决定禁止任何人长时间注视激光光源。

• 除非基于有益的目的并且照射强度和持续时间不超过允许的上限，否则严禁将激光器对着人的眼睛。

• 这类激光器应有黄色警示标志。

使用第3a级(class Ⅲa)激光器时应注意：

• 应该有激光放射指示灯，表明激光器是否在工作。

• 应该使用电源钥匙开关，阻止他人擅自使用。

• 应该贴有危险警示标志。

使用第3b级(class Ⅲb)激光器时应注意：

• 应该有激光放射指示灯，表明激光器是否在工作。

• 应该使用电源钥匙开关，阻止他人擅自使用。

• 启动电源后，有3~5s的延迟时间，以便使操作者离开光束路径。

• 在激光器上必须贴有红色的危险警示标志。

• 当使用激光时，在场的所有人员都要戴上保护眼镜，所有的保护眼镜都要清楚地表明所过滤的激光的波长和光密度。

• 所有保护皮肤的衣服不能是易燃的。

第4级(class Ⅳ)激光器必须具备比第3b级更为严格的要求：

• 所有在第3b级激光器中列出的措施都适用于第4级激光器。

• 对这些激光的操作必须在一个局部封闭的范围内，在一个受控的工作场所内。如果完全的局部封闭做不到的话，门内的激光操作应当在一个不透光的房间内，该房间的出入口安装有联锁，保证门开着的时候，激光器不能发出光束。

• 如果激光光束的能量足以造成严重的皮肤或火灾危害，在激光光束和人、可燃物品之间必须有保护。

• 在可能的情况下，操作监视设备和其他监视设备应选择遥控装置。

• 光快门、光偏振片、光滤波器仅允许授权的个人使用，光泵体系中的闪光灯不允许照到任何可视区域。

7. 高频电磁辐射

• 高频设备要有良好的接地，工作人员应配备高频电磁辐射防护用品。

• 微波实验室要有良好的防止微波辐射泄漏的措施，工作人员应配备有微波辐射防护用品。

• 高功率微波和电磁波装置，应配备额外的保护罩和防护盖。

第 8 章　急救措施

●●●●学习目标

1. 掌握现场急救基础知识，心肺复苏术的实施要点，中毒事件的急救步骤和烧伤的急救措施。

2. 熟悉通用防护措施及正确脱除防护手套的方法，外出血止血及包扎方法，以及热力烧伤、电烧伤、化学烧伤的急救措施。

3. 了解现场急救处理的意义和要求，烧伤的面积和深度的判断，烧伤处理的注意事项等。

●●●●学习重点

1. 心搏骤停概念及心肺复苏的具体实施步骤及要求。

2. 止血的方法及要领。

3. 烧伤的急救措施及注意事项。

4. 中毒事件的急救步骤。

●●●●学习建议

1. 心肺复苏术的学习可以观看相关视频及影像资源，可进行模拟操作学习。

2. 不同部位出血包扎方法的学习可观看网络视频及影像资源，达到正确且准确的要求。

近年来，实验室意外突发事件的发生屡见不鲜，严重威胁人们的生命及安全，造成了严重的后果。分析事故的原因，多数事故发生最主要原因是违反实验操作规程或实验操作不慎造成的，导致人员死亡，受伤或中毒。杜绝违规或不当的实验操作是防止事故发生，避免人员伤亡的关键所在。

每当这些灾难事故发生时，我们绝大多数的师生都束手无策，为了提高大家的自救互救的能力，本章简单地介绍事故现场急救的意义和要求，如何对现场急救时伤员进行初步分类及现场急救的基本步骤。学习现场急救基础知识及几种急救技术，面对烧伤、中毒等事件的应急救护及安全知识。希望师生们在面对突发意外的时候，能够进行正确的自救、逃生、互救，实现即时性急救，尽可能减少和避免生命的丧失。

8.1 现场急救

8.1.1 现场急救及其实施原则

当意外事故发生时，如急性中毒、外伤和意外伤害性事故，对于病患人员，为了阻止其病情进一步恶化，减少人员伤亡、减轻病患痛苦和预防休克的发生而采取初步的紧急救援措施，称之为现场急救或院前急救。通过简单且有效的处理，使病患人员心跳、呼吸、血压、脉搏、体温生命体征尽快恢复，确保生命活动的存在，及时脱离生命危害毒物并阻止其继续侵入，及早解毒、排毒、防止或缓解休克，随后等待医疗急救队伍的到来或安全运送至附近医疗机构进行进一步诊疗及救治。

现场急救的实施往往具有突然发生、时间紧迫、不可预测等特点，所以对于施救人员存在着难以估量的艰难与挑战。因此，现场急救的实施须遵守以下原则：

(1)先心肺复苏后固定的原则

对于心跳、呼吸骤停且伴有骨折的伤员，应首先实施心肺复苏术，尽快恢复心、肺功能，判断生命体征，之后再实施骨折部位的固定措施。

(2)先重后轻的原则

依据对现场伤患人员受伤程度的判断，先抢救和处置较重人员，之后抢救较轻的伤患。

(3)先止血后包扎

对于大出血的伤患，先实施止血措施，之后再进行消毒包扎等。

(4)迅速脱离中毒现场

如果发生化学药品泄露事件，尽快疏散现场人员，封锁危险区域及危险物品。对于急性中毒人员，采取迅速撤离有毒现场，尽可能使其置于通风良好的区域进行进一步施救。

(5)急救和呼救同时进行

如果现场有多名病患，作为施救者必须保持镇定，要思维敏捷，迅速做出反应，急救和呼救同时进行，尽可能早点接受急救外援。

(6)先救治后运送原则

现场的伤患，应该先对症进行简单有效的处置措施，之后运往医院，途中密切观察伤患情况，如遇病情加重则立即实施抢救工作，以减少病痛及死亡。

8.1.2 事故现场伤员的分类

在事故发生现场，为了能够有效地进行救援，需要对病患人员进行初步判断及分类。病患的分类主要依据其伤情来判断。第一，观察呼吸是否存在。通过观察胸廓的起伏，或者用棉絮状物贴在病患者的鼻翼处，观察是否摆动；胸廓上下起伏，吸气胸廓上提，呼气胸廓下降，鼻翼处的棉絮物有摆动，提示呼吸存在。如若未出现上述现象，说明呼吸已停止；也可侧头将耳朵尽量贴近伤患者的鼻部，听有无气体进出的声音或感知脸部皮肤气体流动。如若听到气流或感知气体流动感，表明有呼吸。第二，判断脉搏是否停跳，可触及桡动脉，感觉跳动及强弱。检查病患者全身受伤情况，是否有出血及骨折的发生。触摸颈动脉有无搏动及强弱。如果有血压计存在的条件下，测量血压。通过上述检查判断患者情况，做出及时有效的救治措施，提高生还的概率及降低伤残率。

8.1.3 现场急救的基本步骤

每当各种意外突然发生时，现场人员要保持沉着、冷静、评估环境安全的同时，尽快、仔细、认真地检查中毒或受伤病人，包括意识、脉搏、呼吸、血压、瞳孔有无异常，是否有出血、骨折、外伤、烧伤等，迅速确定病情。

急性中毒发生现场，要尽快使急性中毒的病人脱离中毒现场，运送至空气流通的场所。应立即褪去病患者被污染的衣物，迅速用水冲洗其皮肤，防止毒物对皮肤的烧灼及避免经皮肤吸收。对于遇水发生反应的化学物质，必须先用干布擦拭污染物质之后再用水冲洗。结合毒物特点进行肌肉或静脉注射解毒药进行解毒和排毒。

对于外伤人员，不要直接脱掉其衣物，因为这有加重伤势的可能，也会使病患疼痛加剧。倘若伤口位于四肢和躯体上，应该沿着衣服的线缝剪开或撕开，暴露外伤伤口，以便进行下一步操作。对于骨折或疑似骨折的病患者，注意不要轻易搬运，应使其尽量保持原来的体位，以免发生骨折错位而加重病情。要尽量让病患者保持舒适，解开过紧的衣物，特别是颈部、胸部和腰部。观察病人脸色，如果苍白，应尽量使头部和身体保持同一水平；如果潮红，可略微抬高头部，并在肩部垫些柔软的物品。对于呕吐的病患，应将其头部转向一侧，以免呕吐物进入气管引发窒息。

对病患者的处置，注意区分重症和轻症。对心跳、呼吸骤停的病人，要争分夺秒地实施体外心脏按压和人工呼吸。对于外伤位于眼部、鼻部、颈部、手指和脚趾处的伤口，可用小块的消毒敷料覆盖包扎，其他部位较大的伤口选用大块消毒敷料覆盖，再用三角巾或绷带包扎。伤口处的异物一般不要随意清除。骨折患者尽可能不要随意搬动，骨折部位的固定尽可能由专业医生完成。急救现场要多安慰鼓励病人，正确地进行急救，竭尽全力挽救病患者的性命。

8.1.4 急救基础知识

呼吸、体温、脉搏、血压被称为生命四大体征，是评估生命活动是否存在及其质量的重要指标，它们是保证正常生命活动进行的基础。循环系统、呼吸系统、能量代谢活动相互联系，相互协调，共同维持基本的生命活动。四大生命体征均有各自的正常值范围，任何一个出现异常均提示机体进入疾病状态。生命体征逐渐恢复至正常范围，也在提示着疾病的好转，生命活动进入平稳状态。事故现场对生命体征要进行密切观察，及早发现问题，做出正确的判断和采取有效的救治措施。

(1)体温

体温是指机体深部组织的平均温度，也叫体核温度。人和大多数哺乳动物所处的环境气温变化很大，但是体核温度是相对稳定的，正常情况下，在37℃左右的狭小范围内变化，所以称为恒温动物。体表温度指身体表层的温度，低于体核温度，且由外向内存在温度梯度，在最表层的皮肤因容易受到周围环境温度的影响而变化，所以温度波动幅度最大。人类体核温度的相对稳定是细胞代谢正常进行的保障，因为细胞代谢的化学反应速度受温度的影响，参与化学反应的酶类必须在适宜的温度条件下才能最有效地发挥催化作用。当体温过低，酶的活性降低，细胞代谢活动及功能将受到抑制。当体温低于34℃时，人体开始丧失意识，低于25℃就会出现呼吸、心跳停止。体温升高会加速和增强细胞的生化反应，但是体温过高，可引起酶和蛋白质变性，导致细胞实质损伤。如果体温持续高于41℃时，便引起神经系统损害，出现永久性脑损伤，体温达到43℃时生命活动将会终结。所以，人体温度的相对稳定，是机体新陈代谢和一切生命活动进行的条件及保障。

临床上通常采用测定直肠温度、口腔温度或腋窝温度来代表体温。其中直肠温度最高，正常值范围36.9～37.9℃，受外界环境温度的影响较小，所以比较接近机体深部的温度。测量直肠温度时应将体温计插入直肠6cm以上，才能测得机体深部温度。口腔温度比直肠温度低，正常值范围36.7～37.7℃，测量时应将体温计含于舌下，将口闭紧。口腔温度的检测操作方法简便，但是容易受到经口呼吸及进食食物的温度等因素的影响，所以测量时要避免这些因素的干扰。腋窝温度又较口腔温度低，正常值范围36.0～37.4℃，测量时要让被测者将上臂紧贴胸壁，使腋窝紧闭，构成人工体腔，并保持腋窝干燥。机体深部的热量经过一定的时间才能逐渐传导至腋窝，所以测定时间至少需要10min左右，确保腋窝温度升至接近于机体深部的温度。因为测量腋窝温度简便易行且不易造成交叉感染，是临床及日常生活中测量体温的主要方法，应用最为广泛。

正常人的体温可因一些内在因素而发生波动，但波动幅度不会超过1℃。当某种原因使体温异常升高或降低，超过某一界限时，将会危及生命。以腋测法为准，37.4～38℃为低热，38.1～39℃为中度发热，39.1～41℃为高热，41℃以上为超高热。脑组织对温度变化最为敏感，当脑温超过42℃时，脑功能将严重受损，所以对于发热的患者，用物理方法有效降低脑部温度至关重要。体温升高见于多种疾病，如各种病原体引发感染、中暑、人面积烧伤、心梗、脑出血等均可出现。体温低于正常时，常见于休克、大出血、在低温环境暴露过久、药物中毒等情况。

(2)脉搏

心室发生收缩和舒张活动过程中，动脉内的压力和容积随之发生周期性波动，引发动脉血管的回缩和扩张，称之为动脉脉搏，即通常所说的脉搏。人体正常脉搏次数与心脏跳动次数相等，且节律均匀。所以脉搏正常值范围与心率一致，60～100次/min。

浅表动脉所在的皮肤表面可以用手指触摸到，两侧桡动脉是临床上最常用的检测部位。在手的腕关节上方2cm靠近大拇指侧桡动脉的搏动最显著。检查时，被检测者先安静休息5～10min，手掌朝上平放在适当的位置，坐卧均可。检查者将右手的食指、中指、无名指并齐，置于被测试者的桡动脉搏动处，压力大小以感知到清晰的动脉搏动为宜，看时间，默数半分钟搏动数，再乘以2，即为1min脉搏次数。如果在某些情况下，桡动脉不能实现检测，可以采用颈动脉、肱动脉或股动脉。

在某些病理情况下，动脉脉搏将出现异常。脉搏增快，如大于100次/min，可能出现于发热、贫血、心律失常、感染等情况；脉搏减慢，如小于60次/min，可能出现于颅内压增高、心脏疾病等；脉搏消失，见于重度休克、多发性脉管炎、重度昏迷的病人。对于危重病人，脉搏可达150次/min以上或40次/min以下，脉搏节律不齐，强弱不等。

(3)呼吸

呼吸是整个机体与外界环境之间进行气体交换的过程。正常成年人平静呼吸时，频率为16～20次/min，呼吸节律均匀，深浅一致。呼吸的计数可通过观察病人胸腹部的起伏次数，一吸一呼，胸廓上下起伏。或将棉絮物置于鼻孔处，计数棉絮状物被吹动的次数，记录1min，即呼吸频率。

呼吸频率增快，如大于24次/min，常见于高热、肺炎、急性哮喘发作，心力衰竭等病理情况；呼吸频率减慢，如小于10次/min，常见于颅内病变、颅内压升高、麻醉及镇静类药品过量等情况。呼吸频率和深度逐渐增强又逐渐减弱，然后呼吸暂停，二者交替出现，常见于尿毒症及脑病患者；4～5次较强呼吸后，呼吸突然停止，持续较长时间后又突然开始呼吸，这样反复进行，主要见于颅脑损伤等病人，是病情非常危急的表现。叹气样呼吸主要见于神经官能症、精神紧张或抑郁患者。

(4)血压

血压是指血管内流动的血液对单位面积血管壁的侧压力(压强)。血压一般指动脉血压。动脉血压理论上是指主动脉内的血压。因为大动脉内血压下降幅度很小，为了便于测量，通常用肱动脉血压代表主动脉血压，即通常所说的血压。在心脏收缩和舒张的过程中，动脉血压会随心脏的舒缩活动而发生周期性变化。心脏收缩时，动脉血压升高，达到最高点的数值，称为收缩压。心脏舒张时，动脉血压下降，降至最低点的数值，称为舒张压。收缩压与舒张压的差值称为脉搏压，简称脉压。血压是推动血液循环流动和保障各组织器官血流量的必需条件，血压出现过高或过低均会损害机体。

我国健康成年人安静状态下，收缩压 100～120mmHg 或 13.3～16.0kPa；舒张压 60～80mmHg 或 8.0～10.6kPa；脉压 30～40mmHg 或 4.0～5.3kPa；成年人安静时的收缩压高于 140mmHg 或 18.6kPa，舒张压持续高于 90mmHg 或 12.0kPa，则视为血压高于正常水平；如果收缩压持续低于 90mmHg 或 12.0kPa，舒张压低于 60mmHg 或 8.0kPa，则视为血压低于正常水平。动脉血压习惯以收缩压/舒张压表示，如 120/80mmHg。动脉血压一般情况下是比较稳定的，但存在个体差异，随性别和年龄而有所变化。

动脉血压的测量通常采用间接测量法。运用血压计和听诊器对肱动脉的血压进行测量。测量之前让受试者安静休息片刻，消除紧张及疲劳对血压的影响。测量之前，将血压计袖带内气体放出。受试者脱去一臂衣袖，将前臂平放桌上，手心朝上，尽可能让上臂与心脏位置等高，将袖带绑于受试者的中上臂，使袖带下缘在肘横纹上 2cm 处，松紧度以伸进去两个手指为宜，切不可太紧也不可太松。戴好听诊器，在肘窝内侧用手指触摸到肱动脉搏动后，将听诊器胸件置于搏动处。用右手握住血压计的橡皮囊，通过不间断地捏握球囊向袖带内充入空气，使血压计刻度表上的水银柱逐渐上升，直至触不到桡动脉脉搏，此时再继续充气使水银柱继续上升 20mmHg。随后用右手的拇指和食指转动气囊开关的螺丝帽，缓慢放气，并且仔细听诊。当突然听到“嘣”样的第一声时，血压计刻度表上对应的水银柱的刻度即是收缩压的数值。之后继续缓慢放气，声音由弱到强，然后，突然由强变弱而后逐渐消失，在声音突然消失的一瞬间，血压计刻度表上对应的水银柱的刻度即是舒张压的数值。如觉未测量准确，可重复测量，将袖带内空气全部放完，使水银柱降至 0 位，稍停片刻，让受试者上臂血流流通，之后进行重新测量。测血压一般以右侧上臂为准。

8.1.5 常见伤患者的表象

在事故现场，对于伤患者的面容、意识、瞳孔、体位等表象的观察，是初步了解和判断伤患者伤势轻重的重要标志。

(1)面容

人体在不同心理及健康状态下，可表现出不同的面部表情。所以，由面部表情可判断伤势的严重程度。贫血面容表现为面部苍白、唇舌色淡、少气无力、消瘦等；各种伤痛引起的剧烈疼痛表现为皱眉、咬牙，痛苦面容，伴有呻吟等，见于骨折、呼吸困难、严重外伤及急性腹痛等疾病；严重外伤、大出血、休克、脱水、急性腹膜炎等疾病表现为面色苍白或铅灰，表情淡漠、无光无神、四肢厥冷、额部冷汗。破伤风和癫痫患者可出现牙关紧闭、苦笑面容、角弓反张、四肢抽搐、面肌痉挛等。慢性消耗性疾病，如恶性肿瘤患者，可出现面容憔悴、面色灰暗或苍白、枯瘦且无生气等。由面容的密切观察，可以判断疾病的情况，及时给予合理有效的救治。

(2)意识

意识，即神志。正常人意识清晰，表现为语言清晰，逻辑思维合理正确。能够影响大脑活动的致病因素均会导致不同程度的意识障碍。轻度意识障碍，意识模糊状态，通常表现为注意力涣散、记忆力减退、对人和物的判断失常等；如进一步加重，会出现谵妄状态，通常表现为意识模糊伴有知觉障碍、注意力完全丧失、精神性兴奋等，在感染、中毒性昏迷可见；进入嗜睡状态，出现持续的、延长的病理性睡眠，能够被他人唤醒，但是很快再次入睡，尚有一定言语或运动反应；病情继续加重，患者将进入昏迷状态，各种反射活动减弱或消失，此时提示病情非常严重。

意识障碍可出现在烧伤、休克、高烧、严重感染、中毒性痢疾、流行性乙型脑膜炎等疾病。对出现意识障碍表现的这类疾病的人群应加强监测及护理，及时进行救治。

(3)皮肤

皮肤的颜色改变及皮疹的出现，也是判断病情的重要证据。皮肤苍白缺乏血色见于贫血、休克、虚脱、寒冷、惊恐等情况。全身青紫见于严重的缺氧、呼吸道阻塞、中毒、心力衰竭等，以唇部、鼻尖、颊部、耳廓、肢端最为明显；黄疸会引起皮肤颜色变黄、可能是暗黄色、黄绿色、柠檬色、橘黄色等。一氧化碳中毒皮肤呈樱桃红色。皮肤出现出血点和瘀斑，提示皮肤、黏膜下出血，见于过敏性紫癜、血小板性紫癜、中毒、外伤等。出血点直径小于2mm者为出血点；直径大于3~5mm者为紫癜；直径大于5mm者为瘀斑。皮肤可发生水肿，见于心脏疾病、肾脏疾病、营养不良等；不可凹陷性水肿见于甲状腺功能减退症；各种皮疹的出现，见于药物及其他引发的过敏、传染病、皮肤病等。

(4)瞳孔

正常人眼的瞳孔直径可在1.5~8.0mm变动。瞳孔是虹膜中间的开孔，是光线进入眼内的门户。正常状态下，由所视物体的远近引起的瞳孔大小的变化，看近物时，可反射性引起瞳孔缩小，可减少由折光系统造成的球面像差和色像差。当不同强度的光线照射眼时，瞳孔大小随光线的强弱而改变。当光线强时，瞳孔会缩小；当光线弱时，瞳孔会扩大；瞳孔随着光线的强弱而改变大小的现象称为瞳孔对光反射。瞳孔对光反射的效应是双侧性的，即照射一侧眼时，引起双侧瞳孔缩小。瞳孔对光反射的意义是随着所视物体的明亮程度，改变瞳孔的大小，调节进入眼睛的光线，使视网膜上的成像保持适宜的亮度，即便处于光线弱的地方也能看清物体，又在光线强时不至于伤害眼睛。

正常人的瞳孔双侧大小相等、对光反射正常。瞳孔的正常与否，可作为判断某些疾病的部位、程度的重要指标。瞳孔扩大见于青光眼、眼内肿瘤、眼部外伤及阿托品等药物的作用；瞳孔缩小见于有机磷农药中毒、虹膜炎及毛果芸香碱等药物的作用；瞳孔对光反射迟钝或消失、扩大，主要见于濒死状态或重度昏迷病人。瞳孔变形不规则见于虹膜粘连；双侧瞳孔大小不对称见于中脑功能病变、脑外伤、脑肿瘤、脑疝等疾病。

(5)体位

人体的体位分自动体位、被动体位、强迫体位及应有体位。自动体位是指人体能够活动自如，不受任何限制的体位；被动体位即伤患者不能自主调整或改变自己肢体位置的体位，主要见于中枢有严重损伤，意识丧失的伤患者；强迫体位是指伤患者由于某种病痛而被动采取的体位，以缓解或减轻痛苦，如腹痛者上身前屈、抱腹弯腰屈膝位，严重者翻身打滚。腰痛者走路时常前屈身而行；心肺功能不全的患者常采取坐位或半坐位呼吸，以便使肺换气增加，下肢回心血量减少，降低心脏负荷。

伤病者通常会自行采取个人感觉舒适的体位，但是有些情况个人舒适体位反而会加速病情的发展及不利于缓解症状，所以从体位判断疾病，给予正确的指导及纠正有非常重要的意义。如被毒蛇咬伤下肢时，要使患肢放低，千万不能抬高，以延缓蛇毒扩散；上肢如由外伤出血时，应抬高患肢尽可能减少出血量；脑震荡，采取头较低的仰卧位；休克采取头脚抬高，中间凹的体位；昏迷病人，一定要保证呼吸道通畅，所以平卧位时，使其头部偏向一侧；痉挛者，将头部放平，保持舒适体位。

8.2 心肺复苏术

8.2.1 心搏骤停

对于任何原因出现的心搏骤停(cardiac arrest，CA)，如果在发生现场得不到及时有效的抢救，由于心脏泵血功能突然中断，导致脑组织血流终止，10s左右患者就会出现意识丧失，出现生物学死亡，所以，争分夺秒地在现场实施心肺复苏术是挽救生命的重要手段。心脏性猝死(sudden cardiac death，SCD)是指以急性症状发作后一个小时内发生意识丧失为特征，且由心脏原因引起的自然死亡。心搏骤停通常是心脏性猝死发生的直接原因，也是最普遍的形式。心搏骤停的原因包括心源性心搏骤停和非心源性心搏骤停。心源性心搏骤停是指因心脏本身的病变，如冠状动脉堵塞、急性心肌梗死、心肌炎、心律失常等。非心源性心搏骤停是指非心脏原因，如由于气道异物、溺水和窒息等所致的气道堵塞，火灾及爆炸现场烟雾吸入和呼吸道烧伤引起气道组织黏膜水肿导致呼吸衰竭或呼吸停止，除此之外脑血管意外及颅脑损伤等均可以引发，其结局是心肌细胞缺氧而诱发心搏骤停。另外，药物中毒或过敏反应，电击或雷击，手术、治疗操作和麻醉等均可诱发心搏骤停。

心搏骤停的临床表现如下：意识突然丧失，或伴有短暂全身性抽搐，大动脉的搏动消失，心音也丧失；出现呼吸间断、叹息样呼吸甚至呼吸停止。大部分患者没有先兆症状，在少数患者也可出现不同程度的非特异性症状，如乏力、头晕、心慌、胸闷等，通常发生在发病前的数分钟至数十分钟。心脏停搏5~10s，即出现意识丧失；持续10~15s，意识完全丧失并伴有抽搐及大小便失禁；20~30s之后便出现呼吸停止，面色青紫，30~60s出现瞳孔散大。在此期间，如果能够进行恰当及时的救治，患者尚有复苏的可能。但是这样的状况如持续4~6min，便对中枢神经系统造成不可逆的损害，所以争分夺秒进行心肺复苏术是挽救性命的关键所在，这个4min称为“夺命黄金四分钟”。

8.2.2 心肺复苏

心肺复苏(cardiopulmonary resuscitation，CPR)是指应对心搏、呼吸骤停采取的抢救措施，采用心脏按压或其他方法形成暂时性的人工循环并恢复心脏自主搏动和血液循环，实施人工呼吸建立肺通气条件，尽快恢复自主呼吸。成功的心肺复苏，要求心脏恢复自主跳动，呼吸恢复自主呼吸，还要保证中枢神经系统功能。因为心搏骤停到细胞坏死的时间以脑细胞最短，如果脑组织没有得到充足的血液灌注和保护，那么即使心跳恢复，也可能出现严重的脑损伤甚至是脑死亡，因此争分夺秒的救援行动，又被称为心肺脑复苏(cardiopulmonary cerebral resuscitation，CPCR)。下面介绍针对成人的心肺脑复苏术的准备及实施。

(1)心搏骤停的识别

①评估环境，脱离伤害源　迅速评估判断事发地点是否安全，在危楼、危墙、暴恐等情况下禁止抢救。根据现场不同的受害情况火速采取不同措施，使病人脱离受伤现场。触电者迅速脱离电源；急性中毒者立刻脱离中毒现场；溺水者迅速打捞；酸碱烧灼立即用清水冲洗皮肤；火灾现场的受害者即刻转移。

②判断其意识　在安全的环境中，施救者判断患者的意识。可直呼其名或者轻拍其肩，并大声呼喊：“你还好吗?”或“你怎么啦?”判断其意识。

③检查患者是否有呼吸　一经发现成人无呼吸或呼吸异常，如出现仅有喘息的呼吸，应即刻采取复苏措施，判断时间不能超过10s。

(2)启动应急救援系统并获取自动体外除颤仪

如患者已经失去意识且呼吸异常或无呼吸，在我国境内应立即拨打120，启动应急救援系统，取来自动体外除颤仪(AED)，尽快实施心肺复苏术(CPR)，在需要的时候立即进行除颤。

(3)判断是否有颈动脉搏动

患者仰头，急救人员一手摁住前额，用另一只手的食指和中指在甲状软骨旁胸锁乳突肌沟内触摸患者颈动脉以感觉有无搏动(图8-1)。

图8-1　判断颈动脉搏动的方法

(4)实施胸外心脏按压(chest compression)

实施胸外心脏按压时，病人必须平卧于硬板或地面上，实施者立于或跪在病人一侧。两乳头连线中点或剑突上两横指，即胸骨中下1/3处(图8-2)，用一只手掌跟紧贴病人的胸壁，另一只手重叠在该手背上，十指相扣，下面手的手指翘起，双肘关节伸直，双肩在患者胸骨上方正中，用上身力量用力按压，按压的方向与胸骨垂直(图8-3)。按压频率至少100次/min，2015年国际心肺复苏和心血管急救指南提出施救者应以100~120次/min的速度进行胸外按压较为合理。按压深度至少5cm，但也要避免按压深度过深(>6cm)，施救人员不得倚靠在患者胸上，保证每次按压后胸廓能够充分回弹。成人单人按压30次。按压时间与放松时间之比1∶1，即使放松掌根部也不能离开胸壁，保证按压点不移位。为保证按压效率，胸外按压在整个心肺复苏中的目标比例应不少于60%。2015年，国际心肺复苏和心血管急救指南强调，要进行快速有效有力的胸外按压，尽可能避免中断，如若过多发生中断，会造成冠状动脉和脑血流中断，影响复苏的成功率。

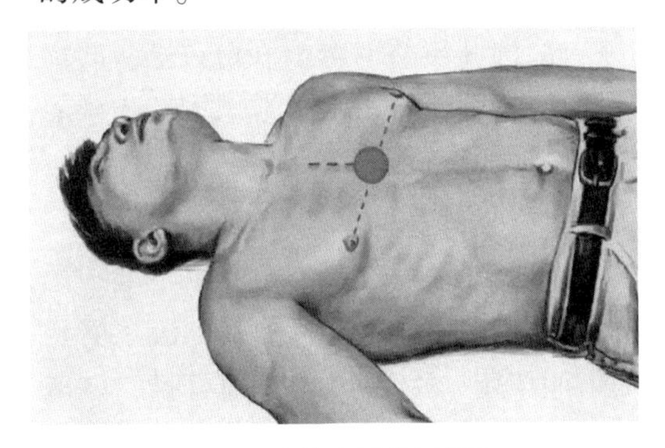

图8-2 胸外心脏按压部位

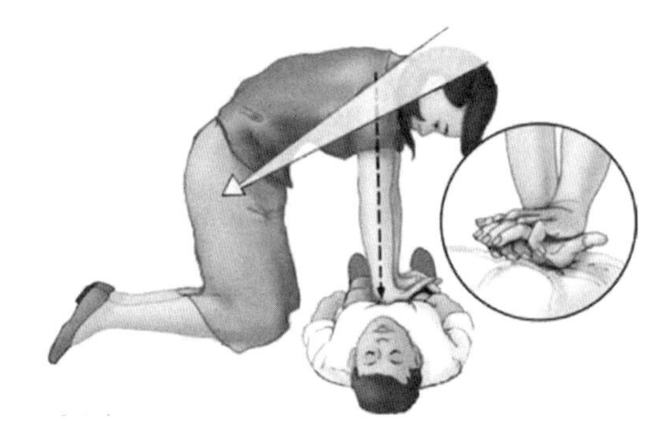

图8-3 胸外心脏按压正确姿势

(5)实施人工呼吸(artificial respiration)

人工呼吸是指针对自主呼吸停止的急救措施。通过徒手或机械装置被动地将空气有节律地吹入肺内，胸廓和肺组织的弹性回缩力又促使进入肺内的气体呼出，尽可能减轻缓解患者缺氧和二氧化碳潴留，以此代替自主呼吸。在进行人工呼吸前，不需要深吸气，正常呼吸即可。无论实施哪种人工呼吸，必须要吹气1s以上，确保胸廓起伏。如果未能引起胸廓起伏，需再次仰头抬颏，实施再一次人工呼吸。每一次吸入或呼出的气量以500~600mL为宜，也要避免多次吹气或吹入气量过大造成过度通气。

在事发现场进行人工呼吸有口对口方法，口对面罩、球囊-面罩装置等。在医院内抢救呼吸骤停患者应用呼吸机。

口对口人工呼吸的具体实施方法是施救者右手托住患者下颌保证气道畅通，左手捏住患者鼻孔避免发生漏气，正常吸气，用自己的口唇将患者的口全部覆盖，密封住，持续吹气1s以上，恢复胸廓扩张；吹气完，马上脱离患者口唇，同时拿开捏鼻子的手，使患者的胸廓和肺依靠其弹性回缩力自主回缩实现呼气。之后，均匀吸气，重复上述步骤一次(图8-4)。

图8-4 口对口人工呼吸

对于面部受伤或口腔不能打开的患者，要进行口对鼻人工呼吸。施救者首先开放患者气道，用嘴封住患者的鼻子，抬高患者的下巴封住口唇，对着患者鼻孔内用力深吹一口气，之后移开嘴并将患者的口唇张开，让气体呼出。建立高级气道基础上，每6~8s进行一次通气，呼吸频率控制在8~10次/min。在此通气期间，不需要停止胸外心脏按压。

球囊-面罩装置在没有建立高级气道时也可以产生正压实现通气。具体操作：开放气道，清除患者口腔异物，将面罩紧密置于面部，紧紧贴住皮肤。一只手拇指和食指置于面罩边缘形成"C"形，将面罩固定于患者面部，其余三指，中指、环指、小拇指以"E"形状托住患者下颌。另一只手均匀挤压气囊，不宜用力过大或过小，尽可能保证均匀，以免损伤肺组织及使过多气体被挤压到胃部。把这样的手法称之为"EC"形手法固定。用1L容量的球囊要挤压其2/3为宜，用2L容量的球囊要挤压其1/3为宜。

无论使用哪种人工呼吸，都要避免过度通气和通气不足。过度通气会造成脑部血管收缩，颅内压升高，脑血流量减少，并且会引起胸腔内压升高，导致回心血量减少，搏出量减少。通气不足则会导致缺氧和二氧化碳潴留。如果吸气量过大或吸气时间过快，会导致咽部压力过大，使气体进入食管和胃，出现胃胀气，其严重后果可导致膈抬高，肺不易扩张，肺容量减少，影响肺通气。

(6)电除颤

心搏骤停主要是由4种常见的心律失常引起，心室纤颤、无脉性室性心动过速、无脉性电活动和心室停搏。其中，心室纤颤是最常见的心律失常，早期电除颤是终止心室纤颤最有效的方法。心搏骤停发生后3~5min内进行电除颤，则复苏的成功率达50%以上。电除颤的进行每延迟1min，可使复苏成功率下降7%~10%。所以，心电监测提示有无脉性室性心动过速或心室纤颤，应立刻实施电除颤。如果心搏骤停发生在院外，应先进行心肺复苏术(CPR)的同时，尽快启动应急反应系统并准备除颤。救援时间非常宝贵，如果在公共场所发生心搏骤停该如何应对呢？目前主要应用具有语音提示和屏幕显示指导操作的自动体外除颤仪(automatic external defibrillator，AED)，它是一种便携式的操作非常简便的急救设备，即使是非医务人员也可以进行，为患者争取救命的宝贵时间。自动体外除颤仪的使用可提高复苏的成功率2~3倍。自动体外除颤仪的使用是一种急救新观念，使现场目击人员就可以最早进行有效急救。自动体外除颤器的使用，操作简便，经过几小时的培训便可。与医院中专业除颤器比较，自动体外除颤仪本身会自动读取患者心电图并判断和决定是否需要电击。给患者贴上电击贴片后，它即可自己判断并产生电击。

在日本、美国、新加坡等国家自动体外除颤仪的配置比例非常高，以10万人为单位统计，其配置的数量分别是600万台、300万台、700万台，所以在日本一旦发生紧急情况，其配置距离是4~5min拿到一台自动体外除颤仪；新加坡是3min拿到机器。在我国每年有大约54万人死于心脏骤停，但是自动体外除颤仪在公共所场所的配置却处于初始阶段，每10万人的配置数小于1，即使在最繁华的上海也仅为10台/10万人，尚有很大的发展空间，需要有更多的人参与并行动，为更多的心脏骤停急救提供保障。2015年3月15日，在美丽的太湖举行了国际马拉松赛事。当天9:17，一位选手倒地，9:18，第1名急救队员到达，确认无反应无呼吸，开始心肺复苏术；9:19，第2名急救队员到达，接替心肺复苏术；9:20，第3、第4名急救队员携带自动体外除颤仪到达，给予除颤；9:21，选手呼吸恢复，意识恢复，较为烦躁；9:25，救护车赶到，送往医院；短短几分钟，一个鲜活的生命，从心脏停止跳动，到死而复生，创造了奇迹，是中国首例马拉松“猝死”自动体外除颤仪施救成功案例。

自动体外除颤仪具体使用步骤(图8-5)：

①打开自动体外除颤仪　开启盖子，按照屏幕显示和语音提示进行实际操作。

②给患者贴电极　具体贴电极位置参考自动体外除颤仪机壳上的图样和电极板上

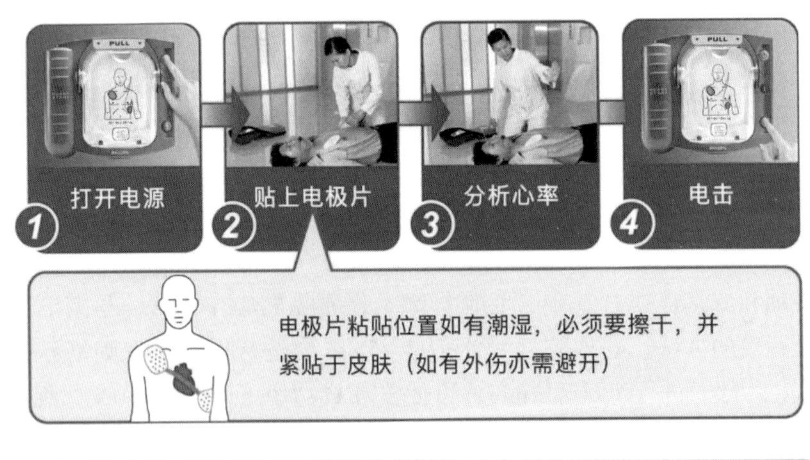

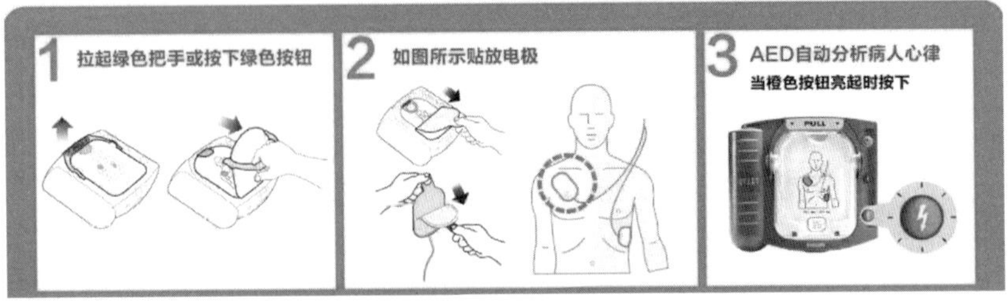

图8-5　自动体外除颤仪具体使用步骤

的图片说明即可，通常是贴在右胸上部和左胸左乳头外侧。目前也有一体化电极板的AED。贴电极时也有一些特殊情况，如有患者胸壁有体毛，应以最快速度剃掉；如果是胸壁有水分，请迅速将其擦干。

③将电极板插头插入自动体外除颤仪主机插孔。

④开始分析心律，在必要时除颤　在自动体外除颤仪开始进行自动分析心律期间，不要接触患者，因为即便是轻微的触动也有可能影响自动体外除颤仪的分析及决定。分析完毕后，自动体外除颤仪将会提示是否进行除颤，当要进行除颤时，请不要与患者接触，并告之附近的其他所有人散开，远离患者，由施救者按照语音提示或屏幕显示进行操作。

⑤一次除颤后马上实施心肺复苏　一次除颤后不要马上检查心搏或脉搏，因为除颤可消除和终止心室颤动，但是心室颤动终止后，心脏并不能马上恢复有效泵血，所以必须马上实施心肺复苏，一般进行5个周期心肺复苏，然后再次分析心律，除颤，心肺复苏，反复进行，直至专业急救人员的到来。

8.3　通用防护措施

当实验室发生事故时，首先对现场进行安全性评估，严格遵循通用的防护措施规定。这些防护措施之所以称为通用防护措施，是因为在处理所有的血液和其他体液时都可能包含各类致病菌。在急救现场所有人都必须做好眼睛及面部的防护、手的防护、身体的防护。

8.3.1　眼睛及面部的防护

(1)必须戴安全防护眼镜

眼睛及面部是实验室中最易被事故所伤害的部位，其防护的主要措施是必须戴安全防护眼镜。

(2)及时冲洗

如果不慎将化学物质溅入眼睛，必须马上用清水彻底冲洗。具体操作是尽可能把眼皮撑开，用清水冲洗数分钟之后再用蒸馏水冲洗，尽快去医疗机构进行诊疗。

(3)面部和喉部的保护

为了避免实验过程中产生的有害气体及防止可能的爆炸等事件的再次发生，需要佩戴有机玻璃防护面罩或呼吸系统防护用具，保护脸部和喉部。

8.3.2　身体的防护

急救人员进入实验室都必须穿工作服或防护服，保护身体的皮肤和衣着免受化学药品或其他生物试剂的污染。

8.3.3 手的防护

在实验室进行急救操作时均需配戴手套，以防止手受到伤害，依据实验种类选戴不同种手套。正确选择手套并爱护使用，操作过程中确保无破损。

防护手套主要有以下几种：

①聚乙烯一次性手套　主要用于处理腐蚀性固体药品和稀酸(如稀硝酸)。但是许多有机溶剂可以渗透聚乙稀，所以不能用。

②医用乳胶手套　一般采用的是天然乳胶制成。生物安全实验室实验人员使用乳胶手套，但是如果对乳胶手套及滑石粉过敏则需使用氯乙烯或聚腈类手套。烃类溶剂(如乙烷、甲苯)及含氯溶剂(如氯仿)会损伤该类手套，故进行上述操作时不能使用。这种一次性手套，不可重复使用，如果在生物安全实验室中使用，必须进行高压灭菌消毒之后方可丢弃。

③橡胶手套　橡胶手套较医用乳胶手套厚。适于较长时间接触化学药品。

④帆布手套　一般用于高温物体。用橡胶或塑料手套决不能接触高温物体。

⑤纱布手套　一般用于接触机械的操作。

⑥特殊的绝缘手套　用于处理极冷的物体如液氮或干冰。

在实验过程中存在感染风险，现场正确脱除防护手套是自我保护的关键步骤。正确丢弃防护手套至生物危害品收集袋中，保证收集丢弃物的其他人不会接触血液或体液等。脱除防护手套的具体步骤：

①一只手从另一只手套靠近手腕的外部提住之后向下翻卷，使里层全部暴露在外面。

②用戴手套的另一只手将脱掉的手套全部握在手掌中。

③把已脱除手套手的两根手指伸进仍戴手套的另一只手的手套袖口处。

④迅速向下用力脱除这只手套，直至将里层完全露在外面，第一只手套则仍包裹在其中。

⑤对于手套上有血液或含血物质时，应将其置于生物危害品收集袋里，在没有生物危害性废品收集袋的情况时，最好将手套放入密封的塑料装之后再弃去。

⑥最后要用肥皂和水彻底洗手 20s，尽可能避免污染。

8.4 外出血

任何创伤都会伴有出血的发生，出血过多会危及生命，所以止血是创伤救治的第一步，也是最基本的急救。及时且有效地止血可以尽可能减少患者血液的丧失，保存有效循环血量，避免失血性休克的发生，为成功救治伤员提供基本保障。出血根据来源分为动脉出血，静脉出血和毛细血管出血。动脉出血颜色鲜红且压力高，量大；静脉出血颜色暗红，持续缓慢流出；毛细血管出血创面外渗，可自行凝固。出血根据部位也分为内出血和外出血。不同的出血类型，急救时有不同的止血方法。常用的止血方法有以下几种：压迫止血法、加压包扎止血法、指压止血法、堵塞止血法、止血带止血法等，其中加压包扎法最简单最常用，一般都是根据外伤出血的具体位置采取相对应的急救措施。

8.4.1 操作方法

(1)指压压迫止血法

通过用力按压出血部位，如头部、颈部和四肢动脉，以达到临时止血目的。当有人负伤时，立即在动脉浅表部位，用手指、手掌或拳将出血血管的近心端(靠近心脏一端)压紧在其骨骼上，起到暂时止血的作用。如手部大出血，应用手指分别压迫受伤侧手腕两侧的桡动脉和尺动脉；腿部大出血，应让伤员采取坐位或卧位，用两手拇指用力压迫受伤肢腹股沟中点稍下方的股动脉。

(2)敷料加压包扎法

运用无菌纱布覆盖在创伤处，再利用绷带、三角巾或布条进行适当加压包扎，通常适用于一般小动脉、静脉和毛细血管的出血，伤口不大且较为表浅，出血量少。在发生骨折或有异物存在时不宜行此法，避免加重病情。

(3)填塞止血法

适用于颈部或臂部较大而深的伤口造成的出血，运用无菌纱布、消毒的棉垫、纱布填塞伤口，再进行包扎。这种方法会加重伤员痛苦，应慎用。

(4)屈肢加压止血法

适用于小臂和小腿的止血。当发生外伤的情况下，在确定没有骨折时，将棉垫或布垫置于肘窝、腘窝或腹股沟处，用尽全力屈曲关节，使关节达到最大程弯曲度，并用绷带或三角巾等缚紧固定，以控制关节远端的出血。

(5)止血带止血法

对于加压包扎无效的四肢大动脉出血可用止血带止血法。具体操作方法是用软布或毛巾等垫在出血处的近心端的皮肤上，再用止血带将整个肢体用力结扎，达到完全阻断肢体血流的目的。止血带有以下几种：气性止血带(血压计袖带)、橡皮止血带(橡皮条或带)、布制止血带。结扎止血带的时间越短越好，尽可能不超过1h，最长不能超过3h。如果在一些特殊条件下必须需要延迟时间时，要求每隔1h左右放松1~2min，在此放松期间在伤口近心端加压止血。止血带的松紧度以出血停止，远端摸不到动脉搏动为原则，松紧适度，遵循止血的同时，防止引起软组织的损伤。结扎止血带的位置应在伤口的近心端，并尽可能靠近伤口，必须在伤者的体表做出关于伤情使用止血带的原因和时间等信息的明显标记。由于在上臂中、下1/3处扎止血带容易损伤桡神经，所以只能在上臂上1/3处结扎。下肢是在股中、下1/3交界处结扎。前臂和小腿血管都在骨间通过，所以不宜扎止血带止血。止血带的解除不能突然完全进行，要在确保有效止血手段及准备好输血、输液之后，才能缓慢松开止血带。

8.4.2 止血部位

施救人员在实施指压止血法时，必须要熟悉人体各部位血管出血的压迫点。

(1)头面部指压动脉止血部位

①指压颞浅动脉　用于头顶、额部、颞部的外伤导致的动脉破裂大出血。具体操作是用一只手固定伤者头部，并将自己的身体置于伤者伤侧的后面，用另一只手的拇指在伤侧耳屏前上方约1.5cm凹陷处垂直压迫，可触及动脉搏动，并用其余四指托住下颌(图8-6)。

②指压面动脉　用于颌部及颜面部的动脉破裂出血。具体操作是用一只手固定伤者头部，并将自己的身体置于伤者伤侧的后面；用另一只手拇指和食指或拇指和中指分别压迫双侧下颌角前约1cm的凹陷处，阻断面动脉血流，即使是一侧的面部出血，也必须进行双侧止血。在颜面部面动脉有许多小分支相互吻合，所以必须压迫双侧(图8-7)。

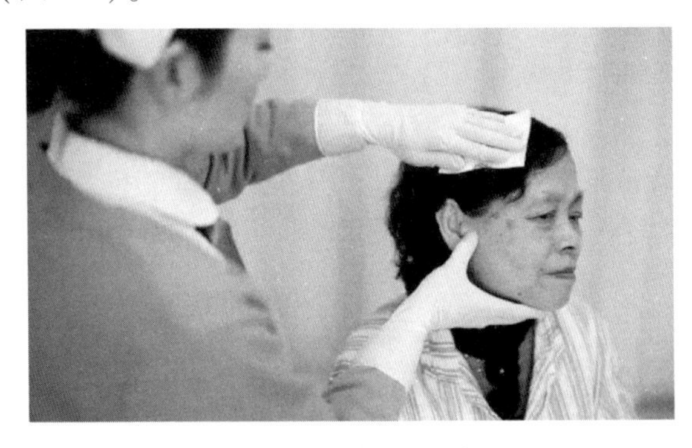

图8-6　颞浅动脉指压部位

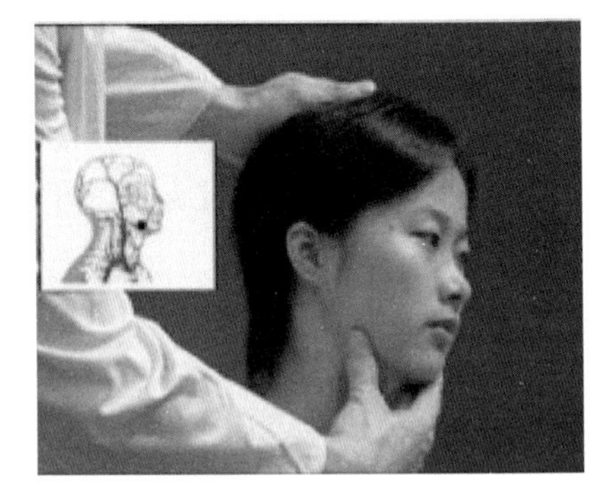

图8-7　面动脉指压部位

(2)上肢指压动脉止血部位

①肱动脉压迫止血法　用于一侧肘关节以下部位的外伤大出血。具体操作是在上臂中段的内侧摸到肱动脉搏动后，用一只手的拇指压迫上臂中段内侧，另一只手固定伤者手臂(图8-8)。

②桡、尺动脉压迫止血法　用于手部大出血时止血。用两只手的拇指和食指按压在腕部掌面两侧的桡、尺两条动脉止血(图8-9)。

(3)下肢指压动脉止血部位

①指压股动脉　用于一侧下肢的大出血，具体操作是在伤者的伤侧腹股沟中点稍下方用双手的拇指用力按压，阻断股动脉血流(图8-10)。

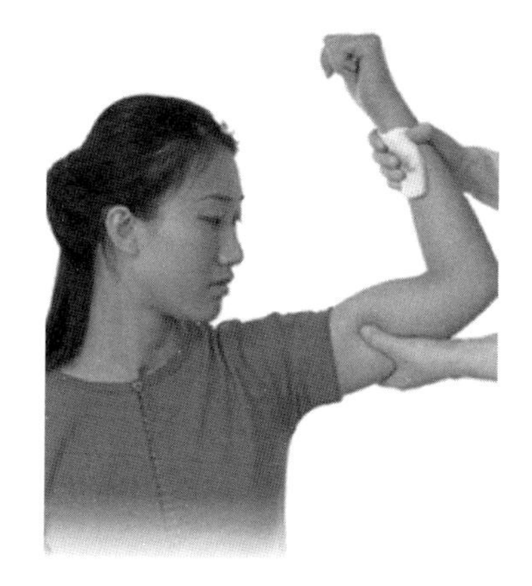

图 8-8 肱动脉指压部位

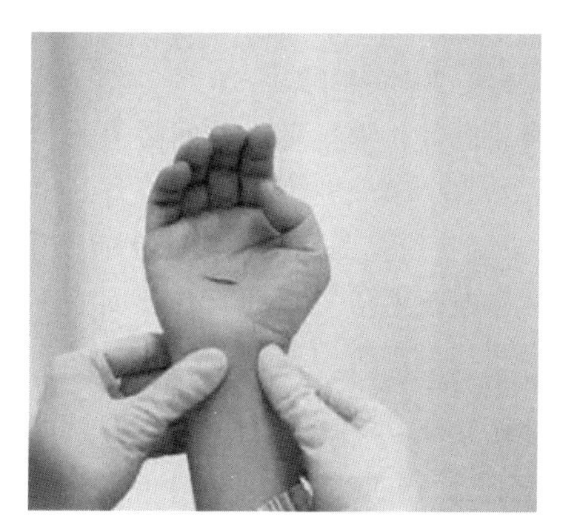

图 8-9 指压桡、尺动脉部位

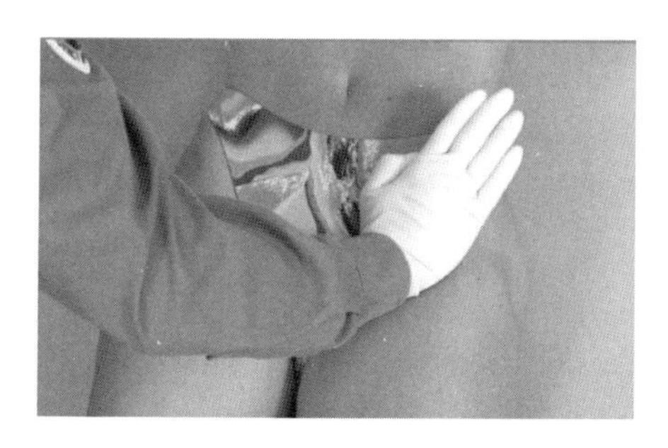

图 8-10 股动脉指压部位

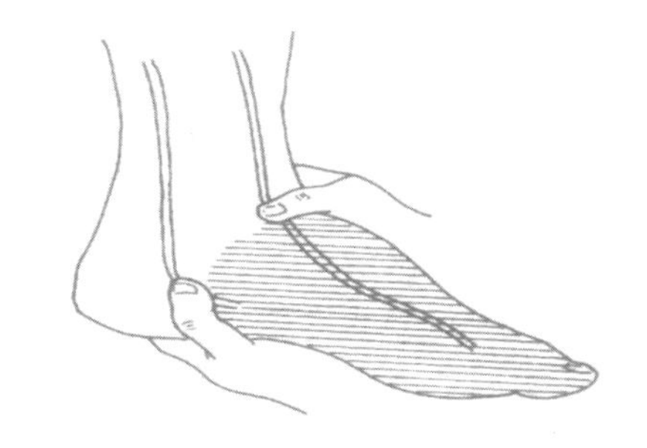

图 8-11 指压胫前后动脉部位

②指压胫前后动脉 用于一侧足的大出血，具体操作是在伤者伤足的足背中部的胫前动脉和足跟与内踝之间的胫后动脉处用双手的拇指和食指按压(图 8-11)。

8.5 烧伤

烧伤或烫伤指火焰、热液、高温气体、炽热金属液体或固体、激光等各类热源因素导致的组织损伤。烧伤是一种常见的意外外伤，需紧急处理。轻者损伤皮肤，损伤处出现水疱、肿胀，疼痛等表现；重者会使皮肤烧焦，甚至会累及血管、神经、各器官及系统，由此引起的剧痛和皮肤渗出会引发休克、感染、败血症等，直至危及生命。由电、化学物质等导致的烧伤，有其特性，将另述。

案例：2010 年发生在兰州一私人化学实验室内，随着一声巨响，浓烟滚滚，火苗迅速窜出。随后火势迅速蔓延，并引燃了与其相邻的仓库。而导致火灾原因是在实验过程中，实验人员不小心将装有石油醚的玻璃瓶打翻在地，里面的石油醚自燃，引燃了旁边的木头柜。虽然在场的实验人员立即救火，无奈火势太大，工作人员没有办法将其扑灭。幸运的是由于撤离及时，事故并未造成工作人员伤亡，但是实验室及库房已被严重损毁。2015 年 12 月 18 日上午 10:10 分左右，清华大学化学系实验楼何添楼一实验室发生爆炸，师生第一时间报警，消防车及救护车紧急赶到现场进行处置，有一名博士后身亡。事故原因是氢气瓶意外爆炸、起火。2008 年 12 月 29 日，加州洛杉矶分校 23 岁的女研究助理，在把一个瓶子里的叔丁基锂抽入注射器时，活塞滑出了针筒。这种化学制剂遇空气立即着火，而女助理当时并没有穿防护衣，结果全身遭到大面积烧伤。虽经医院全力抢救，仍于 2009 年 1 月 16 日不治身亡。

8.5.1 烧伤伤情的判断

8.5.1.1 烧伤面积的估算

烧伤面积是指皮肤烧伤区域占全身体表面积的百分数。为便于记忆和运用，通常将人体的体表面积划分为 11 个 9%的等份，另加 1%，构成 100%的总体体表面积。头颈部为 1 个 9%；躯干部为 3 个 9%；双上肢 2 个 9%；双下肢 5 个 9%+1%，共 11 个 9%，再加 1%(会阴部)。

估算面积时，女性和儿童有所不同。一般成年女性的臀部和双足各占 6%；儿童的头部大，下肢小，所以有专门的计算公式，如下：

头面部面积=[9+(12−年龄)]%，双下肢面积=[46−(12−年龄)]%。

通常，不论性别、年龄，病人并指的掌面约占体表面积的 1%，如果医者的手掌与患者大小接近，便用医者的手掌估算。

8.5.1.2 烧伤深度

根据烧伤对人体的损伤程度进行分度。

(1) Ⅰ°烧伤

仅损伤表皮浅层。表皮发红，轻度红肿，表皮屏障功能存在，3~7d 痊愈，短期内有色素沉着，但不会形成瘢痕。如阳光灼伤及沸水烫伤。

(2) Ⅱ°烧伤

Ⅱ°烧伤累及真皮层，分为浅Ⅱ°烧伤和深Ⅱ°烧伤。

①浅Ⅱ°烧伤　烧伤延伸至浅乳头状真皮，表现有形成淡黄色液体的水疱，伴有明显的疼痛，表面发红且潮湿。愈合周期需要 7~14 天。多数有色素沉着，但是一般不留瘢痕。

②深Ⅱ°烧伤　累及网状真皮层，残留皮肤附件。与浅Ⅱ°烧伤比较，潮湿皮肤明显减少，白色夹杂着红斑的色泽，压之不会褪色，有刺痛感，但迟钝。愈合周期需要 14~28d。因为绝大多数真皮丧失，会形成比较严重的疤痕，如生活中被热油烫伤。

(3) Ⅲ°烧伤

Ⅲ°烧伤累及真皮全层甚至皮下组织、肌肉、骨骼等。以硬皮革样焦痂为特征，无痛感，呈黑白或焦黄色甚至出现碳化。其愈合需要植皮。

8.5.1.3　烧伤严重程度分度

我国对烧伤严重程度进行分度，对烧伤程度有一基本估计，作为治疗方案制定的参考。

① 轻度烧伤　Ⅱ°烧伤面积10%以下。

② 中度烧伤　Ⅱ°烧伤面积11%~30%，或有Ⅲ°烧伤但面积不足10%。

③ 重度烧伤　烧伤总面积达31%~50%；或有Ⅲ°烧伤但面积11%~20%；或有Ⅱ°、Ⅲ°烧伤面积不到百分比，但患者已经出现休克、合并比较严重的吸入性损伤和复合伤等。

④ 特重烧伤　烧伤总面积达50%以上；或Ⅲ°烧伤面积达20%以上。

8.5.2　烧伤创面处理

8.5.2.1　判断烧伤后的基本情况

目测烧伤的面积大小，受伤处疼痛与否，颜色等。对于发生爆炸现场的伤员同时要仔细观察脑部损伤、呼吸道损伤和腹部损伤情况。救护人员用手不能直接接触烧伤部位，也不能涂抹任何油脂类的物质或化妆品，因为烧伤部位不清洁，容易引发感染。

8.5.2.2　处理方法

救护原则：尽快去除致伤原因，脱离烫伤现场，保护创面，预防感染，尽快就医，对危及生命的情况采取合理救治措施。

救护具体方法：

(1)迅速去除致伤原因

劝阻伤员衣服着火时站立或奔跑呼叫，以防止头面部烧伤或吸入性损伤；火速撤离密闭和通风不好的现场。

(2)冲水冷疗

轻度烧伤，伤口处很痛，及时(越快越好)冷疗能防止热力继续作用于创面，可减轻疼痛、减少局部渗出和水肿，使组织细胞的损伤减弱。一般适用于中小面积烧伤，尤其是四肢烧伤。方法是用自来水冲洗，水温15~20℃，或用冷水浸湿的毛巾、纱垫等敷于创面，不需要包扎，具体冲洗的时间可以根据伤者的感觉，以疼痛消失或明显减轻为标准。如果不能及时冲洗，也可以浸泡在15~20℃的冷水中，可达到相同的降温，止痛效果。

(3)脱衣物

在烧伤处有衣物覆盖时，应该先用冷水降温，然后小心地褪去衣物，如果衣物与皮肤粘住，尽可能避免对皮肤的二次损伤，可用剪刀小心剪开。如烧伤发生在上肢，应为伤者除去戒指、手镯等首饰，避免发生肿大而引发坏死。

(4)盖

对烧伤处做好应急处理后，在前往医院就医的途中，一定要保护好创面，用无菌纱布或者保鲜膜覆盖(不能用毛巾)，避免细菌的侵袭。

(5)保持呼吸道通畅

火焰烧伤常伴烟雾、热力等吸入性损害，应保持呼吸道通畅。对于合并一氧化碳中毒者应移至通风处，有条件应该尽快吸入氧气。

(6)其他救治措施

严重口渴、烦躁不安者常提示已发生休克，如现场具备静脉点滴的条件，尽快输液；如果不具备，口服含盐饮品。安慰并鼓励患者，让伤员尽可能保持情绪稳定。

(7)运送

对于重度烧伤的患者，在运往医院途中，一定要密切观察血压、呼吸、心跳等，避免发生休克、心脏骤停等意外，如果发生及时实施人工呼吸和胸外按压。所以，运送途中最好有专业医护陪同，给予静脉输液治疗，保持呼吸道通畅。

8.5.2.3　烧伤在实施急救的过程中需遵循的注意事项

(1)用水冲洗时注意事项

不能选择冰水，以免发生冻伤。禁止在伤口处涂抹各种物质，如牙膏、酱油、醋、紫药水、有色药膏、黄油等，其中，酱油和米醋会影响医生对伤口大小的判断，牙膏、药膏、黄油不利于伤口的散热。

(2)请不要擅自弄破水疱，以免留下疤痕

如果水疱的位置处于关节处容易破损，需用消毒针扎破，对于已经破裂的水疱用消毒棉擦干水疱周围的液体。

(3)处理烫伤过于严重的情况

暴露伤口或用敷料覆盖，及时去医院就诊。严禁冰敷，勿涂抹药膏。

(4)不要自行剥掉烧伤的死皮

不要自行剥掉烧伤的死皮，尽可能防止恢复过程中感染或疤痕形成。

8.5.3　电烧伤

因电引起烧伤有两种，电火花导致的烧伤称为电弧烧伤，其性质和处理方式与火焰烧伤相同；由电流通过人体而引起的烧伤称为电烧伤。电烧伤的严重程度与电流的强度、交流或直流、频率、电压、接触部位的电阻、接触时间长短以及电流在体内的路径等因素均有关系。

因为电压越高，电流强度越大，而人体内各个组织的电阻不同，电阻的大小顺序为骨、脂肪、皮肤、肌腱、肌肉、血管和神经，所以电流导入人体后，导致的局部损害程度不同。如骨的电阻大，局部产生的热能大，就会在骨骼周围形成“袖套式”坏死。交流电对心脏的损害很大，如果电流通过脑、心等重要器官，其导致的结果很严重。当电流通过肢体时，会导致剧烈的挛缩，在关节曲面常形成电流短路，造成在肘、腋、膝、股等处出现“跳跃式”深度烧伤。

(1)临床表现

①全身性损害　轻症表现有头晕、恶心、心悸或暂时性意识障碍；重症表现有昏迷，呼吸、心跳骤停，如果得到及时有效救治可恢复。电休克恢复后，可能会遗留一些后遗症，如头晕、头疼、心悸、耳鸣、眼花、听力下降、视力模糊等，后期多数可自行恢复。

②局部损害　电流通过人体，有入口，有出口，通常入口处的伤比出口处的重。入口处的组织常被碳化，形成裂口或洞，伤势深达肌肉、肌腱、骨骼，局部渗出较重；没有明显坏死层；损伤范围外小内大；因为邻近血管被损害，常出现进行性坏死，伤后坏死范围扩大显著。

(2)治疗

①现场急救　用干木棍、干竹竿等绝缘的物体将电源迅速拨开，或立即关掉电闸等，使伤员迅速脱离电源。观察病患人员心跳、呼吸、脉搏等，如呼吸、心跳已经停止，立即进行人工呼吸和胸外心脏按压等复苏措施。

②液体复苏　早期补液量要多于一般烧伤。避免急性肾功能衰竭的发生，多补液的同时，补充碳酸氢钠碱化尿液，给予甘露醇利尿，监测尿量。

③创面处理　对坏死范围做及早且彻底的探查，切除坏死组织。密切注意血管悄然破裂，引发大出血及休克。

④预防感染　大剂量抗生素预防感染。

8.5.4 化学烧伤

导致烧伤的化学物品很多，化学烧伤的特点是由于有些化学物质在接触人体后可继续被侵入或被吸收，所以可导致进行性局部损害或全身性中毒。处理化学烧伤，应了解致伤物质的性质，采取相应的处理措施。

现场立刻脱除被化学药品污染的衣物，大量清水连续冲洗，至少30min以上，迅速冲洗五官等一般性操作。下面介绍常见的酸、碱烧伤及磷烧伤。

(1)酸烧伤

硫酸、硝酸和盐酸导致的烧伤，均会使组织脱水，组织蛋白沉淀、凝固，所以不会有水疱形成，创面结痂，不继续向深部侵蚀。硫酸烧伤后呈深棕色，硝酸烧伤后呈黄褐色，盐酸烧伤后呈黄蓝色。烧伤越深，结痂的颜色越深，质地越硬。浅Ⅱ°烧伤多可以痂下愈合；深度烧伤不易脱痂，脱痂后创面肉芽组织愈合缓慢，所以瘢痕组织增生比一般烧伤明显。创面的处理与一般烧伤相同。

氢氟酸能溶解脂肪和使骨质脱钙，并可向深部组织侵蚀，可达骨骼。早期用大量水冲淋或浸泡，可用25%硫酸镁溶液或者饱和氯化钙浸泡，或用10%氨水浸泡或敷料湿敷，可局部注射小剂量5%～10%葡萄糖酸钙，帮助患者减轻痛苦和进行性损害。

(2)碱烧伤

碱烧伤主要以氢氧化钠、氨、石灰及电石烧伤多见。强碱将组织细胞脱水并皂化脂肪，碱离子与蛋白结合，形成可溶性蛋白，并向组织深部侵入，所以应尽早处理，以免创面继续扩大。

苛性碱造成的创面深，颜色潮红，呈黏滑或皂状焦痂，有小水疱。焦痂或坏死组织脱落后，创面常不易愈合。强碱烧伤后急救时立刻冲洗至少 30min 以上。创面 pH 值大于 7 以上，可用 2%硼酸湿敷，之后再冲洗。冲洗后一般暴露，以便观察创面变化。

(3)磷烧伤

皮肤接触磷以后接触空气引发自燃导致烧伤。此外，磷烧伤氧化后产生五氧化二磷，该物质对细胞有脱水和夺氧作用，遇水即生成磷酸，造成磷酸烧伤。磷吸收后能引起肝、肾、心、肺等重要脏器损害。现场急救时应将病患者伤处浸入水中，以隔绝空气，切忌不可暴露于空气，避免继续燃烧，加重创伤。在水中将磷粒移除，用 1%硫酸铜涂布，形成无毒的磷化铜。切忌用油脂类敷料，磷易溶于油脂，更易吸收；可用 3%~5%的碳酸氢钠湿敷包扎。

8.6 中毒

案例：2002 年 10 月 28 日下午 2:50，在某公司淬火车间，淬火工在淬火冷却炉中加入混合盐后，炉中熔化混合盐突然溅出，导致淬火工人脸部、背部、腰部及左足等部位烫伤，烫伤面积 22%左右。听到喊叫声，其他工人立即将其搀扶到车间外，褪去烧焦的衣物，迅速用冷水冲洗背部，并送往医院救治。下午 3:23 推进急诊室，医生进行清创、给予补充平衡盐及吸氧等治疗，于下午 4:55 收入院，继续给予补钾、注射硫代硫酸钠等处理措施，效果不佳，病人次日凌晨 2:25 死亡，被诊断为急性重度氯化钡中毒。分析调查过程中发现，淬火车间淬火炉旁没有防止熔化混合盐暴溅的安全防护设施；淬火工本人在事故发生时未按照要求穿厚帆布工服，也未佩戴防护眼镜及玻璃面具；没有冲淋设备，被氯化钡污染的部位没有得到及时彻底的清洗，未得到及时有效的治疗。

急性中毒是指毒性物质短时间内进入人体内引发器官系统损害及疾病，可危及生命。随着科学的发展，世界上有成千上万种的化学产品不断涌现，给人类带来很多益处的同时也带来了无尽的伤害，如环境污染、中毒、爆炸事件等。

在实验室，经常会接触到有毒的化学试剂，其特点是具有强刺激性、强氧化性以及强腐蚀性，如硫酸、盐酸、氯仿、氢氧化钠、甲醇、甲醛、甲酸、过氧化氢、磷酸、硝酸、氢氧化钾等有毒试剂。在实验室工作，要时刻保持高度警惕。这些有毒物质会通过呼吸道、皮肤黏膜、血液和消化道途径进入机体内而造成中毒的发生。其中各种有毒气体、溶剂的蒸汽、有害烟雾和粉尘等通过人的呼吸道到达肺部，通过肺换气环节被吸收进入血液循环进而引起中毒。目前认为呼吸道吸入是化学药品进入体内的最主要途径。经皮肤吸收的一些水溶性或脂溶性的化学药品由血液运输到各器官，引起中毒，当皮肤上有伤口时，绝对不能接触此类药品。

8.6.1 中毒急救的步骤

实验室发生中毒事件，如何进行急救？目前认为早发现、早诊断、早处理是关键，所以我们主要从以下 4 步进行(图 8-12)。

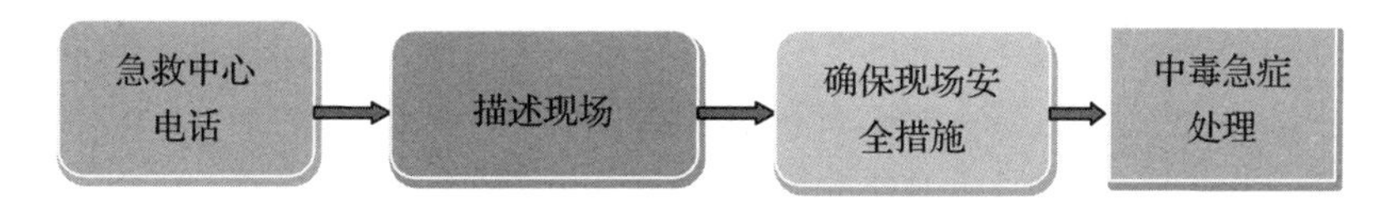

图 8-12 中毒事件急救的步骤

(1)拨打急救电话

急救箱和化学区域突出显示急救电话，发生中毒时，及时拨打急救中心电话。

(2)描述现场

急救中心调度人员会询问一些中毒现场的问题，如致使发生中毒的毒物名称或者在不知名的情况下，描述毒物的相关信息；中毒的量、患者的年龄、体重、事件发生的时间地点，患者的个人感觉，呼吸、心跳等生命体征。调度员会给出尽可能合理的解毒剂。

(3)确认在中毒发生现场的安全与否

在现场寻找任何毒物的标识和发生易洒、泄露的药品，如果发现，为了确保施救者及伤员的安全切勿靠近事故现场，让所有人撤离。发现多人中毒时，让所有人以最快的速度撤离现场，及时拨打 120。在确保现场对施救者和伤员安全的情况下，靠近现场时，必须穿戴个人防护设备，同时准备急救箱和自动体外除颤仪，在允许的情况下，先将伤员小心地尽快移至安全、空气新鲜的场所。有些实验室会提供安全数据表，用来说明特定化学药品的危害及急救建议。

(4)中毒急症的处理

对移至安全地带的患者，如果神志不清，置于侧位，保持呼吸道畅通。对休克伤者应施以非口对口的人工呼吸，尽快送往医院施救。心脏停止者立即进行胸外心脏按压。当伤员的皮肤及衣物被污染时，尽快脱去中毒者身上被污染的衣服，帮助伤员移至水龙头处或喷淋处，并冲洗伤员累及的任何部位的皮肤及污染衣物，水龙头处或喷淋流动清水冲洗数分钟，等待 120 或专业医护人员的到来及接手。

如果毒物使眼睛被污染时，不能耽误分秒，立即提起眼睑，用流动清水不间断彻底冲洗 15min 以上。在冲洗眼部的同时，让伤员尽可能多眨眼睛，如果仅有一只眼睛被累及，一定要确保毒物污染的眼睛位于较低位置，这样就不会将毒物冲入另一只未受累及的眼睛中。

如果伤员已经丧失意识且呼吸不正常或者出现濒死叹息样呼吸时，施救者开始进行心肺复苏术，使用面罩进行人工呼吸，对于口唇被毒物污染的伤员，这点非常重要。

本章小结

本章主要介绍了事故现场急救的意义和要求、现场急救基础知识以及几种急救基本技巧、面对热力烧伤、电烧伤、化学烧伤、中毒事件的应急救护及安全知识。重点讲解了心肺复苏术，包括了心搏骤停的概念、分类以及具体心肺复苏的准备及实施，胸外心脏按压及人工呼吸等实际操作的流程及要领；烧伤的伤情判断、治疗原则及现场急救及处理；讲解了通用防护措施及正确脱除防护手套，能够正确选择和使用防护手套等。针对外伤出血，介绍了止血的方法及具体按压血管部位。对于烧伤的基本情况的判断及即时性处理方法及注意事项做了介绍。实验室中毒事件发生时，如何进行急救，以及急救的步骤。了解这些急救知识可以使大家在面对突发意外时，能够进行正确的自救、逃生、互救，实现即时性急救，尽可能减少和避免生命的丧失。

思考题与习题

1. 心搏骤停的临床表现有哪些？
2. 常用的止血方法有哪些？
3. 实验室中毒事件发生的处理步骤？
4. 心肺复苏术有效的指标是什么？
5. 碱烧伤的特点是什么？

参考文献

K. 巴克，2014. 生物实验室管理手册[M]. 2 版 . 王维荣，译 . 北京：科学出版社.
敖天其，廖林川，2015. 实验室安全与环境保护[M]. 成都：四川大学出版社.
北京大学化工与分子工程学院实验室安全技术教学组，2012. 化学实验室安全知识教程[M]. 北京：北京大学出版社.
蔡乐，曹秋娥，罗茂斌，等，2018. 高等学校化学实验室安全基础[M]. 北京：化学工业出版社.
陈孝平，汪建平，赵继宗，2019. 外科学[M]. 北京：人民卫生出版社.
崔泽，王冬玉，2014. 职业中毒应急处理与防控[M]. 北京：人民军医出版社.
范宪周，孟宪敏，2013. 医学和生物学实验室安全技术与管理[M]. 北京：北京大学医学出版社.
和彦苓，许欣，刘晓莉，等，2014. 实验室安全与管理[M]. 北京：人民卫生出版社.
黄开胜，2018. 清华大学实验室安全手册[M]. 北京：清华大学出版社.
黄开胜，2019. 清华大学实验室安全管理制度汇编[M]. 北京：清华大学出版社.
黄凯，张志强，2012. 大学实验室安全基础[M]. 北京：北京大学出版社.
黄凯，张志强，李恩敬，2012. 大学实验室安全基础[M]. 北京：北京大学出版社.
姜忠良，齐龙浩，马丽云，等，2009. 实验室安全基础[M]. 北京：清华大学出版社.
李勇，2009. 实验室生物安全[M]. 北京：军事医学科学出版社.
李政禹，2010. 化学品 GHS 分类方法指导和范例[M]. 北京：化学工业出版社.
刘双双，方三华，尹伟，等，2020. 高校大型仪器平台安全管理策略探讨[J]. 实验室研究与探索，39（4）：281-284.
吕炳辉，2012. 实验室离心机使用、保养和维修探讨[J]. 中国医学装备，9(1)：77-78.
祁国明，2009. 病原微生物实验室生物安全[M]. 北京：人民卫生出版社.
秦川，2017. 实验室生物安全事故防范和管理[M]. 北京：科学出版社.
曲连东，张永江，2007. 实验动物的生物安全与防护[M]. 北京：中国农业出版社.
邵国成，张春艳，2015. 实验室安全技术[M]. 北京：化学工业出版社.
盛英卓，王心华，马智琨，等，2019. 高校实验室气体钢瓶的使用与管理[J]. 高校实验室工作研究，77-80.
宋志军，2017. 图说高校实验室安全[M]. 杭州：浙江工商大学出版社.
宋志军，王天舒，方瑾，等，2017. 图说高校实验室安全[M]. 杭州：浙江工商大学出版社.
苏莉，曾小美，王珍，2018. 生命科学实验室安全与操作规范[M]. 武汉：华中科技大学出版社.
孙尔康，张剑荣，2015. 高等学校化学化工实验室安全教程[M]. 南京：南京大学出版社.
孙玲玲，2013. 高校实验室安全与环境管理导论[M]. 杭州：浙江大学出版社 .
王传虎，吕思斌，2018. 实验室安全知识手册[M]. 合肥：安徽大学出版社.

王强，张才，2019. 高校实验室安全准入教育[M]. 南京：南京大学出版社.

王世强，郑磊，韩冬，等，2017. 高校实验室安全标志设置现状及对策分析[J]. 实验室科学，20(6)：189-192.

王珍珍，花榕，朱青，等，2015. 安全标识在实验室安全管理中的发展和应用[J]. 大众科技，17(185)：179-187.

谢静，付凤英，朱香英，2014. 高校化学实验室安全与基本规范[M]. 武汉：中国地质大学出版社.

徐涛，2010. 实验室生物安全[M]. 北京：高等教育出版社.

叶冬青，2014. 实验室生物安全[M]. 2 版. 北京：人民卫生出版社.

叶剑新，莎日娜，骆轶姝，等，2019. 全面质量管理在高校实验室气体钢瓶安全管理的应用[J]. 实验室研究与探索，38(8)：266-268.

余新炳，2015. 实验室生物安全[M]. 北京：高等教育出版社.

赵华绒，方文军，王国平，2013. 化学实验室安全与环保手册[M]. 北京：化学工业出版社.

中国合格评定国家认可中心，2012. 生物安全实验室认可与管理基础知识风险评估技术指南[M]. 北京：中国质检出版社.

朱莉娜，孙晓志，弓保津，等，2014. 高校实验室安全基础[M]. 天津：天津大学出版社.